中國歷代名著全譯叢書

颜氏家训全译

(修订版)

〔北齐〕颜之推 著　程小铭 译注

贵州出版集团
贵州人民出版社

中国历代名著全译丛书

编 委 会

（以姓氏笔画为序）

王运熙　　余冠英　　张　克(常务)
罗尔纲　　程千帆　　缪　钺

再版说明

出版的境界是：为饥作浆，为旱作润，为冥作光，为往圣继绝学。《中国历代名著全译丛书》担当这一历史的重托，挟着春风走到了学人和国学爱好者的面前。

书似青山常乱叠，眼光如炬淘金来。《中国历代名著全译丛书》自上个世纪九十年代推出，即以权威、精到、普及的面貌风靡整个书界。本套丛书曾获中宣部精神文明建设五个一工程奖及中华人民共和国出版规划重点项目。但多年断档，令人怀恋。上个世纪九十年代的名著全译，多以三五本的规模推出，而今天的《中国历代名著全译丛书》，出手尽显大家气度，一次集中推出五十种，满足眼睛与心灵的饕餮。

中华民族有数千年的文明历史，产生了辉煌灿烂的古代文化。浩如烟海的历代名著，就是中国古代文化遗产的重要组成部分。这些文字不仅记录了中国古代各个方面的历史与人文，物质与精神，成为后来人的精神家园，而且对中华民族的成长提供了丰富的营养，对中华民族的形成和发展产生了巨大的凝聚力和感召力。

但古人留下的典籍，由于时代的变异，语言的古奥，当下人已难识其庐山真面目。且以往坊间的不少古籍今译的读物，大都难尽人意：

——选译本。如《国语选译》《诗经选译》等。了解中国古代文学批评史的人知道，"选"是一种评论的方式。鲁迅先生曾指出，如果对陶渊明只选"采菊东篱下，悠然见南山"，而不选"刑天舞干戚，猛志固常在"这类"金刚怒目"式的作品，那就很难使读者对陶渊明的"全人"有完整的认识，若"再加抑扬"，就"更离真实"了。所以说选译本的缺陷是显而易见的。

——白话本。如《白话史记》《白话搜神记》之类。这类今译本有的置原文于不顾，随意增删敷衍，从严格意义上已不是原书；有的译文尚称严谨，但无原文对照核查，欲引用古人文句还要另觅原书，难称人意。

——单译本。这类书最多,译文之外附有原文、注释,其中也不乏质量较高者。遗憾的是见木不见林,缺乏学术系统性,读者买到一本算一本,对中华民族传统文化的了解很难达到全面。

本丛书在策划之初就考虑到避免以上各种译本之不足,本着推陈出新、汇聚英华、弘扬传统、振兴华夏之宗旨,化艰深为浅显,融译注为一炉,俾使社会各界广大读者了解我国古代各名著之完整原貌,有利于当下人文精神建设,又利于中外文化之交流译介,乃延聘海内学界通人,精选史有定评之夏商迄晚清经史子集四部,以全注全译形式重新装帧、重新校勘整理出版。所选各书前言对该名著之时代、作者、内容、成就、文献版本皆有详赡说明,各篇各卷前有简明扼要的题解,原文选用业经整理的善本,注释采用学术界公认的成果,译文强调忠实原文、通达流畅。

书行天下,道亦随之,既有品味,又有普及,为大家营造出一片文化底蕴深厚、知识境界广博、思想空间深邃的精神沃土,是《中国历代名著全译丛书》的孜孜追求。此次修订是在前辈学人呕心沥血的基础上,重新进行认真的审读和勘校,是在"国学热"基础上的一次新的提升,在强调通俗性的同时,亦重视学术性与资料性。今日重现书界,必将旋起一种新的阅读风暴。

我们相信,这套丛书的问世,对传播中华民族优秀的传统文化,提升我们国家的软实力,形成当代的人文精神有着重要意义,在现代化人文化的进程中对开启今人智慧、滋养今人心灵都有着不可估量的意义。

经典不腐更不朽,它是源远流长的活水,天光云影,亘古永在。

贵州人民出版社
2008年9月

目　录

前言 ……………………………………………………… 1

卷第一
序致第一 ………………………………………………… 1
教子第二 ………………………………………………… 4
兄弟第三 ………………………………………………… 12
后娶第四 ………………………………………………… 18
治家第五 ………………………………………………… 23

卷第二
风操第六 ………………………………………………… 35
慕贤第七 ………………………………………………… 69

卷第三
勉学第八 ………………………………………………… 77

卷第四
文章第九 ………………………………………………… 119

名实第十 ………………………………………… 149
　　涉务第十一 ……………………………………… 157

卷第五
　　省事第十二 ……………………………………… 163
　　止足第十三 ……………………………………… 173
　　诫兵第十四 ……………………………………… 176
　　养生第十五 ……………………………………… 179
　　归心第十六 ……………………………………… 184

卷第六
　　书证第十七 ……………………………………… 203

卷第七
　　音辞第十八 ……………………………………… 254
　　杂艺第十九 ……………………………………… 268
　　终制第二十 ……………………………………… 282

附录 ……………………………………………… 289
　　一、清文津阁四库全书本提要及辨证 …………… 289
　　二、颜之推传(《北齐书·文苑传》) ……………… 292
　　三、颜之推年谱(缪钺著) ………………………… 296

前 言

一

儒家历来重视教育。家训，便是儒家知识分子在立身、处世、为学等方面教育训诫其后辈儿孙的家庭教育读物。早期出现的这类作品，如三国·蜀诸葛亮的《诫子书》、西晋杜预的《家诫》之类，或者未能流传，或者篇幅短小、内容简略，对后世影响不大。至北齐黄门侍郎颜之推撰成《颜氏家训》一书[1]，分七卷二十篇，"述立身治家之法，辨正时俗之谬"[2]，兼论字画音训，并考证典故，品第文艺，内容全面而详备，立论平实而多切实用。作者写作此书，虽意在"整齐门内，提撕子孙"[3]，但由于书中内容适应了封建社会中儒家知识分子教育其子女的需要，因而得以广泛流传，对后世产生了比较普遍而深远的影响。宋人陈振孙在《直斋书录解题》中评此书说："古今家训，以此为祖。"清人王钺在《读书丛残》中也称赞道："北齐黄门颜之推《家训》二十篇，篇篇药石，言言龟鉴，凡为人子弟者，可家置一册，奉为明训，不独颜氏。"可见此书在封建社会一般知识分子心目中的地位。

此书的内容，涉及范围颇广，除《序致》一篇主要谈写作《家训》的宗旨外，其余十九篇则分别谈某一方面的具体问题。大体说来，《教子》篇谈如何教育子女；《兄弟》篇谈如何处理兄弟关系；《后娶》篇谈男子续弦及非亲生子女问题；《治家》篇谈如何治理家庭；《风操》篇谈在避讳、称谓、丧事等方面所应遵循的种种礼仪规范并评论南北风俗时尚的差异优劣；《慕贤》篇谈对待贤才应持的正确态度；《勉学》篇谈学习问题；《文章》篇谈文章理论；《名实》篇主张崇实而不务虚名；《涉务》篇主张接触社会实际，办实事；《省事》篇主张用心专一，不作非分之想；《止足》篇主张少欲知足；《诫兵》篇反对文人参预军事；《养生》篇谈养生之道。以上十五篇内容主要涉及个人在立身、治家、处世等方面所应遵循的儒家伦理道德规范。除此而外，《归心》篇为佛教张目；《书证》《音辞》两篇考证古书，涉及文字、音韵、训诂、校勘方面的学问;《杂艺》篇讲书法、绘画、射箭、算术、医学、弹琴、卜筮、棋博、投壶诸种杂艺,都属于比较专门的问题,也可视为对上述十五篇内容的补充。总的看来,此书各篇内容虽涉及范围很广,但大体不脱儒家思想体系的轨道。《唐志》《宋志》将此书列入儒家,《四库全书总目》将此书列入杂家,是从不同的角度着眼,各有一定的根据。

二

《颜氏家训》的作者颜之推(公元531—约590年以后),字介,琅邪(在今山东临沂市北五十里)人。是南北朝时期杰出的学者、文学家。颜之推的一生,正值我国南北分裂、割据的时代。从他出生的梁中大通三年(公元531年)算起,到隋代统一,短短六十余年时间,北方一直处于少数民族统治之下,经历了北齐代东魏,北周代西魏,北周灭北齐,隋代北周等变故。南方经历了梁、陈两个汉族政权的更替,虽暂时偏安东南一隅,也遭受了侯景之乱,西魏陷江陵,隋灭陈等大的事变。在这六十余年的时间里,南北封建统治者互相攻伐,兵连祸接,百姓惨遭荼毒,陷于水深火热之中,这些,颜之推不仅是耳闻目击,而且是身受其害的。

颜之推的先祖为北方士族④。九世祖颜含于西晋末随晋元帝南渡,是"中原冠带随晋渡江者百家"之一⑤,故"琅邪颜氏"在南方亦属"侨姓高门"。

颜之推于梁武帝中大通三年(公元531年)生于江陵(在今湖北省)。父亲颜协,曾任梁武帝第七子湘东王萧绎的王国常侍、军府的咨议参军等职。《梁书·文学传》称他"博涉群书,工于草隶";《颜氏家训·文章》篇也称许他的文章"甚为典正,不从流俗","无郑、卫之音"。这对颜之推的文章风格及论文主张是颇有影响的。颜之推家"世善《周官》《左氏》学"⑥,他本人在青少年时期便"博览群书,无不该洽;词情典丽,甚为西府所称"⑦。梁武帝太清三年(公元549年),颜之推十九岁,就担任了湘东王国右常侍,加镇西墨曹参军,可谓少年得志。梁简文帝大宝二年(公元550年),颜之推二十一岁,正在郢州治所夏口(今湖北武汉)掌管记。侯景叛军攻陷郢州,颜之推被俘,例当见杀,赖人救免,被囚送建康(今江苏南京)。第二年,即梁元帝承圣三年(公元552年),梁军收复建康,侯景败死,颜之推才回到江陵,任梁元帝萧绎的散骑侍郎,奏舍人事,奉命校书,两年时间内,得尽读秘阁藏书。梁元帝承圣三年(公元554年),西魏军攻陷江陵,二十四岁的颜之推再次被俘,次年,被遣送弘农郡(治所弘农县,在今河南灵宝北)李远处掌书翰。他不忘故国,蓄志南归,于北齐文宣帝天保七年(公元556年)冒险逃至北齐,意欲由此返梁,但在北齐京都邺城听到梁将陈霸先废梁自立的消息,遂绝南归之意而留仕北齐。从此时起,他在北齐过了二十年相对稳定的生活,先后担任赵州功曹参军、通直散骑常侍、中书舍人、黄门侍郎等官职,主持文林馆工作并主编《修文殿御览》。这段时期他在仕途上屡有升迁,然而身处险恶的官场,时时有被陷害甚至招致杀身之祸的危险。《北齐书》本传就称他"为勋要者所嫉,常欲害之";又,武平四年,侍中崔季舒等六人因谏止后主赴晋阳被杀,颜之推也险受殃及。这些经历,都使他内心蒙受阴影。北周建德六年(公元577年),周武帝宇文邕灭北齐,颜之推第三次做了亡国之人,时年四十七岁。周静帝大象二年(公元580年),颜之推在京城长安做御史上士。隋取代周后,他在隋文帝开皇中被太子杨勇召为学士,不久便病逝了。他的生平著述,有《文集》三十卷、《家训》二十篇、《训俗文字略》一卷、《集灵记》二十卷、《急就章注》一卷、《笔墨法》一卷、《稽圣赋》三卷、《证俗音字》五卷、《还冤志》三卷。今存于世者仅《家训》《还冤志》,又《北齐书·文苑传》中存其《观我生赋》一篇,另有佚诗五首。

颜之推作为一个高门士族的子弟,早传家业,知书识礼,却遭逢乱世,饱经忧患,三为亡国之人,性命几乎不保。他的这一特定的身世经历,铸就了他特定的思想性格,这些在《颜氏家训》一书中是有比较充分的反映的。

三

这里从"知人论世"的角度谈谈《颜氏家训》中表现得比较突出的某些思想。

与儒家经典著作中的正统思想比较,《颜氏家训》中的某些思想可以说是发生了某种程度的扭曲。如果我们结合颜之推的身世经历及其所处的社会历史背景来看待这一现象,就不难明白其中的因果关系:第一,颜之推从小受儒家思想文化的熏陶并终生服膺儒学,故他亦以此教育儿孙,希望他们能遵循儒家的伦理道德规范,以求在社会上立身处世而不致倾覆。第二,颜之推身当乱世,饱经忧患,遂产生了强烈的忧患意识和惧祸心理,故他希望儿孙能懂得现实社会中的利害关系,从而在乱世中得以全身免祸。第三,颜之推出身于世族官宦之家,祖上世代为官,自己也一生做官,故他希望儿孙能保有既得的官宦世家的社会地位,不致"沉沦厮役,以为先世之耻"[8]。

上述三种思想常常是互相矛盾的。比如,要想苟全性命于乱世,就应该远避官场的倾轧,这就与想保有官宦世家的社会地位的企图产生了矛盾;要想既保官又免祸,这就与正统的儒家伦理道德观念发生了矛盾。在这种情况下,颜之推的思想发生某种程度的扭曲,就是可以理解的了。以下就《颜氏家训》中所体现的颜之推的这方面思想作具体分析。

关于颜之推之服膺儒学,这是不用赘言的。他在《诫兵》篇中有一段表明心迹的话:

> 颜氏之先,本乎邹、鲁,或分入齐。世以儒雅为业,遍在书记。……顷世乱离,衣冠之士,虽无身手,或聚徒众,违弃素业,徼幸战功。吾既羸弱,仰惟前代,故置心于此,子孙志之!

这段话清楚地说明,颜之推不仅本人继承了他的先辈世代从事的儒学事业,而且希望子子孙孙都不要背弃这一事业。他用以训诫教育子孙的《家训》也是充分体现了儒家的伦理道德观念的。但是,如前所述,颜之推的身世经历造成了他的某些思想的扭曲,与正统的儒家观念是不相协调的。

比如,在仁德和生命二者的取舍上,儒家正统观念所赞赏的是"杀身成仁"的态度。《论语·卫灵公》说:"志士仁人,无求生以害仁,有杀身以成仁。"作为儒家信徒的颜之推,在《养生》篇中也用过类似的话来教育儿孙:

> 夫生不可不惜,不可苟惜。涉险畏之途,干祸难之事,贪欲以伤生,谗慝而致死,此君子之所惜哉;行诚孝而见贼,履仁义而得罪,丧生以全家,泯躯而济国,君子不咎也。

在这段话中,颜之推并举了对待生命的两种态度:"不可不惜"、"不可苟惜"。所谓"不可苟惜",也就是"杀身成仁"的意思,这样看来,颜之推的思想与《论语·卫灵公》中的思想并无什么大的区别。但是,我们如果通观《颜氏家训》全书,特别是《省事》《止足》《诫兵》《养生》这几篇之后,就会感到颜之推训诫儿孙的着眼点,并不是在如何对待"杀身"的这一面,而是在如何"求生"的另一面。书中那些叮咛儿孙要知足退让,全身免祸的话,是说得既多而又恳切的:

砂砾所伤,惨于矛戟,讽刺之祸,速乎风尘,深宜防虑,以保元吉。(《文章》)

铭金人云:"无多言,多言多败;无多事,多事多患。"至哉斯戒也!(《省事》)

天地鬼神之道,皆恶满盈。谦虚冲损,可以免害。(《止足》)

夫养生者先须虑祸,全身保性,有此生然后养之,勿徒养其无生也。(《养生》)

颜之推所生活的那个时代,人的生命时时受到威胁。我们从前述颜之推的经历中也可知道,他本人就曾好几次性命几乎不保。显然,这种坎坷的经历使他意识到,只有首先生存下来,才能谈到"述先王之道,绍家世之业"[9]。但是,要想苟活于乱世并保持既有社会地位,又不违背儒家的伦理道德标准,这实在是一个两难的问题,因为,在那个国家四分五裂,政权更换频繁的时代,为臣属者不得不面临忠于旧主和侍奉新主的痛苦选择。在这个问题上,颜之推的言行就显出了矛盾,一方面,他对北齐宦者田鹏鸾及鄱阳王世子谢夫人等不屈于敌,杀身成仁的壮举歌颂备至,而严厉抨击"齐之将相,比敬宣之奴不若"[10],慨叹"何贤智操行若此之难,婢妾引决若此之易"[11];另一方面,他面对国家破亡,身为虏囚的命运,却是历仕萧梁、北齐、北周、隋,即可为旧主效忠,也可为新主尽力,他在《文章》篇中有一段话可算对自己"一生而三化"(《观我生赋》语)的行为的辩解:

>不屈二姓,夷、齐之节也;何事非君,伊、箕之义也。自春秋以来,家有奔亡,国有吞灭,君臣固无常分矣。

颜之推在这里是化用了儒家"亚圣"孟子的话⑫,伯夷不屈二姓,固然是高风亮节,伊尹对任何君主都可侍奉,也是负责的表现。既然"君臣固无常分",则一臣而事二主,甚至三主四主,也就没有什么不妥了。话虽这么说,但颜之推以一个南朝汉族官员的身份,被俘后被迫在北朝为官,内心毕竟还是痛苦的。在南朝时,他亲眼目睹鲜卑军队给南方汉族百姓造成的灾难,到北朝后,又身受鲜卑武人的猜忌陷害,几及于祸,故他当时的心态,与当年伊尹之积极参政是不可同日而语的。他的为官,主要是出于资荫子孙、不辱先世的目的,而并不奢望在政治上有所作为,这与儒家主张积极入世,参预政治的观念又是大相径庭的。即使对于儿孙的仕宦,他也要求他们保持一种谨慎的中庸态度:

>仕宦称泰,不过处在中品,前望五十人,后望五十人,足以免耻辱,无倾覆也,高此者,便当罢谢,偃仰私庭。吾近为黄门郎,已可收退,当时羁旅,惧罹谤讟,思为此计,仅未暇尔。自丧乱以来,见因托风云,徼幸富贵,旦执机权,夜填坑谷,朝欢卓、郑,晦泣颜、原者,非十人五人也。慎之哉!慎之哉!(《止足》)

乱世莫做大官,这段话说得再清楚不过。中品以下的官,有一定身份地位,不致使官宦世家的门庭受辱,也就够了。高于中品的官,权柄过重,处于政治漩涡的中心,容易遭致倾覆,应该坚决推辞不就,这就是颜之推总结自己宦海浮沉的经验得出的结论。

《颜氏家训》中表现得比较突出的另一个思想是重视学习、讲求实际。如果说颜之推反对儿孙追求高官、参与政治是为了全身免祸,以求在乱世中生存,那么,他勉励儿孙努力学习、重视实干则是为了获取谋生的本领,同样是出于在乱世中求生存的考虑。这方面的话同样是说得既多而且恳切的。如在《勉学》篇中就很明确地说道:

>夫明《六经》之旨,涉百家之书,纵不能增益德行,敦厉风俗,

犹为一艺，得以自资。父兄不可常依，乡国不可常保，一旦流离，无人庇荫，当自求诸身耳。谚曰："积财千万，不如薄伎在身。"伎之易习而可贵者，无过读书也。

同篇中他还具体地谈到，那些在战乱中沦为俘虏的人，读过书的，即使是平民百姓，也可给人当老师；没有读过书的，即使是官宦子弟，也只能给人耕田养马。再从他自身经历看，由于他肯读书，有学问，故尽管朝代更换，他都照样做官。由此可以看出，颜之推勉励儿孙勤学是带有强烈的功利目的的，因此，他特别强调学习必须讲求实用，而不是装门面。《勉学》篇中也谈到这方面的问题：

> 夫所以读书学习，本欲开心明目，利于行耳。……世人读书者，但能言之，不能行之，忠孝无闻，仁义不足；加以断一条讼，不必得其理；宰千户县，不必理其民；问其造屋，不必知楣横而梲竖也；问其为田，不必知稷早而黍迟也；吟啸谈谑，讽咏辞赋，事既优闲，材增迂诞，军国经纶，略无施用；故为武人俗吏所共嗤诋，良由是乎！

在颜之推看来，学习须结合实用；或者是加强自身道德品质的修养，或者是提高处理实际事物的能力，如能断案、善治民、懂得造屋、种田等等。如果学习只是为了能高谈阔论、吟诗作赋，那是没有实际意义的。基于这种务实的观点，他对当时士族养尊处优、脱离实际、不事生业的弊端进行了毫不留情的批判。因为他自己是士族营垒中人，对这个阶层空疏无用的本质认识得很清楚，故其攻击也特别有力。如《涉务》篇就指出士族官员"品藻古今，若指诸掌，及有试用，多无所堪。居承平之世，不知有丧乱之祸；处庙堂之下，不知有战陈之急；保俸禄之资，不知有耕稼之苦；肆吏民之上，不知有劳役之勤，故难可以应世经务也。"这些人平时都是"褒衣博带，大冠高履，出则车舆，入则扶持，城郊之内，无乘马者"，有的甚至从未骑过马，看见马嘶叫跳跃，就感到"震慑"，说："正是虎，何故名为马乎？"这些议论，都能击中要害，而使儿孙痛感应世经务的可贵。

以上分析颜之推在其《家训》中表现出的某些突出的思想。概括地说，由于他出身于"世以儒雅为业"的士族之家，自己也一生为官，他从小受儒家文化的熏陶并终生服膺儒学，他身当阶级矛盾、民族矛盾都极端尖锐的乱世，饱经忧患困厄，对现实有清醒的认识，这就造就了他以儒学为宗，然而又远避政治、知足退让、全身免祸以及重视学习、讲求实用的思想性格。这就是我们阅读《颜氏家训》时所应抱的"知人论世"的态度。

四

《颜氏家训》作为一本在古代流传较广、影响较大的著作，在许多方面都有其重要价值。

首先，本书所阐述的儒家伦理思想，有许多在今天仍有其现实意义。作者之训家，意在使子孙能够继承先辈的事业，保住既有的社会地位。为此，他要求子孙恪守作为封建社会统治思想——儒家思想所包含的各种伦理道德规范，加强自身道德修养，以此立足于险恶复杂的社会而不致倾覆。儒家的伦理道德思想，固然有不少消极落后的成份，但也包含了许多体现中华民族固有美德的积极因素。就本书而言，我以为以下方面是值得我们借鉴继承、发扬光大的：1. 重视教育，鼓励勤学。如《教子》篇强调对子女的教育要赶早，要严格要求，要一视同仁，这些都是符合教育学原理的；《勉学》篇鼓励子女靠勤学自立于世，而不要靠祖上的庇荫养尊处优；此外，书中论述学无止境、转益多师、学以致用以及种种治学之道，都很有现实意义。2. 重视家庭、社会人际关系的和谐。如《兄弟》《治家》等篇宣传父慈子孝、兄友弟恭、夫义妇顺，主张对亲友部属要乐于帮助、宽大为怀。这中间固然有不合今天时代潮流之处，但总的说来，这种以相互尊重友爱为特征的伦理道德观念对于我们今天调整家庭、社会人际关系以达到和谐，无疑是有其积极的借鉴意义的。3. 重视对儿女道德品质的培养。如《教子》篇教育子女不可为仕进而谄事权贵；《治家》篇主张儿女的婚配关键是注重配偶的"清白"，而不要去贪图权势之家的地位，搞买卖婚姻；《慕贤》篇说："凡有一言一行，取于人者，皆显称之，不可窃人之美，以为己力"；《省事》篇对以钱财、女宠通关节谋取爵禄的行为表示极大的蔑视；《名实》篇强调为人要言行一致、表里如一；而《止足》诸篇所强调的少欲知足的思想，虽有其明哲保身的庸俗的一面，但如果把它看作对待名利所应持的正确态度，则也颇有可取之处，此外，书中论及躬俭节用、慎于交友、礼貌待客、爱护书籍以及主张薄葬、反对迷信等等，都值得今人借鉴参考。

其次，本书有较大的认识价值。书中对当时社会生活的各个方面多有生动详尽的记述，读来饶有趣味。如《勉学》篇记载：

> 梁朝全盛之时，贵游子弟，多无学术，至于谚云："上车不落则著作，体中何如则秘书。"无不熏衣剃面，傅粉施朱，驾长檐车，跟高齿屐，坐棋子方褥，凭斑丝隐囊，列器玩于左右，从容出入，望若神仙。明经求第，则顾人答策；三九公宴，则假手赋诗。当尔之时，亦快士也。及离乱之后，朝市迁革，铨衡选举，非复曩者之亲；当路秉权，不见昔时之党。求诸身而无所得，施之世而无所用。被褐而丧珠，失皮而露质，兀若枯木，泊若穷流，鹿独戎马之间，转死沟壑之际，当尔之时，诚驽材也。

写梁朝士族子弟不学无术，靠祖上庇荫养尊处优，及至遭逢乱离，即陷于穷途末路的狼狈情状，可谓入木三分。同篇又记载梁朝玄风大盛的状况：

> 洎于梁世，兹风复阐，《庄》《老》《周易》，总谓《三玄》。武皇、简文，躬自讲论。周弘正奉赞大猷，化行都邑，学徒千余，实为盛美。元帝在江、荆间，复所爱习，召置学士，亲为教授，废寝忘食，以夜继朝，至乃倦剧愁愤，辄以讲自释。

梁朝君臣狂热信奉道家玄学的行径，暴露无遗。

此外，如《教子》篇写北齐一位士大夫教儿子学鲜卑语、弹琵琶以谄事权贵的丑恶面目；《治家》篇写自己一位远亲弃杀女婴的惨酷场面；《风操》篇评述南北风俗习尚的优劣差异；《勉学》篇写俗儒之迂腐，以至当时的谚语讽刺他们"博士买驴，书卷三纸，未有驴字"；《名实》篇写某"贵人"服丧期间以巴豆涂脸，使脸上长疮，表"哭泣之过"的无耻行径；《省事》篇写北齐末年以钱财女宠通关节走后门以谋取爵禄的末世颓风。凡此种种，都可使我们得以窥见当时社会的世风习尚，提供我们以知人论世的可靠依据。

第三，本书具有一定学术价值。颜之推作为"当时南北两朝最通博最有思想的学者"[13]，他的《颜氏家训》除以儒家思想训诫子孙外，还大量记载了自己的学术观点和研究成果，评述历史人物和事件，这些都为后来的研究工作提供了有用的资料。比较集中地体现了这一特点的，是《书证》《音辞》《杂艺》《文章》等篇。

《书证》篇考辨古书文字词义，纠正古书中的错误，颇多精到之处。在这方面，颜之推不仅能引证群书，而且能以方言口语或实物进行印证。比如他考释《诗经》草木"荼"：

> 《诗云》："谁谓荼苦?"《尔雅》《毛诗传》并以荼，苦菜也。又《礼》云："苦菜秀。"案：《易统通卦验玄图》曰："苦菜生于寒秋，更冬历春，得夏乃成。"今中原苦菜则如此也。一名游冬，叶似苦苣而细，摘断有白汁，花黄似菊。江南别有苦菜，叶似酸浆，其花或紫或白，子大如珠，熟时或赤或黑，此菜可以释劳。案：郭璞注《尔雅》，此乃蘵黄蒢也。今河北谓之龙葵。梁世讲《礼》者，以此当苦菜：既无宿根，至春方成耳，亦大误也。又高诱注《吕氏春秋》曰："荣而不实曰英。"苦菜当言英，益知非龙葵也。

颜之推在这里为了对"荼"给予正确训释，纠正梁朝一些人把江南的龙葵当作"荼"的错误，不仅多方引用古书的解释，而且考验实物进行比较，显得很有说服力。又如他利用当时出土的秦代铁称权上的铭文来校勘《史记·秦始皇本纪》，发现其中的"丞相隗林"应当作"隗状"，也很值得称道。

颜之推精于声韵之学。他既注意到因地域不同而造成的语言的差异，也注意到因时代不同而引起的古今声韵的变迁。《音辞》就是他有关声韵之学的专论。其中评论南北语音的优劣得失，指陈历代韵书、字书的讹误，是宝贵的语音史资料，恰如周祖谟先生所说："黄门此制，专为辨析声韵而作，斟酌古今，掎摭利病，具有精义，实为研求古音者所当深究[14]。"隋代杰出的声韵学家陆法言在声韵学方面也深受颜之推的启发，他所撰写的《切韵》一书，就有采用颜之推意见之处[15]。

《杂艺》篇分论书法、绘画、射箭、卜筮、算术、医药、音乐、博弈、投壶等各种技艺,有助于我们了解这些"杂艺"在当时的种种情状。如记常射与博射的区别,论投壶之礼的古今演变等,就具有宝贵的学术资料价值。

此外,本书各篇论及当时人物事件之处颇多,这方面内容,可与南北诸史互相参证,或补南北诸史的遗缺。

本书《文章》篇集中体现了颜之推的文学理论思想,其大旨与刘勰《文心雕龙》的主张相近,在中国古代文学批评史上占有一定地位。当时南北文风的异同,如李延寿在《北史·文苑传序》中所说:

> 江左宫商发越,贵于清绮;河朔词义贞刚,重于气质。气质则理胜其词,清绮则文过其意;理胜者便于时用,文华者宜于咏歌。

颜之推由南入北,故他对文学能融合南北,取折衷态度。他说:

> 文章当以理致为心肾,气调为筋骨,事义为皮肤,华丽为冠冕。今世相承,趋末弃本,率多浮艳。辞与理竞,辞胜而理伏;事与才争,事烦而才损。

由此看来,他是把"理致"、"气调"这些属于思想内容方面的东西放在首位的,对当时"趋末弃本"、"辞胜而理伏"的"浮艳"文风深致不满。但是,他也并不因此而矫枉过正,忽视辞采等艺术形式的作用。他认为古人文章的体度风格胜过今人,而今人文章的声律辞采则胜过古人,"宜以古之制裁为本,今之辞调为末,并须两存,不可偏废。"颜之推很以父辈文章"典正"、"无郑、卫之音"自豪;他标举沈约"文从三易"(易见事、易识字、易诵读)之说,主张"用事不使人觉,若胸臆语",反对"穿凿补缀"、"事烦而才损";他十分赞赏萧悫"芙蓉露下落,杨柳月中疏"的诗句,爱其萧散,宛然在目,这样的鉴赏标准,"已经有些开唐诗的风气了"⑯。作为他的文学主张的实践,他的《颜氏家训》虽时有骈体,但内容充实、情意真切,文笔平易近人,具有独特的朴质风格,对当时及后世文风也是产生了相当影响的。

当然,《颜氏家训》作为封建时代文人训诫子孙的教育读本,以今天的观点看来,含有不少落后消极的成份。比如,在《兄弟》《后娶》

《治家》等篇中就表现出根深蒂固的男尊女卑、歧视妇女的观点;《归心》篇侈谈因果,宣传迷信;此外,不少篇章中表现出浓厚的全身免祸、明哲保身的思想,也显示了颜之推思想性格中软弱庸俗的一面,这些是我们阅读此书时所应注意的。

五

《颜氏家训》历代刻本很多,但一直没有注本。至清代始有赵曦明为之作注,卢文弨又为作补注,刻入《抱经堂丛书》中。卢氏的抱经堂丛书本,是用七卷本宋本作底本[17],经过校勘整理,较为精当。今人王利器撰有《颜氏家训集解》(上海古籍出版社1980年7月第1版),所用底本即为卢氏抱经堂丛书本,并以经元人补修重印的南宋刻本及多种明、清刻本进行了校勘。《集解》除汇列赵曦明、卢文弨的旧注外,还广泛搜集了后继学者如钱大昕等人对《颜氏家训》的解说,间亦补充自己的看法,较为完备。此外,台湾国风出版社出版有周法高撰辑的《颜氏家训汇注》,此书亦汇列赵曦明注、卢文弨补注及钱大昕等后起诸家的解说,与王利器《颜氏家训集解》大致相同,而其汇列后起诸家解说中亦有为《集解》所未引者,附录列有"颜氏家训词语索引"和"补正引用诸家索引"等,为研究者提供了很大方便。新近问世的,还有黄永年译注的《颜氏家训选译》(巴蜀书社1991年10月第1版)。

这本《颜氏家训全译》,原文沿用了王利器的《颜氏家训集解》,凡别本原文与《集解》有出入而意有可取者,均出注说明,但除明显讹误外,一般不改动《集解》原文,译文则择善而从。注释遵从简明通俗的原则,一般说来,译文中已解决的问题就不再出注。注释广泛参考了《集解》所列诸家解说,对《汇注》所列而《集解》未引者亦酌情采用。此外,也吸收了《颜氏家训选译》中的某些注译成果。为避繁琐,此书注释一般不一一注明出处,只是在诸家解说有歧异而可资参考时,或为强调原注者的成果及表明此解说为一家之言时,才酌情注明。

书稿草成后,承王锳先生审阅《书证》《音辞》两篇,匡误补失,助我良多;谭优学先生、顾玖先生分别就《归心》《音辞》两篇的注译提出了很好的意见;李立朴先生加工全稿,为此书增色不少;我母亲董移平、弟弟程幼铭为我查抄资料,费了不少心血;此外,承王文琪、张雪美二位女士从美国、台湾惠寄有关资料、图书,又承缪钺先生允诺将《颜之推年谱》作为附录收入本书,在此一并表示衷心的谢意。

程小铭
1992 年 6 月于贵阳东山

①此书《止足》篇中有"吾近为黄门侍郎"等语,乃北齐后主武平三年(公元572 年)事;而《风操》《终制》篇中又有"今日天下大同"、"今虽混一,家道罄穷"等语,当是隋文帝开皇九年(公元 589 年)平陈以后事,故此书的写作,大约是时断时续,持续了十几年,而成于隋平陈之后。旧本题署"北齐黄门侍郎颜之推撰",大约因颜之推在北齐时间较久,且黄门侍郎官职清贵,为时人所重。参看附录一余嘉锡《四库提要辨正》。
②晁公武《郡斋读书志》语。
③见《序致》篇。
④东汉末年以后,大官僚地主依靠政治、经济特权逐渐形成大姓豪族,称为士族或世族,又称高门。
⑤颜之推《观我生赋》自注。
⑥⑦见附录二《颜之推传》。
⑧见《终制》篇。
⑨⑩见《勉学》篇。
⑪见《养生》篇。
⑫见《孟子·公孙丑上》《孟子·万章下》。
⑬见范文澜《中国通史简编》修订本第二编第六章第三节(人民出版社 1964 年 8 月第 4 版)。
⑭见《颜氏家训音辞篇注补》(载《中国历代语言文字学文选》,江苏人民出版社 1982 年 4 月第 1 版)。
⑮见陆法言《切韵序》及王国维《观堂集林》卷八《六朝人韵书分部说》的有关解说。
⑯见郭绍虞《中国文学批评史》第三章第二十四节。
⑰卢文弨《注颜氏家训序》说:"余友江阴赵敬夫先生……取宋本《颜氏家训》而为之注。"而翁方纲《书卢抱经刻颜氏家训注本后》则说:"同年卢弓父学士以其友赵君所注《颜氏家训》校正精絜,……然如第六卷内诏内下,沈校宋本空格,此云沈氏不空;敳字注作皵,此云作皵,则疑弓父所见沈校宋本者,特偶见一钞本,而非原本耳。"据此,则卢氏抱经堂丛书本所据之宋本当是抄本而非原本。

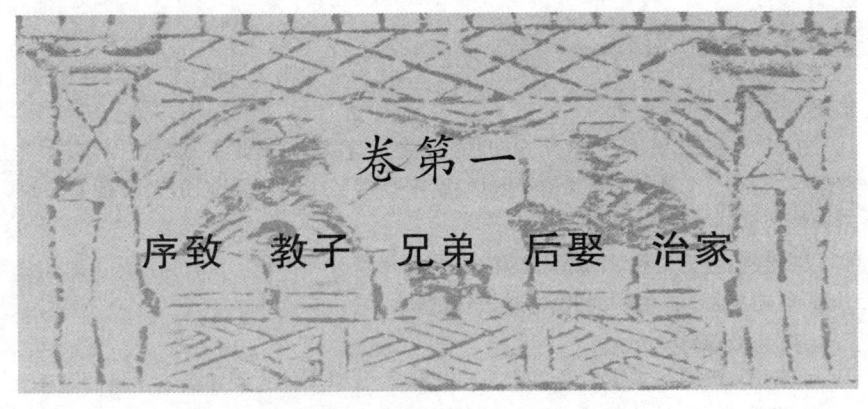

卷第一

序致 教子 兄弟 后娶 治家

序致第一①

【题解】

　　本篇为全书之序,作者交代自己的写作动机,并以亲身经历说明从小接受良好教育的重要性。首先,作者明确表示,写此书的目的在于"整齐门内,提撕子孙",是为了教育自家儿孙晚辈。由于施教者与受教者的这层关系,抽象的说教可以变成娓娓而谈的家常话,这就比外人空讲"师友之诫"、"尧舜之道"更切近受教者,因而更易收到良好效果。其次,作者着重谈到自己九岁至十八九岁的这段经历:由于父母去世,兄长"有仁无威,导示不切",加之"颇受凡人之所陶染",故养成一些坏毛病,成人以后想改也难。作者以此说明从小接受良好教育的重要性。这些议论无疑是十分中肯的。

【原文】

　　夫圣贤之书,教人诚孝②,慎言检迹③,立身扬名,亦已备矣。魏、晋已来④,所著诸子⑤,理重事复,递相模斅⑥,犹屋下架屋,床上施床耳⑦。吾今所以复为此者,非敢轨物范世也,业以整齐门内,提撕子孙⑧。夫同言而信,信其所亲;同命而行,行其所服。禁童子之暴谑,则师友之诫,不如傅婢之指挥⑨;止凡人之斗阋⑩,则尧舜之道,不如寡妻之诲谕⑫。吾望此书为汝曹之所信,犹贤于傅婢寡妻耳。

注释

①六朝以前作品,自序往往在全书之末,也有在全书之首的,本书就属后一种情况。

②诫孝:即忠孝,隋文帝父亲叫杨忠,隋人避其讳,故此书凡"忠"字均改为"诫"字。颜氏此书成于隋文帝平陈以后,隋炀帝杨广即位之前,故避文帝家讳而不避炀帝名讳。

③检迹:行为自持,不放纵之意,为六朝及隋时习用语。《乐府诗集》卷六十七张华《游猎篇》:"伯阳为我诫,检迹投清轨。"

④已,通"以"。

⑤诸子:下同。本指先秦诸子。这里指魏、晋以来的人阐述儒家学说的著述。

⑥模斅(xiào 效):模拟,仿效。斅,同"效"。

⑦屋下架屋,床上施床:此语为六朝、隋、唐时习用语,比喻重复他人的所作所为而无所创新。

⑧提撕:扯拉,提引。《诗·大雅·抑》:"匪面命之,言提其耳。"〔汉〕郑玄《笺》:"我非但对面语之,亲提撕其耳。"此处引申为提醒、教诲之意。

⑨傅婢:即侍婢。《后汉书·吕布传》:"私与傅婢情通。"《三国志·魏书·吕布传》作"与卓侍婢私通",可证。

⑩斗阋(xì 戏):指家庭内兄弟之间的争执。

⑪尧舜:传说中上古时代的两位帝王。

⑫寡妻:嫡妻,正妻。《诗·大雅·思齐》:"刑于寡妻。"《传》:"嫡妻也。"

【今译】

古代圣贤们著述的书,是教人行忠孝的,说到要言语谨慎、行为庄重自持、立身扬名等道理,也已经说得很周全了。从魏、晋以来,一般人所写的阐述古代圣贤思想的书,道理重复,内容因袭,后来的人照搬前面的人,好比屋子里又建造屋子,床上再叠放床一样多余。现在我不避照搬之嫌,又来写这一类书,不敢说是想以它做世人行为的规范,不过是以整顿自家门风、警醒后辈儿孙为己任罢了。同样一句话,有的人就信服,是因为说话者是他们所亲近的人;同样一个吩咐,有的人就照办,是因为作出吩咐的是他们所敬服的人。要禁绝孩童的过分淘气,则师友的劝诫,还抵不上婢女的指挥命令;要制止兄弟间的内讧,则尧、舜的教导,还抵不上他们自家妻子的诱导规劝。我希望此书被你辈所信服,不过是希望它胜过婢女对孩童、妻子对丈夫所起的作用而已。

【原文】

　　吾家风教，素为整密。昔在龆龀①，便蒙诱诲；每从两兄②，晓夕温清③，规行矩步④，安辞定色⑤，锵锵翼翼⑥，若朝严君焉⑦。赐以优言，问所好尚，励短引长，莫不恳笃。年始九岁，便丁荼蓼⑧，家涂离散⑨，百口索然⑩。慈兄鞠养，苦辛备至；有仁无威，导示不切。虽读《礼》《传》⑪，微爱属文⑫，颇为凡人之所陶染，肆欲轻言，不修边幅⑬。年十八九，少知砥砺⑭，习若自然，卒难洗荡。二十已后，大过稀焉；每常心共口敌，性与情竞，夜觉晓非，今悔昨失⑮，自怜无教，以至于斯。追思平昔之指⑯，铭肌镂骨⑰，非徒古书之诫，经目过耳也。故留此二十篇，以为汝曹后车耳⑱。

注释

①龆龀(tiáo chèn 条趁)：儿童换齿之时，这里指童年时代。

②两兄：《南史·颜协传》："子之仪、之推。"又《颜氏家庙碑》（唐颜真卿撰）中有之善其人，称之推为弟，则两兄即指之仪、之善。

③晓夕温清：《礼记·曲礼上》："凡为人子之礼，冬温而夏清，昏定而晨省。"此句本此，即依照礼节侍奉父母的意思。清(qìng庆)：寒，凉。

④规、矩：圆规和直尺，引申为准则、法度。规行矩步：比喻举动合乎法度。

⑤安辞定色：《礼记·曲礼上》："安定辞。"又《冠义》："礼义之始，在于正容体，齐颜色，顺辞令。"此句本此。

⑥锵锵翼翼：行走时恭敬有礼。《广雅·释训》："锵锵，走也。翼翼，敬也，又和也。"

⑦严君：父母为全家所尊，如同国有严君，故旧称父母为严君。《易·家人》："家人有严君焉，父母之谓也。"后多专指父亲。

⑧丁：当，碰上。荼蓼：处境艰苦。这里喻指丧失父亲。

⑨家涂：家道。

⑩百口：全家。古代大家庭人口众多，故称百口。索然：萧索；冷落。

⑪《礼》《传》：指《周礼》与《春秋左氏传》。《北齐书·颜之推传》谓颜家"世善《周官》《左氏》学。"

⑫属文：联字造句，使之相属，成为文章。即写文章的意思。

⑬不修边幅：边幅：布帛的边缘。比喻仪容、衣着。《后汉书·马援传》："公孙不吐哺走迎国士，与图成败，反修饰边幅，如偶人形。此子何足久稽天下乎？"后以"不修边幅"形容不注意衣着、容貌的整洁。

⑭少：同"稍"。砥励：本指磨刀石，引申为磨炼。

⑮《淮南子·原道》篇高诱注:"月悔朔,今悔昨。"此句本此。
⑯指:意旨,意向,通"旨"。
⑰铭、镂:都是刻的意思。铭肌镂骨,形容印象深刻,永志不忘。
⑱后车:后继之车。《汉书·贾谊传》:"前车覆,后车诫。"

【今译】

  我家的门风家教,一向是严整缜密的。还在孩提时代,我就时时得到长辈的指导教诲;学着我两位兄长的样儿,早晚侍奉双亲,一举一动都照规矩办事,神色安详,言语平和,走路小心恭敬,就同在给父母大人请安时一样。长辈时时传授我佳言锦句,关心我的喜好,勉励我克服缺点,发扬优点,这些没有一样不是恳切深厚的。我刚满九岁时,父亲便去世了,家道中衰,人丁冷落。慈爱的兄长来尽抚育之责,其困苦辛劳达于极点;但他有仁爱之心而无威严之举,对我的督导就不够严厉。我虽然读了《周礼》《左传》,也有点喜欢作文,但与一般平庸之人相交而受其熏染,放纵私欲,信口开河,又不注重衣着容貌的整洁。到十八九岁时,渐渐懂得要磨炼品性了,但习惯成自然,最终还是难以彻底改掉不良习惯。二十岁以后,大的过失很少犯了,常常是在信口开河时,心里就警觉起来而加以控制,理智与感情往往处于矛盾状态,夜晚觉察到白天的错误,今日追悔昨日的过失,自己意识到那段时间没有得到好的教育,因此才到这种地步。这时追想平素所立的志向,真是铭心刻骨,那就不仅仅是把古书上的告诫用眼看一遍,用耳听一道所可比拟的。所以,我留下这二十篇《家训》,以此作为你辈的后车之戒。

教子第二

【题解】

  此篇谈教育子女的有关问题。作者从正反两方面反复举例,说明教育子女的重要性以及方法、目的。作者强调要抓紧对子女的早期教育,这种教育开始得越早越好(包括"胎教"),认为不乘子女幼小时给予良好教育,到习性养成就难以纠正了。其次,强调对子女的教育要严格。作者反复申述父母应该"威严而有慈",反对"无教而有爱",认为宠爱孩子最终是害了孩子。为了保持在子女心目中的威严形象，父亲与孩子之间不可过份亲昵，不可不拘礼节，父亲甚至不要亲自教授自己的孩子。只有让子女感到对父母的"畏慎"，才会促使他们产生孝心。此外，作者指出父母对子女应一视同仁，不可偏宠；父母教育子女应有正确的目的，不可为了仕进而谄事权贵，等等。总体来讲，作者的教育思想是秉承了儒家的正统观念，并深深打上了那个时代的烙印，但以今天的眼光看，如能去粗取精，去伪存真，则也不乏借鉴、参考的价值。

【原文】

上智不教而成，下愚虽教无益，中庸之人，不教不知也①。古者，圣王有胎教之法②：怀子三月，出居别宫，目不邪视，耳不妄听，音声滋味，以礼节之。书之玉版③，藏诸金匮④。生子咳嗳⑤，师保固明⑥，孝仁礼义，导习之矣。凡庶纵不能尔⑦，当及婴稚，识人颜色，知人喜怒，便加教诲，使为则为，使止则止。比及数岁，可省笞罚。父母威严而有慈，则子女畏慎而生孝矣。吾见世间，无教而有爱，每不能然；饮食运为⑧，恣其所欲，宜诫翻奖，应诃反笑，至有识知，谓法当尔。骄慢已习，方复制之，捶挞至死而无威，忿怒日隆而增怨，逮于成长，终为败德。孔子云："少成若天性，习惯如自然"是也⑨。俗谚曰："教妇初来，教儿婴孩。"诚哉斯语！

注释

①《论语·阳货》："唯上智与下愚不移。"《后汉书·杨终传》："终以书戒马廖云：'上智下愚，谓之不移；中庸之流，要在教化。'"即此文所本。中庸之人：指智力中常的人。

②胎教：古人认为胎儿在母体中能够受孕妇言行的感化，故孕妇须谨守礼仪，给胎儿良好影响，叫"胎教"。详见《大戴礼·保傅》。

③玉版：刊刻文字的白石板。

④金匮：以金属制作的藏书柜，古人以金统称各种金属。《大戴礼·保傅》："素成胎教之道，书之玉版，藏之金匮，置之宗庙；以为后世戒。""书之"两句本此。

⑤咳嗳：一作"孩提"。《说文·口部》："咳，小儿笑也。孩，古文咳从子。"《孟子·尽心上》："孩提之童。"赵岐注："孩提，二三岁之间，在襁褓，知孩笑，可提抱

者也。"

⑥师保：古代担任教导皇室贵族子弟的官，有师有保，统称师保。《礼记·文王世子》："师也者，教之以事而喻诸德者也；保也者，慎其身以辅翼之而归诸道者也。"

⑦凡庶：普通人。

⑧运为：行为。

⑨贾谊《新书·保傅》："孔子曰：'少成若天性，习惯如自然'是殷周之所以长有道也。"少成：从小养成的习惯。天性：人出生就具有的本性。

【今译】

　　智力超群的人，不用教育他就可以成材；智力迟钝的人，虽然教育他也没有用处，智力中常的人，不教育他就不会明白事理。古时候，圣王有所谓胎教的方法：王后怀太子到三个月时，就要搬到专门的房间去住，不该看的就不看，不该听的就不听，音乐、饮食，都依照礼来加以节制。这种胎教的方法，都写在玉版上，藏在金柜里。太子生下来到两三岁时，师保必然是已经确定好了的。从那时就开始对他进行孝、仁、礼、义的教育训练。普通平民纵然不能如此，也应当在孩子知道辨认大人的脸色，明白大人的喜怒时，就开始加以教诲，大人叫他去做他才去做，大人叫他不做他就不做。这样，等他长到几岁的时候，就可不必对他使用打竹板的处罚了。当父母的平时威严而且慈爱，子女就会敬畏谨慎，从而产生孝心。我看这人世上，父母不知教育而只是溺爱子女的，往往不能这样：他们对子女的吃喝玩乐，任意放纵，本应告诫子女的，反而加以奖励，本应呵责子女时，反而面露笑容，等到子女懂事，还以为按道理本当如此。子女骄横傲慢的习气已经养成了，才又去制止它，把子女鞭抽棍打到死的地步却树立不起父母的威信，对子女的火气一天天增加，却只会招致子女的怨恨，等到子女长大成人，终究是道德败坏。孔子说："少成若天性，习惯如自然。"就是这个道理。俗话又说："教媳妇趁新到，教儿子要赶早。"这话一点不假啊！

【原文】

　　凡人不能教子女者，亦非欲陷其罪恶；但重于诃怒①，伤其颜色，不忍楚挞惨其肌肤耳②。当以疾病为谕，安得不用汤药针艾救之哉③？

又宜思勤督训者,可愿苛虐于骨肉乎④？诚不得已也。

【注释】

①重：难的意思。《史记》卷一一七《司马相如传·喻巴蜀檄》："重烦百姓。"《索隐》："重犹难也。"

②楚：荆条，古时用作刑杖。这里是用刑杖打人的意思。

③艾：艾叶，中医以艾叶熏灼人体以达到治疗目的。

④可愿：岂愿。

【今译】

一般人不去教育子女，也并不是想让子女去犯罪，只是不愿看到子女受责骂而脸色沮丧，不忍子女被荆条抽打皮肉受苦罢了。这应该用治病来打比方，子女生了病，父母哪里能不用汤药针艾去救治他们呢？也应该为那些勤于督促训导子女的父母想一想，他们难道愿意虐待自己的亲骨肉吗？确实是不得已啊。

【原文】

王大司马母魏夫人①，性甚严正；王在湓城时②，为三千人将，年逾四十，少不如意，犹捶挞之，故能成其勋业。梁元帝时，有一学士，聪敏有才，为父所宠，失于教义：一言之是，遍于行路③，终年誉之；一行之非，掩藏文饰④，冀其自改。年登婚宦⑤，暴慢日滋，竟以言语不择，为周逖抽肠衅鼓云⑥。

【注释】

①王大司马：即王僧辩，字君才，南朝梁人。以军功官拜大司马等官职。事见《梁书·王僧辩传》。魏夫人：即王僧辩之母。《梁书·王僧辩传》称其"性甚安和，善于绥接，家门内外，莫不怀之。……恒自谦损，不以富贵骄物，朝野咸共称之，谓为明哲妇人也。"

②湓城：也称湓口，为湓水入长江之处。故址在今江西九江市西。

③行路：路人。《后汉书·党锢传·范滂》："行路闻之，莫不流涕。"

④掩(yǎn 掩)：通掩。遮蔽，掩盖。

⑤婚宦：结婚和作官，这里指成年。

⑥周逖：其人无考，《陈书》有《周迪传》，梁元帝时官拜持节通直散骑常侍、壮

武将军、高州刺史,封临汝县侯。衅(xìn 信):古代新制器物成,杀牲以祭,因以血涂缝隙之称。

【今译】

　　大司马王僧辩的母亲魏老夫人,品性非常严谨方正;王僧辩在湓城时,是三千士卒的统领,年纪也过四十了,但稍微不称魏老夫人的意,老夫人还用棍棒教训他,正因为受到这样严格要求,王僧辩才能成就功业。梁元帝的时候,有一位学士,聪明有才气,从小被父亲宠爱,疏于管教:他若一句话说得漂亮,当爹的巴不得过往行人都晓得,一年到头都挂在嘴上;他若一件事有闪失,当爹的为他百般遮掩粉饰,心里是希望他悄悄改掉。学士成年以后,凶暴傲慢的习气是一天赛过一天,终究因为说话不检点,得罪了周逖,被杀掉后,肠子被抽出,血被拿去涂抹战鼓。

【原文】

　　父子之严,不可以狎;骨肉之爱,不可以简。简则慈孝不接,狎则怠慢生焉。由命士以上①,父子异宫②,此不狎之道也;抑搔痒痛③,悬衾箧枕④,此不简之教也。或问曰:"陈亢喜闻君子之远其子⑤,何谓也?"对曰:"有是也。盖君子之不亲教其子也。《诗》有讽刺之辞,《礼》有嫌疑之诫⑥,《书》有悖乱之事⑦,《春秋》有衺僻之讥⑧,《易》有备物之象⑨;皆非父子之可通言,故不亲授耳⑩。"

注释

①命士:古代称读书做官者为士,命士指受有爵命的士。
②《礼记·内则》:"由命士以上,父子皆异宫。"
③《礼记·内则》:"子事父母,妇事舅姑,……疾痛苛痒,而敬抑搔之……"抑搔:按摩抓搔。
④《礼记·内则》:"悬衾,箧枕,敛簟而襡之。"意思是说:长辈起床后,晚辈应替长辈收拾卧具,把被子捆好悬挂起来,把枕头放进箱子里,再把竹席收藏好。
⑤陈亢:孔子弟子。此句出自《论语·季氏》:"陈亢问于伯鱼曰:'子亦有异闻乎?'对曰:'未也。尝独立,鲤趋而过庭。曰:"学《诗》乎?"对曰:"未也。""不学《诗》,无以言。"鲤退而学《诗》。他日,又独立,鲤趋而过庭。曰:"学《礼》乎?"对曰:"未也。""不学《礼》,无以立。"鲤退而学《礼》。闻斯二者。'陈亢退而喜曰:

'问一得三,闻《诗》,闻《礼》,又闻君子之远其子也。'"

⑥《礼记·曲礼上》:"男女不杂坐,不同椸枷,不同巾栉,不亲授,嫂叔不通问。""寡妇之子,非有见焉,弗与为友。"此当为颜氏所谓"嫌疑之诫"。

⑦《商书》有《汤誓》,《周书》有《秦誓》《牧誓》,皆以臣伐君,此当为颜氏所谓"悖乱之事"。

⑧裹:通邪。

⑨备物:备办各种器物。《易·系辞上》:"备物致用,立成器以为天下利。"

⑩洪业曰:"窃恐颜于《诗》,殆指《墙有茨》等篇;于《书》,殆指淫酗肆虐刳剔孕妇等句;于《春秋》,殆指夫人逊于齐之类;于《易》,殆指男女构精,万物化生等解也。"可供参考。

【今译】
　　以父亲的威严,就不该对孩子过份亲昵;以至亲的相爱,就不该不拘礼节。如果不拘礼节,那么慈爱孝敬都谈不上;如果过份亲昵,那么放肆不敬之心就会产生。古书上讲,从有身份的读书人往上数,他们父子之间都是分室居住的,这就是不过份亲昵的道理;古书上又讲,长辈有个病痛不适,当晚辈的替他们按摩抓搔,长辈起身后,当晚辈的替他们收拾卧具,这就是讲究礼节的道理。有人要问:"陈亢这人很高兴听到君子与自己的孩子保持距离的事,这是什么意思呀?"我要回答说:"不错啊,大约君子是不亲自教授自己的孩子的,因为《诗》里面有讽刺骂人的诗句,《礼》里面有不便言传的告诫,《书》里面有悖礼作乱的记载,《春秋》里面有对淫乱行为的指责,《易》里面有备物致用的卦象,这些都不是当父亲的可以向自己的孩子直接讲述的,所以君子不亲自教授自己的孩子。"

【原文】
　　齐武成帝子琅邪王①,太子母弟也,生而聪慧,帝及后并笃爱之,衣服饮食,与东宫相准②。帝每面称之曰:"此黠儿也,当有所成。"及太子即位③,王居别宫,礼数优僭④,不与诸王等;太后犹谓不足,常以为言。年十许岁,骄恣无节,器服玩好,必拟乘舆⑤;常朝南殿⑥,见典御进新冰⑦,钩盾献早李⑧,还索不得,遂大怒,诟曰⑨:"至尊已有,我何意无?"不知分齐⑩,率皆如此。识者多有叔段⑪、州吁之讥⑫。后嫌宰相,遂矫诏斩之,又惧有救,乃勒麾下军士,防守殿门;既无反心,受劳而罢,后竟坐此幽薨⑬。

注释

①齐武成帝:指北齐第五位皇帝高湛,公元561—565年在位。琅邪王:指高湛第三子高俨,初封东平王,高湛死后,改封琅邪王。

②东宫:太子所居之处,也代指太子。准:比照。

③太子:指高俨的哥哥北齐后主高纬,公元565—577年在位。

④礼数:礼与数同义,这里指礼仪的级别。

⑤乘舆:皇帝的车子,后用以代指皇帝。

⑥常:通"尝",曾经。

⑦典御:古代主管帝王饮食的官员。

⑧钩盾:古代官署名,主管皇家园林等事项。

⑨诟(gòu 够):骂。

⑩分齐:本分定限的意思。

⑪叔段:春秋时郑国国君郑庄公之弟,因母亲的偏宠纵容,从小骄纵不法,终至发动叛乱,被郑庄公平定。事见《左传·隐公元年》。

⑫州吁:春秋时卫国国君卫庄公之子,杀哥哥卫桓公自立,后亦被杀。事见《左传·隐公三、四年》。

⑬坐:触犯。薨(hōng 轰):周代诸侯死之称。《礼记·曲礼下》:"天子死曰崩,诸侯曰薨。"关于高俨被秘密处死之事,详见《北齐书·琅邪王俨传》。

【今译】

齐武成帝的三儿子琅邪王高俨,是太子高纬的同母弟,他天生就很聪慧,武成帝和明皇后都非常喜欢他,吃的穿的,都让他与太子一个样。武成帝经常当面称赞他说:"这可是个机灵的孩子啊,今后会成器的。"等到太子即位,琅邪王被迁到北宫去住,太后给予他的礼仪优厚得过份,与他的兄弟们都不一样;即使这样,太后还说优待不够,常挂在嘴上。琅邪王十岁左右时,骄横放肆得没有节制,穿的用的,一律要与当皇帝的哥哥相比。一次,他到南殿朝拜,正碰上典御官、钩盾令向皇上进献新从地窖里取出的冰块及早熟的李子,回府后就派人去索取,未得,就大发脾气,骂道:"皇上都有的东西,我凭什么就没份?"简直不懂得谨守为臣的本份,他的行为大抵都是如此。有识之士多指责说这是古代叔段、州吁的再现。往后,琅邪王讨厌宰相和士开,就假传圣旨将和士开斩首,又担心有人来相救,竟率领手下军士把守殿门。其实他也没有反心,受安抚后也就撤兵了,但后来终究为此事被朝廷秘密处死。

【原文】

　　人之爱子,罕亦能均;自古及今,此弊多矣。贤俊者自可赏爱,顽鲁者亦当矜怜,有偏宠者,虽欲以厚之,更所以祸之。共叔之死,母实为之①。赵王之戮,父实使之②。刘表之倾宗覆族③,袁绍之地裂兵亡④,可为灵龟明鉴也⑤。

注释

①见前段注。共叔,即叔段,叔段逃亡至共,因称之为共叔段。
②据《史记·吕后本纪》载:汉高祖刘邦与其宠妃戚夫人生赵王如意,倍加宠爱。戚夫人日夜向刘邦哭泣,想以如意代太子(吕后所生),终未成。刘邦死后,吕后即毒死如意,并以残酷手段杀死戚夫人。
③据《后汉书·刘表传》载:刘表字景升,官镇南将军、荆州牧。刘表有二子,即刘琦、刘琮。刘琮娶了刘表的后妻蔡氏的侄女为妻,蔡氏就偏宠刘琮而厌恶刘琦,常向刘表说刘琦的坏话,刘表往往信从。刘琦自危,即请求外出任职。刘表生病,刘琦回来探视,蔡氏等也不准他进门,并乘机立刘琮为继承人,终使兄弟反目,时曹操大军压境,刘琦逃往江南,刘琮向曹操投降。
④据《后汉书·袁绍传》载:袁绍为冀州牧,有三子:袁谭、袁熙、袁尚。袁绍后妻刘氏偏宠袁尚,袁绍即让袁谭外出任职。官渡之战,袁绍败于曹操,发病而死,未及定继承人。其部下因袁谭为长子,想立他为继承人,而亲近袁尚的一帮人却假传袁绍遗命,立袁尚为继承人。后兄弟反目,互以兵戎相见,终被曹操各个击破,其地亦为曹操所占。
⑤灵龟明鉴:古人以龟壳占卜,以铜镜照形,故以此二物比喻可资借鉴的事物。

【今译】

　　人们喜爱自己的孩子,却少有能够一视同仁的。从古到今,这中间的弊端可够多了。那聪慧漂亮的孩子,当然值得赏识喜爱,那愚蠢迟钝的孩子,也应该怜悯同情才是,有那偏宠孩子的,虽然想以自己的爱厚待他,却反而是以此害了他。共叔段的死,实际是他母亲造成的,赵王如意的被毒害,实际是他父亲促使的。其它像刘表的宗族倾覆,袁绍的兵败地失,这些事例都像灵龟、明镜一样可供借鉴啊。

【原文】

齐朝有一士大夫①,尝谓吾曰:"我有一儿,年已十七,颇晓书疏②,教其鲜卑语及弹琵琶③,稍欲通解,以此伏事公卿④,无不宠爱,亦要事也。"吾时俛而不答⑤。异哉,此人之教子也!若由此业⑥,自致卿相,亦不愿汝曹为之。

【注释】

①齐:指北齐。
②书疏:这里指文书信函等的书写工作。
③北齐显贵多为鲜卑族,其族喜弹琵琶,故当时以会讲鲜卑语、会弹琵琶为做官的门径。
④伏:通"服"。
⑤俛:同"俯"。
⑥业:职业,指服事公卿一事。

【今译】

齐朝有位士大夫,曾经对我讲:"我有个孩子,已经十七岁了,很懂点抄抄写写的事,我教他讲鲜卑语、弹奏琵琶,他渐渐地也快掌握了,用这些特长去为王公大人们效劳,没有不宠爱他的,这也是一件紧要的事啊。"我当时低着头,未作回答。这个人教育孩子,真让人诧异啊!假如因干这种职业,就可当上宰相,我也不愿让你辈去干的。

兄弟第三

【题解】

本篇谈兄弟关系。作者对此给予了特别的重视,认为兄弟乃一母所生,有共同的血缘关系(分形连气),从小在一起生活、学习、玩耍,关系密切,理应互相友爱,特别是当弟弟的应该像对父亲那样敬事兄长。对于兄弟各自娶妻成家后就关系逐渐疏远的现象则颇有微词。作者从正反两方面举例说明了自己的上述观点,应该说是有其积极意义的。但值得注意的是,作者在对兄弟关系表示出特别重视的同时,却对夫妇关系表示出令人惊讶的漠视态度,甚至认为是夫妇关系削弱了兄弟之情,应该像提防雀、鼠、风、雨对房屋的侵蚀那样去提防妻妾僮仆对兄弟关系的破坏,这明显地表现出作者歧视妇女的观点。

【原文】

夫有人民而后有夫妇,有夫妇而后有父子,有父子而后有兄弟:一家之亲,此三而已矣。自兹以往,至于九族①,皆本于三亲焉,故于人伦为重者也,不可不笃。兄弟者,分形连气之人也②,方其幼也,父母左提右挈,前襟后裾,食则同案③,衣则传服④,学则连业⑤,游则共方⑥,虽有悖乱之人,不能不相爱也。及其壮也,各妻其妻,各子其子,虽有笃厚之人,不能不少衰也。娣姒之比兄弟⑦,则疏薄矣;今使疏薄之人,而节量亲厚之恩⑧,犹方底而圆盖,必不合矣。惟友悌深至⑨,不为旁人之所移者⑩,免夫!

注释

①九族:指本身以上的父、祖、曾祖、高祖和以下的子、孙、曾孙、玄孙。也有包括异姓亲属而言的,以父族四、母族三、妻族二为"九族"。

②分形连气:语出《吕氏春秋·精通》:"父母之于子也,子之于父母也,一体而两分,同气而异息。"指形体各别,气息相通。形容父母与子女关系密切,后也用于兄弟之间。

③案:古代一种放食器的盘,下安短足,以便席地就食。

④传服:指大的孩子用过的衣服留给小的孩子穿。

⑤业:指书写经典的大版。连业:指哥哥用过的经籍,弟弟又接着使用。

⑥方:地方。《论语·里仁》:"游必有方。"

⑦娣姒(dì sì 弟四):兄弟之妻互称。《尔雅·释亲》:"长妇谓稚妇为娣妇,稚妇谓长妇为姒妇。"后也称作"妯娌"。

⑧节量:节制度量的意思,为六朝人习惯用语。

⑨友:兄弟相亲爱。悌:敬爱兄长。

⑩旁人:此指妻子。

【今译】

　　有了人类然后才有夫妇,有了夫妇然后才有父子,有了父子然后才有兄弟:一个家庭中的亲人,就这三者而已。由此类推,直到产生出九族,都是来源于这"三亲",所以对于人伦关系来说,这三亲是最为重要的,不可不加以重视。兄弟,那是一母所生,形体各异,而气息相通的人。他们小的时候,父母左手拉一个,右手牵一个;这个扯着父母的前襟,那个就抓住父母的后摆;吃饭是共一个案盘;穿衣是哥哥传给弟弟;学习是弟弟用哥哥用过的课本;游玩是在同一个地方。虽然有那悖礼胡来的人,兄弟间却是不会不互相爱护的。等到他们长大成人,各自娶了妻子,各自有了孩子,虽然有那忠诚厚道的人,兄弟间的感情却是不会不渐渐减弱的。妯娌比起兄弟来,关系就疏远淡薄了。现在让关系疏远淡薄者来决定关系亲密者之间的关系,这就好比给方形的底座配上圆形的盖子,一定是合不拢的。只有那相互亲爱、感情特别深厚、不会受别人影响而改变关系的兄弟,才可避免上述情况。

【原文】

　　二亲既殁①,兄弟相顾,当如形之与影,声之与响;爱先人之遗体②,惜己身之分气③,非兄弟何念哉④?兄弟之际,异于他人,望深则易怨,地亲则易弭⑤。譬犹居室,一穴则塞之,一隙则涂之,则无颓毁之虑;如雀鼠之不恤⑥,风雨之不防⑦,壁陷楹沦⑧,无可救矣。仆妾之为雀鼠,妻子之为风雨,甚哉!

注释

　　①殁(mò 末):死。
　　②先人:指已死亡的父母。遗体:古代称自己的身子为父母的遗体。《礼·祭义》:"曾子曰:身也者,父母之遗体也。"遗体一词有时也用以指兄弟。
　　③分气:指分得父母的血气。
　　④念:爱怜。
　　⑤地亲:地近情亲。
　　⑥《诗·召南·行路》:"谁谓雀无角,何以穿我屋?谁谓女无家,何以速我狱?虽速我狱,室家不足。谁谓鼠无牙,何以穿我墉?谁谓女无家,何以速我讼?虽速我讼,亦不女从。"此句本此。

⑦《诗·豳风·鸱鸮》:"予室翘翘,风雨所漂摇。"此句本此。
⑧楹:厅堂前的柱子。沦:没落,这里是摧折的意思。

【今译】
　　父母死后,兄弟间互相照顾,应当像身体与它的影子,音响与它的回声一样密切。讲到要互相爱护先辈所给予的躯体,要互相珍惜从父母那儿分得的血气,不是兄弟谁会这样互相爱怜呢?兄弟之间的关系与别人是不一样的,相互期望过高就容易产生不满,而接触密切,不满也容易消除。就比如一间居室,有一个洞就立刻堵上,有一条缝隙就马上涂盖,这就不会有倒塌的忧虑了。而如果对雀子老鼠的危害不放在心上,对风雨的侵蚀不加提防,就会墙壁倒塌,楹柱摧折,没法补救了。仆妾比起雀子老鼠,妻子比起风雨来,其危害还要更厉害哩!

【原文】
　　兄弟不睦,则子侄不爱①;子侄不爱,则群从疏薄②;群从疏薄,则僮仆为仇敌矣。如此,则行路皆踏其面而蹈其心③,谁救之哉!人或交天下之士,皆有欢爱,而失敬于兄者,何其能多而不能少也!人或将数万之师,得其死力,而失恩于弟者,何其能疏而不能亲也!

注释
①子侄:卢文弨曰:"子侄,谓兄弟之子也。"
②群从:指与前句中"子侄"同辈的族中子弟。
③行路:见《教子》篇"王大司马"段注。踏(jí):践踏。《释名·释姿容》:"踏,藉也,以足藉也。"蹈:踩。《庄子·达生》:"蹈火不热。"

【今译】
　　兄弟之间不和睦,那侄儿子之间就不会互相爱护;侄儿子之间不互相爱护,那家庭中的子弟辈们就会关系疏薄;子弟辈们关系疏薄,那僮仆之间就会成仇敌了。一个家庭像这样,过往路人都可以随意欺辱他们,谁能够救助他们呢?有的人能够结交天下之士,相互之间都快乐友爱,而对自己的哥哥却缺乏敬意,为什么对多数人可做到的,对少数人却不行呢!有的人统领几万人的军队,能使部属以死效力,而对自己的弟弟却缺乏恩爱,为什么对关系疏远的人能做到的,对关系亲密的人却不行呢!

【原文】

娣姒者,多争之地也,使骨肉居之①,亦不若各归四海,感霜露而相思②,伫日月之相望也。况以行路之人,处多争之地,能无间者,鲜矣。所以然者,以其当公务而执私情③,处重责而坏薄义也;若能恕己而行④,换子而抚⑤,则此患不生矣。

【注释】

①骨肉:此指妯娌为同胞姊妹关系而言。
②感霜露而相思:《诗·秦风·蒹葭》:"蒹葭苍苍,白露为霜;所谓伊人,在水一方。"即此句所本。
③公务:这里指大家庭内部的集体事务。
④恕己:谓扩充自己的仁爱之心。
⑤换子而抚:互相交换孩子抚养,这里指把兄弟的子女当成自己的子女。

【今译】

妯娌之间,容易产生纠纷,即使是同胞姊妹,让她们成为妯娌住在一起,也不如让她们远嫁各地,这样,她们反而会因感受霜露的降临而互相思念,仰观日月的运行而遥相盼望。何况妯娌本是陌路之人,处在容易闹纠纷的环境里,互相之间能够不产生嫌隙的,就太少了。之所以会这样,是因为大家面对家庭中的集体事务时却出以私情,肩负重大的家庭责任却心怀个人的区区恩义。如果她们能够本着仁爱之心行事,把别人的孩子当成自己的孩子加以爱抚,则这种弊端就不会产生了。

【原文】

人之事兄,不可同于事父①,何怨爱弟不及爱子乎?是反照而不明也。沛国刘琎,尝与兄瓛连栋隔壁②,瓛呼之数声不应,良久方答;瓛怪问之,乃曰:"向来未着衣帽故也③。"以此事兄,可以免矣。

【注释】

①林思进曰:"《尔雅·释言》:'猷,肯,可也。''肯'、'可'互训,此'可'字正作'肯'字用。"韩愈《故贝州司法参军李君墓志铭》:"事其兄如事其父,其行不敢有出焉。"盖本此文。

②赵曦明曰:"《南史·刘瓛传》:'瓛字子圭,沛郡相人。笃志好学,博通训义。弟珽,字子璥,方轨正直,儒雅不及瓛,而文采过之。'瓛音桓,珽音津。"沛国:地名,在今江苏萧县西北。

③此句意思是:弟敬事兄,应声时须衣帽整齐。向来:刚才的意思。

【今译】

有的人不肯以对待父亲的态度敬事兄长,他又何必埋怨兄长对自己不如对自家孩子恩爱呢?以此反观自己就可看出缺乏自知之明。沛国的刘珽与哥哥刘瓛住房只隔一层墙壁,一次,刘瓛呼叫刘珽,连叫几声都没有答音,过了好一会才听见刘珽答应。刘瓛感到奇怪,问他原因,他说:"因为刚才还没有穿戴好衣帽。"以这样的态度敬事兄长,可以不必担心哥哥对弟弟不如对自家的孩子了。

【原文】

江陵王玄绍①,弟孝英、子敏,兄弟三人,特相友爱,所得甘旨新异,非共聚食,必不先尝,孜孜色貌,相见如不足者②。及西台陷没③,玄绍以形体魁梧,为兵所围,二弟争共抱持,各求代死,终不得解,遂并命尔④。

【注释】

①江陵:县名。在今湖北省。王玄绍:人名。其事迹不详。

②此两句说:兄弟三人虽勤勉相待,相见时仍有替别人做得不够之感。孜孜:勤勉的样子。《尚书·君陈》:"惟日孜孜,无敢逸豫。"

③西台:指江陵。《通鉴》卷一四四胡三省注:"江陵在西,故曰西台。"

④并命:指相从而死。

【今译】

江陵的王玄绍,与他弟弟孝英、子敏兄弟三人,特别友爱,谁要得到美味新奇的食品,除非是兄弟三人在一起共享,否则决不会有谁一人先去品尝。兄弟三人虽然互相勤勉相待,见面时仍觉自己替别人做得不够。赶上西台陷落,玄绍因为体形魁梧,被敌兵包围,两个弟弟争着去抱他,请求允许让自己替哥哥去死,但终于未能消解厄运,被一同杀害。

后娶第四

【题解】

　　此篇谈后娶之害。作者告诫子孙,对续弦之事要特别慎重。他认为娶了后妻后,往往造成父子骨肉关系遭离间,造成前妻小孩被虐待。令今天的读者惊讶的是,作者虽然对续弦不以为然,却不反对纳妾。他说,江南地区人家"不讳庶孽",在妻子死后,一般由妾来当家,"限以大分,故稀斗阋之耻",而河北地区人家"鄙于侧出",妻子死后必须续弦,导致家庭产生许多尖锐矛盾。作者又分析后妻往往虐待前妻之子的原因,是因为前妻之子的地位高于后妻之子,"宦学婚嫁,莫不为防焉,故虐之。"作者在此篇中的叙述和议论,表现出他对妇女的歧视态度,这与《兄弟》篇中所持之论如出一辙,而我们正可通过作者的这种畸形态度,窥见那个时代的种种畸形现象。

【原文】

　　吉甫,贤父也,伯奇,孝子也,以贤父御孝子①,合得终于天性②,而后妻间之,伯奇遂放③。曾参妇死③,谓其子曰:"吾不及吉甫,汝不及伯奇。"王骏丧妻,亦谓人曰:"我不及曾参,子不如华、元④。"并终身不娶,此等足以为诫。其后,假继惨虐孤遗⑤,离间骨肉,伤心断肠者,何可胜数。慎之哉!慎之哉!

注释

　　①御:治理。这里是管教的意思。
　　②天性:即天命,指人的自然寿命。
　　③伯奇,相传为周宣王时重臣尹吉甫长子。母死,后母欲立其子伯封为太子,乃潜伯奇对其有邪念,吉甫怒,放伯奇于野。伯奇自伤无罪而被放逐,乃作琴曲

《履霜操》以述怀。吉甫感悟,遂求伯奇,射杀后妻。见《初学记》卷二引汉蔡邕《琴操·履霜操》。

③曾参:即曾子。春秋鲁国南武城人,字子舆。孔子弟子。以孝著称。其事迹散见《论语》各篇及《史记·仲尼弟子列传》。

④王骏:西汉成帝时大臣。《汉书·王吉传》:"吉子骏,为少府,时妻死,因不复娶,或问之,骏曰:'德非曾参,子非华、元,亦何敢娶。'"华、元:指曾参的两个儿子曾华、曾元。

⑤假继:继母。

【今译】

吉甫这人,是位贤明的父亲,伯奇这人,是位孝顺的儿子,让贤明的父亲来管教孝顺的儿子,应该能够称心如意吧。但吉甫的后妻从中挑拨,伯奇就让父亲给放逐了。曾参的妻子死后,他拒绝再娶,并对儿子讲述理由说:"我不如吉甫贤明,你们也不如伯奇孝顺。"王骏在妻子死后,也对别人说了同样的理由:"我不如曾参,我的孩子也不如曾华、曾元。"二人都终身不再娶妻。这些事例都足够让人引以为戒的。在曾参、王骏他们之后,继母残酷虐待前妻留下的孩子,离间父子骨肉的关系,让人伤心断肠的事,多得数不清。所以对娶后妻的事,要慎重啊!要慎重啊!

【原文】

江左不讳庶孽①,丧室之后,多以妾媵终家事②;疥癣蚊虻③,或未能免,限以大分④,故稀斗阋之耻⑤。河北鄙于侧出⑥,不预人流⑦,是以必须重娶,至于三四,母年有少于子者。后母之弟,与前妇之兄⑧,衣服饮食,爱及婚宦,至于士庶贵贱之隔⑨,俗以为常。身没之后,辞讼盈公门,谤辱彰道路,子诬母为妾⑩,弟黜兄为佣⑪,播扬先人之辞迹⑫,暴露祖考之长短⑬,以求直己者,往往而有。悲夫!自古奸臣佞妾,以一言陷人者众矣!况夫妇之义,晓夕移之,婢仆求容,助相说引⑭,积年累月,安有孝子乎?此不可不畏。

注释

①江左:指长江下游以东地区。古人叙地理以东为左,以西为右,故称江东为江左。庶孽:封建社会称妾所生之子女为庶孽。

②妾媵(yìng 映)：春秋时诸侯之女出嫁，由宗室之妹及侄女等陪嫁，叫妾媵。后作为正妻以外的婢妾的通称。终，结束。这里是继续管下去的意思。
③此句比喻危害甚小。虽：同"虺"。
④大分：名分。
⑤斗阋：见《序致》篇首段注。
⑥河北：指黄河以北一带，以下同。侧出：指妾所生的子女。
⑦人流：有身份者的行列。王利器《集解》："人流之流，与士流、学流、文流、某家者流之流意同。"
⑧此二句之"弟"、"兄"，均指母亲的儿子而言。
⑨士庶：士族和庶族。当时士族和庶族不能通婚。庶族也不能像士族一样任清贵之官。
⑩子：这里指前妻之子。母：这里指后母。
⑪弟：这里指后母之子。兄：这里指前妻之子。
⑫辞迹：言语、行迹。此句指传扬先辈的隐私。
⑬考：指已去世的父亲。祖考：指已去世的祖先。
⑭说(shuì 税)：劝说别人相信自己的话。引：诱引。

【今译】
　　江东一带，不顾忌妾媵所生的孩子，正妻死后，多以妾媵主持家事。这样，小的摩擦，或许不能避免，但限于妾媵的身份地位，所以很少发生家中兄弟内讧那种耻辱的事。河北一带，瞧不起妾媵所生的孩子，不让他们平等参予各种家庭或社会事务，这样，在妻子死后，就必须再娶一位，甚至娶三四次，以至后母的年龄比前妻的儿子还小。后妻所生的儿子，与前妻所生的儿子，他们的衣服饮食，以至婚配做官，竟然有像士庶贵贱那样的差别，而当地习俗认为这是很正常的。这种家庭，在父亲死后，往往打官司挤破衙门，诽谤辱骂之声路上都听得到，前妻之子诬蔑后母是小老婆，后母之子贬斥前妻之子当佣仆，他们到处传扬先辈的言语、行迹，暴露祖宗的长短，以此来证明自己的正直，这种人往往就出在这种家庭。可悲啊！自古到今的奸臣佞妾，用一句话就把人给陷害了的可多了！何况凭夫妇的情义，早晚可改变男人的心意，婢女仆僮为讨得主人欢喜，帮着劝说引诱，积年累月，哪里还会有孝子呢？这不能不让人害怕。

【原文】

凡庸之性,后夫多宠前夫之孤,后妻必虐前妻之子;非唯妇人怀嫉妒之情,丈夫有沈惑之僻①,亦事势使之然也。前夫之孤,不敢与我子争家,提携鞠养,积习生爱,故宠之;前妻之子,每居己生之上,宦学婚嫁②,莫不为防焉,故虐之。异姓宠则父母被怨③,继亲虐则兄弟为仇④,家有此者,皆门户之祸也。

注释

①沈惑:溺于所爱而不明。僻:邪僻背理的意思。
②宦学:宦指学习仕宦之事;学指学习《六经》之事。
③异姓:指前夫之子。因其用前夫之姓,故称异姓。
④继亲:指后母。

【今译】

一般人的秉性,后夫大多宠爱前夫留下的孩子,后妻则必定虐待前妻丢下的骨肉。这并不是说只有妇人才会心怀嫉妒的感情,只有男人才具有一味溺爱的毛病。这也是事物的情势使他们这样的。前夫的孩子,不敢与自己的孩子争夺家产,而从小照顾抚养他,日积月累就会产生爱心,所以就宠爱他;前妻的孩子,地位往往在自己孩子之上,读书做官、男婚女嫁,没有一样不须提防,所以就要虐待他。但异姓的孩子被宠爱,父母就会遭到自家子女的怨恨,后母虐待前妻的孩子,兄弟之间就会变成仇人。哪家有这种事,都是家庭的祸害啊。

【原文】

思鲁等从舅殷外臣①,博达之士也。有子基、谌,皆已成立,而再娶王氏。基每拜见后母,感慕呜咽②,不能自持,家人莫忍仰视。王亦凄怆,不知所容,旬月求退,便以礼遣,此亦悔事也。

注释

①思鲁:颜之推长子名。从舅:母亲的从兄弟。
②感慕:感、慕二字均为思念的意思。此指对死者的哀念。《文选·曹植〈上责躬应诏诗表〉》:"窃感《相鼠》之篇,无礼遄死之义。"李善注:"感,犹思也。"《玉

篇·心部》:"慕,思也。"

【今译】

　　思鲁他们的表舅父殷外臣,是位博学通达的读书人。他有两个孩子,叫殷基、殷谌,都已长大成人。但殷外臣又娶了王氏为妻。殷基每当拜见后母时,因念及生母失声哭泣,不能控制悲痛的感情,家里人都不忍抬头看他。王氏也很凄切难过,不知如何是好,才过来十天半月就请求退亲。殷家只好依照礼节将她送回娘家,这也是一件值得懊悔的事啊。

【原文】

　　《后汉书》曰:"安帝时,汝南薛包孟尝①,好学笃行,丧母,以至孝闻。及父娶后妻而憎包,分出之。包日夜号泣,不能去,至被殴杖。不得已,庐于舍外,旦入而洒埽②。父怒,又逐之,乃庐于里门③,昏晨不废④。积岁余,父母惭而还之。后行六年服,丧过乎哀⑤。既而弟子求分财异居,包不能止,乃中分其财:奴婢引其老者⑥,曰:'与我共事久,若不能使也。'田庐取其荒顿者⑦,曰:'吾少时所理⑧,意所恋也。'器物取其朽败者,曰:'我素所服食⑨,身口所安也。'弟子数破其产,还复赈给。建光中⑩,公车特征⑪,至拜侍中⑫。包性恬虚,称疾不起,以死自乞。有诏赐告归也⑬。"

注释

①汝南:郡名。汉高帝四年置。治所在上蔡(今河南上蔡西南)。此句依宋本,其他各本"包"下有"字"字。
②埽:同扫。
③里门:古以二十五家为里。里门即乡里之门。
④此句谓不废早晚向父母问安。
⑤封建社会,父母死,儿子应行服(服丧)三年,薛包行六年服,所以说"丧过乎哀"。
⑥引:取的意思。
⑦荒顿:荒废。
⑧理:王利器《集解》:"《后汉纪》十一、《御览》四一四引《汝南先贤传》作'治'。此盖传抄者避唐高宗李治讳改。"

⑨服:用的意思。《说文·舟部》:"服,用也。"
⑩建光:汉安帝年号。
⑪公车:汉代官署名。卫尉的下属机构,设公车令,掌管宫殿中司马门的警卫工作。臣民上书和征召,都由公车接待。
⑫侍中:官名。秦始置,为丞相属官。历朝沿用,至南宋废。《续汉书·百官志》:"侍中,比二千石,无员。掌侍左右,赞导众事,顾问应对。法驾出,则多识者一人参乘,余皆骑,在乘舆车后。"
⑬赐告:汉制,吏病满三月当免,天子优赐其告,使得带印绶,将官属归家养病,谓之赐告。

【今译】

《后汉书》上说:"安帝的时候,汝南有位叫薛包的,字孟尝,他喜爱学习,行为诚实,母亲已去世,以格外孝顺闻名。赶上他父亲娶了后妻,就憎恨薛包,让他分家别住。薛包日夜放声痛哭,不肯离开,以至被父亲用棍棒殴打。薛包不得已,在家门外搭了间小屋暂住,清早就进家清扫房屋。父亲很生气,又赶他出门,薛包只好就在里门外搭了间小屋暂住,但从不忘记早晚按时进家向父母问安。这样过了一年多,父母也感到羞愧,让他回了家。父母死后,薛包守丧六年,超过了丧礼的要求。不久,弟弟要求分家产另外居住,薛包不能劝止,就把他们的家产平均分配:奴婢要那年老的,说:'他们与我共事时间长,你使唤不了。'田地房屋要那荒废了的,说:'我年轻时经营过的,情意有所依恋。'器物要那朽败了的,说:'我平时所用,已经习惯了。'弟弟几次把自己那份家产破败了,薛包一次又一次地周济供给。建光年间,公车署特地下文征用他,直到让他官拜侍中,但薛包生性恬淡,声称自己生病起不了床,只求一死而已。朝廷只得下诏优准他保留官职请长假返家养病。"

治家第五

【题解】

此篇谈治家的种种注意事项。作者认为,要治理好一个家庭,首先要注意以身作则:父慈而后子孝,兄友而后弟恭,夫义而后妇顺。治家如治国,不能没有章法,"笞怒废于家,则竖子之过立见",但要注意宽严适度,否则就可能走向反面。作者强调治家要躬俭节用,但如果亲友有困难,就应该尽力相助,毫不吝惜,他举裴子野和"邺下领军"作为正反两方面的例子,说明"施而不奢,俭而不吝"的道理。以上思想对于我们今天处理家庭关系具有借鉴作用。此外,作者主张男女婚配要注重选择清白的配偶,反对买卖婚姻;强调要爱护书籍;反对巫婆神汉跳神弄鬼、道士画符弄法等迷信活动,这些都是值得肯定的。但是,作者在此篇中,一如他在《兄弟》《后娶》两篇中一样,表现了根深蒂固的歧视妇女的思想。他认为妇女在家庭中的作用,不过是操办酒食衣服,不可让她们主持家政,应酬交际;他把生养女儿过多视为家庭的一大灾难。当然,作者是反对弃杀女婴的。他记述自己的一位"疏亲",在家中姬妾临产时,即派人窥视,发现产下女婴,立即抱走弃杀,当母亲的追随其后,嚎啕痛哭。这种惨绝人寰的场面,至今读来,犹觉怵目惊心。

【原文】

夫风化者①,自上而行于下者也,自先而施于后者也。是以父不慈则子不孝,兄不友则弟不恭,夫不义则妇不顺矣。父慈而子逆,兄友而弟傲,夫义而妇陵②,则天之凶民,乃刑戮之所摄③,非训导之所移也。

【注释】

①风化:教育感化。
②陵:通"凌",侵侮。
③摄:通"慑",使畏惧。

【今译】

提到教育感化的事,是从上面推行到下面,从前人影响到后人的。因此,父亲如果不慈爱,子女就不会孝顺;哥哥如果不友爱,弟弟就不会恭敬;丈夫如果不仁义,妻子就不会和顺。父亲慈爱而子女逆悖,哥哥友爱而弟弟倨傲,丈夫仁义而妻子凶悍,那就是天生的凶民,只有靠刑罚杀戮来使他们畏惧,而不是靠训育引导可加以改变的。

【原文】

笞怒废于家,则竖子之过立见①;刑罚不中,则民无所措手足②。治家之宽猛,亦犹国焉。

注释

①《吕氏春秋·荡兵》:"家无怒笞,则竖子婴儿之有过也立见。"此二句本此。竖子:指未成年的人。
②《论语·子路》:"刑罚不中,则民无所措手足。"此二句本此。中(zhòng),合适,确当。措,安放。

【今译】

家庭内部如果取消体罚,那孩子们的过失马上就会出现;刑罚施用不当,那么老百姓就不知如何是好。治家的宽严标准,也与治国相同。

【原文】

孔子曰:"奢则不孙,俭则固;与其不孙也,宁固①。"又云:"如有周公之才之美,使骄且吝,其余不足观也已②。"然则可俭而不可吝已。俭者,省约为礼之谓也;吝者,穷急不恤之谓也。今有施则奢,俭则吝;如能施而不奢,俭而不吝,可矣。

注释

①以上四句见《论语·述而》篇。孙:同"逊",恭顺的意思。固:鄙陋。
②以上三句见《论语·泰伯》篇。周公:姬旦。周文王子。辅助武王灭纣,建周王朝,封于鲁。周代的礼乐制度相传是他所制订。

【今译】

孔子说:"奢侈就显得不恭顺,俭朴就显得鄙陋。与其不恭顺,宁可鄙陋。"孔子又说:"假如有一个人,他有周公那样好的才能,但只要他既骄傲又吝啬,那其他方面也是不足道的。"这么说来就应该节俭而不应该吝啬了。节俭,是指减省节约以合乎礼数;吝啬,是指对穷困急难的人也不关照周济。现在肯施舍的却也奢侈,能节俭的却又吝啬。如果能做到肯施舍而不奢侈,能节俭而不吝啬,那就可以了。

【原文】

　　生民之本,要当稼穑而食①,桑麻以衣。蔬果之畜,园场之所产;鸡豚之善②,坰圈之所生。爰及栋宇器械,樵苏脂烛③,莫非种殖之物也。至能守其业者,闭门而为生之具以足,但家无盐井耳④。今北土风俗,率能躬俭节用,以赡衣食;江南奢侈,多不逮焉。

注释

　　①稼:播种谷物。穑(sè 色):收获谷物。
　　②善:通"膳",饭食。
　　③樵苏:做燃料用的柴草。
　　④左思《蜀都赋》:"家有盐泉之井。"此句说家里不能产盐。

【今译】

　　百姓之本,关键应靠春播秋收获取食物,种桑纺麻得到衣服。蔬菜水果的聚积,是靠果园菜圃里出产;鸡肉猪肉等美味,是靠鸡窝猪圈里产生。直到房屋器用、柴草脂烛,没有一样不是耕种养殖的产物。那些最善于管理家业的人,不出门而各种维持生计的物品已经充足了,只不过家里还缺一口产盐的井罢了。现在北方地区的风俗,一般能够做到减省节约,以保障衣食之用;江南地区风气奢侈,在节俭持家方面大多赶不上北方。

【原文】

　　梁孝元世,有中书舍人①,治家失度,而过严刻,妻妾遂共货刺客,伺醉而杀之。

注释

　　①中书舍人:官名,为中书省属官,任起草诏令之职,参与机密,权力甚重。详见《隋书·百官志》。

【今译】

　　梁朝孝元帝的时候,有一位中书舍人,治家没有一定的法度,待家人过于严格苛刻,妻妾就共同买通刺客,乘他喝醉时刺杀了他。

【原文】

世间名士,但务宽仁;至于饮食饷馈,僮仆减损,施惠然诺①,妻子节量②,狎侮宾客,侵耗乡党③:此亦为家之巨蠹矣④。

注释

①然诺:应允之辞。
②节量:见《兄弟》篇第一段注。
③乡党:周制以五百家为党,以一万二千家为乡,后因以"乡党"泛指乡里。
④蠹(dù 妒):本指蛀虫,引申指侵害家庭的人或事。

【今译】

世上的一些名士,只知讲究宽厚仁慈,以至款待客人馈赠的食品,被僮仆减损,承诺接济亲友的东西,由妻子把持控制,甚至发生狎弄侮辱宾客,侵犯乡里的事,这也是家中的一大弊害。

【原文】

齐吏部侍郎房文烈,未尝嗔怒①,经霖雨绝粮,遣婢籴米,因尔逃窜,三四许日,方复擒之。房徐曰:"举家无食,汝何处来?"竟无捶挞。尝寄人宅②,奴婢彻屋为薪略尽③,闻之颦蹙④,卒无一言。

注释

①《北史·房法寿传》:"法寿族子景伯,景伯子文烈,位司徒左长史,性温柔,未尝嗔怒。"为吏部侍郎时,下载本段事。
②卢文弨曰:"以宅寄人也。"
③彻:通"撤",拆毁。
④颦蹙(pín cù 贫促):皱眉蹙额,不快乐的样子。

【今译】

齐朝的吏部侍郎房文烈,从不生气发怒。一次,连续几天降雨,家中断粮,房文烈派一名婢女去买米,婢女乘这机会逃跑了,过了大约三、四天,才把她抓获。房文烈只是语气平缓地对她说:"一家人都没吃的了,你跑哪里去啦?"竟然不用棍棒处罚她。房文烈曾经把房子借别人居住,奴婢们拆房子当柴烧,差不多要拆光了,他听到这事后皱了皱眉头,终于一句话也没说。

【原文】

裴子野有疏亲故属饥寒不能自济者①,皆收养之;家素清贫,时逢水旱,二石米为薄粥,仅得遍焉,躬自同之,常无厌色。邺下有一领军②,贪积已甚,家童八百,誓满一千;朝夕每人肴膳,以十五钱为率,遇有客旅,更无以兼。后坐事伏法,籍其家产,麻鞋一屋,弊衣数库,其余财宝,不可胜言。南阳有人,为生奥博③,性殊俭吝,冬至后女婿谒之,乃设一铜瓯酒④,数脔獐肉⑤;婿恨其单率,一举尽之。主人愕然,俯仰命益⑥,如此者再;退而责其女曰:"某郎好酒⑦,故汝常贫。"及其死后,诸子争财,兄遂杀弟。

注释

①裴子野:南朝梁人。以孝行著称。《南史·裴松之传》:"松之曾孙子野,字几原,少好学,善属文。……外家及中表贫乏,所得奉,悉给之,妻子恒苦饥寒。"
②邺下:即邺城,北齐建都于此,在今河南省临漳县境。领军:领军大将军的省称,为高级武官。见《晋书·职官志》。据李慈铭说,此领军即库(shè 社)狄伏连,其人专事聚敛,而性吝啬,事见《北齐书·慕容俨传》。
③南阳:郡名。治所在宛县(今河南省南阳市)。奥博:指深藏广蓄,积累富厚。
④瓯(ōu 欧):盛酒器。
⑤脔(luán 峦):切成块的肉。
⑥俯仰:周旋,应付。
⑦六朝人呼婿为"郎"。《通鉴》卷二〇一胡三省注:"今人犹呼婿为郎。"常:这里同"长"。

【今译】

裴子野这人,凡是他的远亲旧属饥寒而无力自救者,他都收养他们。他家平时就清寒贫穷,不时碰上水旱灾害,二石米煮成清薄的粥,也只够每人都喝上。他与大家一道喝清粥,从来没有显出埋怨的神情。邺下有一位领军,过于贪婪敛财,家中童仆已有八百人,他发誓要凑满一千。早晚每人的饭菜,以十五文钱为标准,遇到有客人来,再不添加一点。后来他犯罪被法办,朝廷派人没收他的家产时,发现他家麻鞋有一屋子,朽坏的衣服装了几库房,其余的财宝,多得无法说。南阳有个人,家财积累富厚,而秉性却特别俭省吝啬。有一年冬至后,女婿去拜望他,他就摆出一小铜盆酒、几块獐子肉来招待。女婿怪他简慢,一下子就把酒肉吃尽喝光了。这位南阳人感到惊愕,只好对付着叫仆人添上一点,就这样添了两次。下来后他责备他女儿说:"你男人爱喝酒,所以你老受穷。"到他死后,几个儿子争夺家财,当哥哥的竟然把弟弟给杀了。

【原文】

妇主中馈①,惟事酒食衣服之礼耳,国不可使预政,家不可使干蛊②;如有聪明才智,识达古今,正当辅佐君子③,助其不足,必无牝鸡晨鸣④,以致祸也。

注释

①中馈:《易·家人》:"无攸遂,在中馈。"指妇女在家主持饮食等事。

②干蛊(gǔ 古):《易·蛊》:"干父之蛊。"王弼注云:"干父之事,能承先轨,堪其任者也。"此句中"干蛊"是主事的意思。

③君子:古时候妻子对丈夫的敬称。《诗·召南·草虫》:"未见君子,忧心忡忡。"

④《书·牧誓》:"牝鸡无晨;牝鸡之晨,惟家之索。"牝鸡:母鸡。

【今译】

妇女主持家务,不过是操办有关酒食衣服等礼仪方面的事罢了。就国家而言,不可让她们参预国事;就家庭而言,不可让她们主持家政。如果有那聪明能干、洞察古今的妇女,正应该辅佐自己的丈夫,以弥补他的不足,决不会学母鸡在清晨打鸣,以招致灾祸的。

【原文】

江东妇女,略无交游,其婚姻之家①,或十数年间,未相识者,惟以信命赠遗,致殷勤焉。邺下风俗,专以妇持门户②,争讼曲直,造请逢迎,车乘填街衢,绮罗盈府寺,代子求官,为夫诉屈。此乃恒、代之遗风乎③?南间贫素,皆事外饰,车乘衣服,必贵整齐;家人妻子,不免饥寒。河北人事④,多由内政⑤,绮罗金翠,不可废阙,羸马悴奴,仅充而已;倡合之礼⑥,或尔汝之⑦。

注释

①婚姻之家:指亲家。《尔雅·释亲》:"婿之父为姻,妇之父为婚,妇之父母,婿之父母,相谓为婚姻。"

②持门户:当家的意思。《玉台新咏》卷一古乐府《陇西行》:"健妇持门户,胜一大丈夫。"

③阎若璩《潜邱札记》:"有以恒、代之遗风问者,余曰:拓跋魏都平城县,……县属代郡,郡属恒州,所云恒、代之遗风,谓是魏氏之旧俗耳。"魏:指北朝鲜卑族建立的魏国。

④河北:指今河北省和河南、山东两省的古黄河以北的地区。人事:指交际应酬。

⑤内政:家庭内部事务,这里借指主持家务的妻子。

⑥倡和:指夫唱妇随。

⑦尔汝:指夫妻间互相轻贱。《北史·儒林·陈齐传》:"游雅性护短,因以为嫌,尝众辱奇,或尔汝之,或指为小人。"

【今译】

江东的妇女,没有一点交游,她们娘家与婆家双方,有的十几年间未曾见面,只是以遣人问候,互赠礼品来表示各自的深厚情意。邺下的风俗,是专以妇女当家。她们与外人争辩是非,应酬交际,只见她们乘的车马挤满街道,丝绸衣裙充盈官家的府邸,有的替儿子求官,有的为丈夫叫屈,这就是魏国的鲜卑遗风吗?南方的贫寒人家,都注意外表的修饰打扮,车马衣服,以整齐为贵,而家中的妻子儿女,却难免挨饿受冻。河北一带的人事交际,多由妻子出面,因而丝绸衣裙,金银翡翠是不能没有的,那瘦弱的马匹和憔悴的奴仆,不过是凑数而已。至于夫唱妇随的礼节,恐怕已被互相轻贱所代替了。

【原文】

河北妇人,织纴组紃之事①,黼黻锦绣罗绮之工②,大优于江东也。

【注释】

①《礼记·内则》:"女子十年不出,姆教婉娩听从,执麻枲,治丝茧,织纴组紃。"《正义》:"纴为缯帛,组、紃,俱为条也。薄阔为组,似绳者为紃。"
②黼黻:(fǔ fú 府弗):古代礼服上所绣的花纹。

【今译】

　　河北一带的妇女,论纺织、刺绣、裁剪一类的手艺,要比江东的妇女强得多。

【原文】

　　太公曰:"养女太多,一费也①。"陈蕃曰:"盗不过五女之门②。"女之为累,亦以深矣。然天生蒸民③,先人传体,其如之何?世人多不举女,贼行骨肉,岂当如此,而望福于天乎?吾有疏亲,家饶妓媵,诞育将及,便遣阍竖守之④。体有不安,窥窗倚户,若生女者,辄持将去⑤;母随号泣,使人不忍闻也。

【注释】

①见《艺文类聚》卷三五引《六韬》:"太公曰:'养女太多,四盗也。'"太公:指姜太公,即吕尚。
②见《后汉书·陈蕃传》。陈蕃:后汉末年的名士大臣。此句意思是说,女儿出嫁需置办嫁妆,五个女儿的嫁妆就会把家弄穷,连盗贼也不愿来光顾。
③《诗·大雅·荡》:"天生蒸民。"蒸,众多的意思。
④阍(hūn 昏)竖:守门人。
⑤持:抱。持将去:指抱走杀害。

【今译】

　　姜太公说:"女儿养得太多,实在是种耗费。"陈蕃说:"盗贼也不光顾有五个女儿的家庭。"女儿带来的拖累,也太深重了。但天生众民,先辈传下的骨肉,你拿她怎么办呢?一般人大都不愿抚养女儿,生下的亲骨肉也要加以残害,难道应当这样干,而期望老天赐福给你吗?我有一个远亲,家中多有姬妾,她们中有谁产期将到时,就派看门人去监守,一旦产妇身体不安,就从门窗往屋里窥视,发现生下的是女儿,就立即抱走。母亲追随其后,嚎啕大哭,真让人不忍心听下去。

【原文】

妇人之性,率宠子婿而虐儿妇。宠婿,则兄弟之怨生焉①;虐妇,则姊妹之谗行焉②。然则女之行留③,皆得罪于其家者,母实为之。至有谚云:"落索阿姑餐④。"此其相报也。家之常弊,可不诫哉!

注释

①兄弟:指女儿的兄弟。
②姊妹:指儿子的姊妹。
③行:指女儿出嫁。留:指儿子娶媳妇。
④落索:冷落萧索的意思。阿姑:媳妇称丈夫的母亲为阿姑。见《尔雅·释亲》。

【今译】

妇人的秉性,大都宠爱女婿而虐待儿媳。宠爱女婿,则儿子的不满就由此产生,虐待儿媳,则女儿的谗言就随之而至。既然如此,那么女子不论被嫁出去还是被娶进来,都要得罪家人,这实在是当母亲的造成的。以至有谚语说:"阿姑吃饭好冷清。"这是对她的报应啊。这是家庭中经常出现的弊端,能够不警戒吗!

【原文】

婚姻素对①,靖侯成规②。近世嫁娶,遂有卖女纳财,买妇输绢,比量父祖,计较锱铢③,责多还少,市井无异④。或猥婿在门,或傲妇擅室,贪荣求利,反招羞耻,可不慎欤!

注释

①素对:清寒的配偶。素,寒素。
②靖侯:即颜之推九世祖颜含。《晋书·孝友传》:"颜含字宏都,琅邪莘人也。……致仕二十余年,年九十三,卒,谥曰靖侯。"成规:立下的规矩。本书《止足》篇说:"靖侯戒子侄曰:'婚姻勿贪势家。'"
③锱铢:均为古代很小的计量单位。比喻微小的事物。
④市井:古代指做买卖之处。《管子·小匡》:"处商必就市井。"尹知章注:"立市必四方,若造井之制,故曰市井。"也用以指商人。

【今译】

　　男女婚配要选择清寒人家,这是先祖靖侯立下的规矩。近来嫁女儿娶媳妇,竟然有卖女儿捞钱财,用财礼买媳妇的。这些人家为子女选配偶时,比量算计的是对方父辈祖辈的权势地位,斤斤计较的是对方财礼的多寡;这方要求得多,那方应承得少,与商人没有两样。这些人家,招的女婿猥琐鄙贱,娶来媳妇凶悍擅权。他们贪荣求利,反而招来羞耻,对此能够不慎重吗!

【原文】

　　借人典籍,皆须爱护,先有缺坏,就为补治,此亦士大夫百行之一也①。济阳江禄②,读书未竟,虽有急速,必待卷束整齐③,然后得起,故无损败,人不厌其求假焉。或有狼籍几案,分散部帙④,多为童幼婢妾之所点污⑤,风雨虫鼠之所毁伤,实为累德。吾每读圣人之书,未尝不肃敬对之;其故纸有《五经》词义,及贤达姓名,不敢秽用也⑥。

注释

　　①封建社会士大夫所订立身行己之道,共有百事,称之为百行。
　　②济阳:县名,故址在今河南兰考县境。江禄:字彦遐。《南史》附其高祖江夷传。
　　③卷束:南北朝时尚未有雕版印刷,当时的书籍是抄写在绢帛上,然后卷成一束收藏,谓之书卷。
　　④部:古代书籍按内容分为若干门类称部,引申后称一种书为一部书。帙:古人用以装书卷的书套。
　　⑤点:通"玷"。
　　⑥秽用:指把书卷用于覆瓿、当薪、糊窗等之用。

【今译】

　　借别人的书籍,都应当加以爱护,借来时如有缺坏,就替别人修补好,这也是士大夫百行之一啊。济阳的江禄,在读书未结束时,虽然碰上急事,也一定要把书卷束整齐,然后才起身,所以他的书没有损败的,别人也不讨厌他来借书。有的人把书乱七八糟地堆放在案几上,那些分散的书卷,大多被孩童、婢女、侍妾弄脏,或被风雨侵蚀、被虫鼠蛀咬所毁伤,实在有损道德。我每次读圣人的书,没有不严肃恭敬地面对它的。那些古书上有《五经》的文义以及贤达的姓名，可不敢用在污秽的地方呀。

【原文】

吾家巫觋祷请①，绝于言议；符书章醮亦无祈焉②，并汝曹所见也。勿为妖妄之费。

注释

①巫觋(xí 习)：男女巫的合称。《荀子·正论》："出户而巫觋有事。"《注》："女曰巫，男曰觋。"祷请：向鬼神祈祷请求。

②符书：旧时道士用来驱鬼召神或治病延年的神秘文书。章醮(jiào 叫)：《通鉴》卷一七五胡三省注："道士有消灾度厄之法，依阴阳五行数术，推人年命，书之如章表之仪，并具贽币，烧香陈读，云奏上天曹，请为除厄，谓之上章。夜中于星辰之下，陈设酒果饼饵币物，历祀天皇、太一、五星、列宿，为书如上章之仪以奏之，名为醮。"

【今译】

请巫婆神汉求鬼神消灾赐福的事，在我们家是从不提起的；道士用符书章醮弄法，我们也从不去祈求，这些都是你们看到的。可不要为这类妖妄之事破费。

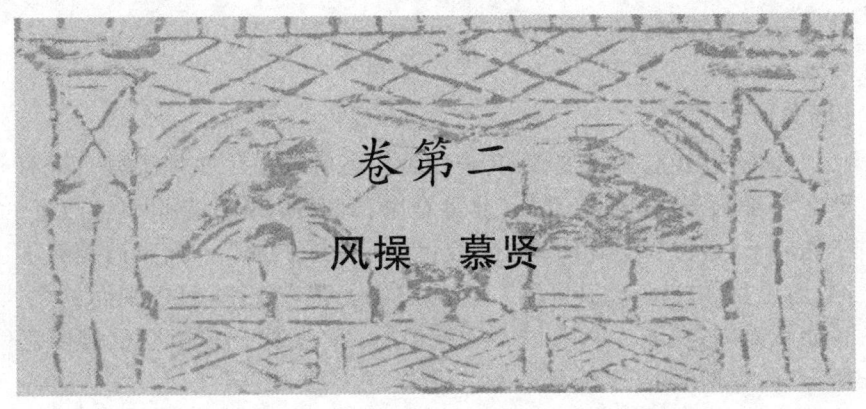

卷第二

风操 慕贤

风操第六

【题解】

本篇论士大夫"风操",即士大夫所应遵循的种种礼仪规范,并论及南北风俗习尚的差异。作者在开头便说明:因《礼经》残缺不全,而世事有所变改,更兼孩子们"生于戎马之间",对篇中所述的种种风俗习尚及礼仪规范既没有见到过也没有听说过,所以作者写此篇的目的,是希望让子孙们对这方面的事有所了解,有所弃取。

作者一生遍历南北,故他往往把南北风俗习尚加以比较,并表明自己的褒贬态度。比如他谈到迎送客人的习俗:南方人在客人来家时不前往迎接,见面只拱手而不欠身,送客也仅仅离开座席而已;北方人迎送客人都到门口,相见时欠身为礼。作者明确表示赞许北方人这种周到的待客礼节。作者在陈述种种风俗习尚及礼仪规范的同时,也时时强调不可拘礼过甚。比如他谈到陆襄这个人因父亲被斩杀,所以从此不吃刀切过的菜;姚子笃这个人因为母亲被烧死,所以终身不吃烤肉。作者对这种迂腐的行为给予了尖锐的讽刺。作者又谈到那种借口"忌日不乐"而不见外宾、不办公务,却"端坐奥室,不妨言笑,盛营甘美,厚供斋食"的伪君子,对他们进行了严厉的鞭挞。此外,作者对风俗习尚中的种种迷信活动,也表示了坚决的反对态度。

总之,此篇记载了较为丰富的南北朝时期社会风俗礼仪方面的资料,有重要价值,作者"辩正时俗之谬"(晁公武《郡斋读书志》语),其观点也多有可取之处。

【原文】

吾观《礼经》,圣人之教:箕帚匕箸①,咳唾唯诺②,执烛沃盥③,皆有节文④,亦为至矣。但既残缺,非复全书;其有所不载,及世事变改者,学达君子,自为节度,相承行之,故世号士大夫风操⑤。而家门颇有不同,所见互称长短;然其阡陌⑥,亦自可知。昔在江南,目能视而见之,耳能听而闻之;蓬生麻中⑦,不劳翰墨⑧。汝曹生于戎马之间,视听之所不晓,故聊记录,以传示子孙。

注释

①箕帚:粪箕和扫帚。《礼记·曲礼上》:"凡为长者粪之礼,必加帚于箕上,以袂拘而退,其尘不及长者。"此指为长者清扫秽物时应有的动作规范。匕箸:匙和筷。《礼记·曲礼上》:"饭黍毋以箸。"此指吃黄米饭时应用匙而不用筷。

②《礼记·内则》:"在父母舅姑之所,不敢哕噫、嚏咳、欠伸、跛倚、睇视,不敢唾洟。"又《礼记·曲礼上》:"抠衣趋隅,必慎唯诺。"以上为此句所本。

③执烛:手执蜡烛。《礼记·少仪》:"执烛,不让不辞不歌。"古人饮酒之礼,宾主互让,相互辞谢,又各自歌诗以见意。执烛在手者,不得兼为之。沃盥(guàn贯):指洗手。《礼记·内则》:"进盥,少者奉槃,长者奉水,请沃盥;盥卒,授巾,问所欲而敬进之。"此写为父母洗手应遵循的礼仪。

④节文:节制修饰。《礼记·坊记》:"礼者,因人之情,而为之节文,以为民坊者也。"

⑤风操:指风度、节操。

⑥阡陌:这里是途径的意思。

⑦《荀子·劝学》:"蓬生麻中,不扶而直。"

⑧以上两句文义不贯,王利器谓"翰墨"恐是"绳墨"之误,言蓬生麻中,不劳绳墨而自直,即不扶自直之意,可通。绳墨:木匠画直线用的工具。

【今译】

我看那《礼经》,上面记载得有圣人的教诲:为长辈清扫秽物时该怎样使用撮箕扫帚,进餐时该怎样选择匙子、筷子,在父母公婆面前该持怎样一种行为姿态,酒席宴会上该有些什么样的规矩,服侍长辈洗手又该如何进行,这种种事项的礼仪,都有一定的节制规范,说得也是十分周详的了。但此书已经残缺，不再是全本；有些礼仪规范，书上也未记载，有些则需根据世事的变改作相应调整，博学通达的君子，自己去权衡度量，递相承受而推行之，过去人们就把这些礼仪规范称为士大夫风操。然而各个家庭自有不同之处，对所见到的礼仪规范的优劣看法不尽相同，但它们的大致路径也还是清楚的。我过去在江南的时候，对这些礼仪规范耳闻目睹，早已深受其熏染，就像蓬蒿生长在大麻中，不用依靠绳墨也长得很直一样。你们生长在战乱年代，对这些礼仪规范当然是看不见也听不到的，所以我姑且把它们记录下来，以此传示子孙后代。

【原文】

《礼》曰："见似目瞿，闻名心瞿①。"有所感触，恻怆心眼；若在从容平常之地，幸须申其情耳。必不可避，亦当忍之；犹如伯叔兄弟，酷类先人，可得终身肠断，与之绝耶？又："临文不讳，庙中不讳，君所无私讳②。"益知闻名，须有消息③，不必期于颠沛而走也④。梁世谢举⑤，甚有声誉，闻讳必哭，为世所讥。又有臧逢世，臧严之子也⑥，笃学修行，不坠门风；孝元经牧江州⑦，遣往建昌督事⑧，郡县民庶，竞修笺书，朝夕辐辏⑨，几案盈积⑩，书有称"严寒"者，必对之流涕，不省取记⑪，多废公事，物情怨骇⑫，竟以不办而还。此并过事也。

注释

①"见似"二句：出《礼记·杂记下》。瞿(jù据)：惊动不安的样子。

②"临文"三句：出《礼记·曲礼上》。指行诸文字时，不应因避讳而改换文字；在宗庙里祭祀时对被祭者的小辈可以称其名而不用避讳；在国君面前，不应避自己先人的名讳。

③消息：这里是斟酌的意思。本书《文章》篇："当务从容消息之"。《书证》篇："考校是非，特需消息。"意与此同。

④颠沛：这里是形容闻先人名讳后立即趋避的狼狈样。

⑤谢举：南朝梁文士。《梁书·谢举传》："举字言扬，中书令览之弟，幼好学，能清言，与览齐名。"

⑥臧严：南朝梁文士。其事见《梁书·文学传》。

⑦孝元：指梁元帝萧绎。《梁书·元帝纪》："大同六年，出为使持节都督江州诸军事、镇南将军、江州刺史。"江州：州名。治所在湓口(今江西九江)。

⑧建昌:江州的属县。
⑨辐辏:车轴集中于轴心,此喻信函聚集于官署。
⑩几案:案桌,这里作文书档案等的代称。
⑪省(xǐng醒):检查,察看。记:书信。
⑫物情:即人情。古代谓人为物,《国语·周语》:"今以美物归汝,而何德以堪之。"美物指美人。《南齐书·焦度传》:"见度身形黑壮,谓师伯曰:'真健物也。'"健物即健儿。

【今译】

《礼记》上说:"看见与过世父母相似的容貌,听到与过世父母相同的名字,都会心跳不安。"这是因为有所感触,引发了深藏内心的哀痛。若是在那气氛和谐的地方发生这类事,自应该把这种感情表达出来。遇到实在无法回避的,也应该忍一忍。就比如自己的叔伯兄弟,相貌有酷似过世父母的,难道你能因此而一辈子伤心断肠,与他们绝交吗?《礼记》上还说过:"写文章时不用避讳,在宗庙祭祀不用避讳,在国君面前不避私讳。"这就让我们进一步明白了在听到先父母的名字时,应该先斟酌一下自己应取的态度,不一定非得立马窘迫趋避不可。梁朝的谢举,很有声誉,但听到别人称先父母的名字就要哭,引得世人讥笑。还有一位臧逢世,是臧严的儿子,其人爱好学习,修养品行,不失书宦人家的门风。梁元帝任江州刺史时,派他到建昌督促公事,当地黎民百姓纷纷写信来函,信函集中到官署,堆得案桌满满的。这位臧逢世在处理公务时,凡见信函中出现"严寒"一类字样,必然对之掉泪,不再察看回复,因此经常耽误公事。人们对此既不满又诧异,他最终因不会办事被召回。以上所举都是些处置避讳不得当的例子。

【原文】

近在扬都,有一士人讳审,而与沈氏交结周厚,沈与其书,名而不姓,此非人情也。

【今译】

最近在扬州城,有一位读书人忌讳"审"字,他与一位姓沈的交情深厚,姓沈的给他写信,落名时只写名不写姓,这就不近人情了。

【原文】

凡避讳者,皆须得其同训以代换之①:桓公名白②,博有五皓之称③;厉王名长④,琴有修短之目⑤。不闻谓布帛为布皓,呼肾肠为肾修也。梁武小名阿练⑥,子孙皆呼练为绢;乃谓销炼物为销绢物,恐乖其义。或有讳云者,呼纷纭为纷烟;有讳桐者,呼梧桐树为白铁树,便似戏笑耳。

注释

①同训:指同义词。

②桓公:指齐桓公,名小白。

③博:博戏。五皓(hào 号):即五白,古代赌博的五木之戏,五子全白,又称枭。此句意思是说:五白这种博戏,因要避齐桓公小白的名讳,改称五皓。

④《汉书·淮南厉王传》:"名长,高祖少子。"

⑤王利器曰:"修琴之说,别无所闻。《淮南·修务》篇:'人性各有所修。'疑'琴'为'性'音近之误。寻《考工记·凫氏》:'钟大而短,则其声疾而短闻;钟小而长,则其声舒而远闻。'《尔雅·释乐》作:'徒鼓钟谓之修。'又疑'琴'为'钟'连类而及之误。然不能辄定也。"今姑从前说。

⑥《梁书·武帝纪》:"高祖武皇帝讳衍,字叔达,小字练儿。"

【今译】

现在凡要避讳的字,都得用它的同义词来替换:齐桓公名叫小白,所以五白这种博戏就有了"五皓"这种称呼;淮南厉王名长,所以"人性各有长短"就说成"人性各有修短"。但还未听说过把布帛称作布皓,把肾肠称作肾修的。梁武帝的小名叫阿练,所以他的子孙都把练称作绢,然而把销炼物称为销绢物,恐怕就有悖于这个词的含义了。还有那忌讳云字的人,把纷纭叫作纷烟;忌讳桐字的人,把梧桐树称作白铁树,那就好像在开玩笑了。

【原文】

周公名子曰禽①,孔子名儿曰鲤②,止在其身,自可无禁。至若卫侯、魏公子③、楚太子,皆名虮虱;长卿名犬子④,王修名狗子⑤,上有连及,理未为通,古之所行,今之所笑也。北土多有名儿为驴驹、豚子者,使其自称及兄弟所名,亦何忍哉?前汉有尹翁归⑥,后汉有郑翁归,梁家亦有孔翁归,又有顾翁宠;晋代有许思妣⑦、孟少孤⑧,如此名字,幸当避之。

注释

①周公之子鲁公名伯禽,见《史记·鲁周公世家》。
②《家语·本姓解》:"十九娶宋之幵(qiān)官氏,一岁而生伯鱼。鱼之生也,鲁昭公以鲤鱼赐孔子;孔子荣君之赐,故因名曰鲤,而字伯鱼。"
③魏公子:当为韩公子。《史记·韩世家》:"襄王十二年,太子婴死,公子咎、公子虮虱争为太子,时虮虱质于楚。"《战国策·韩策》作"几瑟",虮瑟古同音通用。
④《史记·司马相如列传》:"蜀郡成都人也,字长卿。少时,好读书,学击剑,故其亲名之曰犬子。"
⑤《晋书》:"王修,字敬仁,小名苟子,太原晋阳人。"六朝人以苟、狗通用。
⑥《汉书·尹翁归传》:"字子兄,平陵人。"翁:义同父。
⑦许永,字思妣。见《世说新语·政事》。妣:义同母。
⑧《晋书·隐逸传》:"孟陋,字少孤,武昌人。"

【今译】

周公给儿子取名为禽,孔子给儿子取名为鲤,只限于他们本身,自可不必管它;至于像卫侯、韩公子、楚太子的名字都叫虮虱;司马长卿的名字叫犬子,王修的名字叫狗子,这就牵涉到他们的父母,于理未通了。古人就是这么称呼的,到今天就成了笑柄。北方有许多人给儿子取名为驴驹、猪子,如果让他们这样自称或让他兄弟这样称呼他,又怎么忍心呢?前汉有尹翁归,后汉有郑翁归,梁家有孔翁归,又有顾翁宠;晋代有许思妣、孟少孤,像这类名字,都应当尽力避免。

【原文】

今人避讳,更急于古。凡名子者,当为孙地①。吾亲识中有讳襄、讳友、讳同、讳清、讳和、讳禹,交疏造次②,一坐百犯,闻者辛苦③,无憀赖焉④。

注释

①为孙地:为孙子留余地,意思是不要让孙子为父亲名讳为难。
②交疏:当为"疏交"(据卢文弨注)。指相交之疏远者。造次:仓猝。

③辛苦:这里当悲痛讲。李密《陈情表》:"臣之辛苦,非独蜀之人士及二州牧伯,所见明知,皇天后土,实所共鉴。"

④无憀(liáo 辽)赖:无所依从。

【今译】

　　现在的人避讳,比古人更严格。那些为儿子取名字的人,应当为他们的孙子留点余地。我的亲属朋友中有讳"襄"字的、讳"友"字的、讳"同"字的、讳"清"字的、讳"和"字的、讳"禹"字的。大家在一起时,那交往比较疏远的人一时仓猝,讲出话来老是冒犯在座人的忌讳,听话的人感到悲痛,让人无所适从。

【原文】

　　昔司马长卿慕蔺相如,故名相如①,顾元叹慕蔡邕,故名雍②,而后汉有朱伥字孙卿③,许暹字颜回④,梁世有庾晏婴⑤、祖孙登⑥,连古人姓为名字,亦鄙事也。

注释

①司马长卿:即司马相如,字长卿,蜀郡成都(今属四川)人。西汉辞赋家。《史记·司马相如列传》:"相如既学,慕蔺相如之为人,更名相如。"蔺相如:战国时赵国大臣。秦向赵强索"和氏璧",他奉命带璧入秦,当廷力争,使原璧归赵。秦、赵两国国君在渑池相会,他使赵王不受秦王之辱。对同朝大臣廉颇能容忍谦让,使廉颇愧悟,成为团结御侮的知交。事见《史记·廉颇蔺相如列传》。

②顾元叹:即顾雍。《三国志·吴志》有传。蔡邕:东汉文学家、书法家。他通经史音律、天文;散文长于碑记,工整典雅,多用偶句;善辞赋;工篆、隶,尤以隶书著称;也能画。《后汉书》有传。雍:同"邕"。

③孙卿:即荀卿(荀子),汉人避宣帝(名询)讳,故以"孙"代"荀",荀子是战国时著名思想家、教育家。

④颜回:即颜渊,春秋末鲁国人,名回,字子渊。孔子弟子。其德行为孔子所称道。

⑤晏婴:春秋时齐国大夫,父死后继任齐卿,历仕灵公、庄公、景公三世。世传《晏子春秋》,是战国时人搜集有关他的言行编辑而成。

⑥孙登:三国魏人。隐居汲郡山中,居土窟,好读《易》,弹一弦琴,善啸。见《晋书·隐逸传》。

【今译】

　　从前司马长卿钦慕蔺相如,所以就改名为相如,顾元叹钦慕蔡邕,所以就取名为雍,而后汉有朱伥字孙卿,许暹字颜回,梁朝有庾晏婴、祖孙登,这些人把古人连名带姓都作为自己的名字,也是一种鄙贱的作法啊。

【原文】

　　昔刘文饶不忍骂奴为畜产①,今世愚人遂以相戏,或有指名为豚犊者②:有识傍观,犹欲掩耳,况当之者乎?

注释

　　①事见《后汉书·刘宽传》。刘宽,字文饶。畜产:畜牲的意思。
　　②豚(tún 屯):小猪。犊:小牛。

【今译】

　　从前,刘文饶不忍心奴仆被客人骂为畜生,现在那些愚人们,却拿这类字眼互相开玩笑,还有指名道姓称别人为猪儿牛儿的,有见识的旁观者,都恨不得把耳朵捂住,何况那当事人呢?

【原文】

　　近在议曹①,共平章百官秩禄②,有一显贵,当世名臣,意嫌所议过厚。齐朝有一两士族文学之人,谓此贵曰:"今日天下大同③,须为百代典式,岂得尚作关中旧意④?明公定是陶朱公大儿耳⑤!"彼此欢笑,不以为嫌。

注释

　　①卢文弨曰:"曹,局也。"刘盼遂曰:"《北齐书》之推本传:'入周为御史上士。'此云议曹,正指其事。"洪业谓此处之议曹,当指隋之谘议参军,可供参考。
　　②平章:这里是商讨的意思。《后汉书·蔡邕传》:"更选忠清,平章赏罚。"义与此同。
　　③天下大同:指隋于开皇九年平陈,统一天下。可知此书写成于入隋之后。
　　④关中旧意:古代称函谷关以西为关中,隋建都大兴(今陕西西安),属关中

地区。关中旧意是就隋统一天下前的情形而言。

⑤陶朱公:春秋时越国大夫范蠡的别号。据《史记·越王勾践世家》载,范蠡的二儿子在楚国杀人被抓获,范的大儿子携千金前往楚国通关节营救,因吝啬钱财,致使其弟被杀。明公:汉、魏、六朝人以"明"字加于称谓上表示尊重,如明公、明府、明将军、明使君等。

【今译】

最近我在议曹参加商讨百官的俸禄标准问题,有一位显贵,是当今名臣,他认为大家商议的标准过于优厚了。有一两位原齐朝士族的文学侍从便对这位显贵说:"现在天下统一了,我们应该给后世树一个好样板,哪里能再打统一前的老算盘呢?明公如此吝啬,一定是陶朱公的大儿子吧!"彼此你欢我笑,竟不感到厌恶。

【原文】

昔侯霸之子孙,称其祖父曰家公①;陈思王称其父为家父②,母为家母;潘尼称其祖曰家祖③:古人之所行,今人之所笑也。今南北风俗,言其祖及二亲,无云家者;田里猥人④,方有此言耳。凡与人言,言己世父⑤,以次第称之,不云家者,以尊于父⑥,不敢家也。凡言姑姊妹女子子⑦:已嫁,则以夫氏称之;在室⑧,则以次第称之。言礼成他族⑨,不得云家也。子孙不得称家者,轻略之也⑩。蔡邕书集⑪,呼其姑姊为家姑家姊;班固书集⑫,亦云家孙。今并不行也。

注释

①昔侯霸二句:侯霸:字君房,河南密人。矜严有威仪,笃志好学,官至大司徒。《后汉书》有传。此二句中"孙"、"祖"二字误衍(据卢文弨说)。
②陈思王:指曹操的儿子曹植,陈为曹植的封地,亦称陈王,思为谥。为建安文学的代表人物。传见《三国志》。
③潘尼:晋代文学家,潘岳之子。传附见《晋书·潘岳传》。
④田里:农村里。猥人:鄙俗之人。
⑤世父:伯父。《尔雅·释亲》:"父之晜弟,先生为世父。"
⑥伯父较父亲年长,故云"尊于父"。
⑦女子子:女儿。《仪礼·丧服》:"女子子在室为父。"郑玄注:"女子子者,女子也,别于男子也。"

⑧在室:女子未出嫁叫在室。
⑨女子出嫁到婆家,故谓"礼成他族"。
⑩轻略:轻视忽略。
⑪蔡邕:见本篇"昔司马长卿"段注。
⑫班固:汉扶风安陵人,字孟坚。他继承父业,续撰《汉书》,后因窦宪事被捕,死于狱中。传附见《后汉书·班彪传》。

【今译】

　　从前侯霸的儿子称他的父亲叫家公;陈思王曹植称他的父亲叫家父,母亲叫家母;潘尼称他的祖父叫家祖:古代的人就是这么称呼的,在今天的人看来就是笑柄了。现在南北各地风俗,提到祖父母及双亲,没有冠之以"家"的;只有那村野鄙贱之人,才会有这种称呼。凡是与别人谈话,提到自己的伯父,就按父辈排行次序称呼他,不冠以"家"字的原因,是因为伯父尊于父亲,故不敢称"家"。凡是说到自己的姑表姊妹,已经出嫁的,就以她丈夫的姓氏称呼她;还未出嫁的,就按兄弟姊妹的排行次序称呼她。这是说女子行婚礼就成了婆家的人,故不能称"家"。对于子孙不可称"家"的原因,是为了表示对他们的轻视、忽略。蔡邕的书集中,称他的姑、姊为家姑、家姊;班固的书集中,也说到家孙:现在都不这样称呼了。

【原文】

　　凡与人言,称彼祖父母、世父母、父母及长姑①,皆加尊字,自叔父母已下,则加贤字,尊卑之差也。王羲之书②,称彼之母与自称己母同,不云尊字,今所非也。

注释

①长姑:父亲的姐姐。
②王羲之:晋代著名书法家,字逸少,《晋书》有传。

【今译】

　　凡与人言谈,提到对方的祖父母、伯父母、父母及长姑,都在称呼前面加"尊"字,从叔父母以下,则在称呼前面加"贤"字,这是为了表示尊卑差别呀。王羲之的信,称呼别人的母亲和称呼自己的母亲时都一样,前面不加尊字,现在认为这样做是不对的。

【原文】

南人冬至岁首①,不诣丧家;若不修书,则过节束带以申慰②。北人至岁之日③,重行吊礼;礼无明文,则吾不取。南人宾至不迎,相见捧手而不揖④,送客下席而已;北人迎送并至门,相见则揖,皆古之道也,吾善其迎揖。

注释

①冬至:二十四节气之一。古人把冬至看成是节气的起点。《史记·律书》:"气始于冬至,周而复始。"岁首:农历一年的第一个月,亦指一年的第一天。《东观汉记·吴良传》:"今日岁首,请上雅寿。"
②束带:整饬衣冠,束紧衣带。表示恭敬。
③至岁:指冬至、岁首二节。
④揖:俯身为礼。

【今译】

南方人在冬至、岁首这两个节日中,不到办丧事的人家去;如果不写信的话,就过了节再整饬衣冠亲往吊唁,以示慰问。北方人在冬至、岁首这两个节日中,特别重视吊唁活动,这在礼仪上没有明文记载,我是不赞同的。南方人有客人来家时不去迎接,见面时只是拱手而不欠身,送客仅仅离开座席而已;北方人迎送客人都到门口,相见时欠身为礼,这些都是古代的遗风,我赞许他们这种迎来送往的礼节。

【原文】

昔者,王侯自称孤、寡、不谷①,自兹以降,虽孔子圣师,与门人言皆称名也。后虽有臣、仆之称,行者盖亦寡焉。江南轻重②,各有谓号③,具诸《书仪》④;北人多称名者,乃古之遗风,吾善其称名焉。

注释

①孤、寡、不谷:均为古代帝王诸侯的谦词。《吕氏春秋·士容》篇注:"孤、

寡,谦称也。"《淮南子·人间》篇注:"不谷,不禄也,人君谦以自称也。"

②轻:指地位低; 重:指地位高。

③号:别名。陶渊明《五柳先生传》:"宅边有五柳树,因以为号焉。"

④《隋书·经籍志》载《内外书仪》四卷,谢元撰;《书仪》二卷,蔡超撰;又十卷,王宏撰;又《书仪疏》一卷,周舍撰。

【今译】

过去,王公诸侯都自称孤、寡、不谷,从那以后,纵使是孔子那样的至圣先师,与门人谈话时也都自称名字。后来虽然有人自称臣、仆,但这大约不多。江南的人不论地位高低,都各有称号,这都记载在《书仪》这种书中。北方人自称名字,这是古人的遗风,我赞许他们自称名字的作法。

【原文】

言及先人,理当感慕,古者之所易,今人之所难。江南人事不获已,须言阀阅①,必以文翰,罕有面论者。北人无何便尔话说②,及相访问。如此之事,不可加于人也。人加诸己,则当避之。名位未高,如为勋贵所逼,隐忍方便,速报取了;勿使烦重,感辱祖父。若没③,言须及者,则敛容肃坐,称大门中④,世父、叔父则称从兄弟门中,兄弟则称亡者子某门中,各以其尊卑轻重为容色之节,皆变于常。若与君言,虽变于色,犹云亡祖亡伯亡叔也。吾见名士,亦有呼其亡兄弟为兄子弟子门中者,亦未为安贴也。北土风俗,都不行此。太山羊侃⑤,梁初入南;吾近至邺⑥,其兄子肃访侃委曲⑦,吾答之云:"卿从门中在梁,如此如此。"肃曰:"是我亲第七亡叔⑧,非从也。"祖孝徵在坐⑨,先知江南风俗,乃谓之云:"贤从弟门中,何故不解?"

【注释】

①不获已:犹不得已,没有办法。阀阅:本作伐阅。指家世。

②无何:犹言无故。刘淇《助字辨略》:"诸无何,并是无故之辞。无故犹云无端,俗云没来由是也。"

③没:去世。

④大门中:对别人称自己已故的祖父和父亲。以下所言"门中",都是称家族中的死者。

⑤羊偘:即羊侃。字祖忻。自魏归梁,授徐州刺史,累迁都官尚书。事见《梁书·羊侃传》。偘,同侃。太山:即泰山。
⑥邺:北齐都城,在今河北临漳县。
⑦肃:羊侃侄羊肃。委曲:事情的始末经过。
⑧汉、魏至隋,习惯于亲戚称谓之上加"亲"字,以示其为直系的或最亲近的亲戚关系。
⑨祖孝徵:即祖珽,字孝徵。《北齐书》有传。

【今译】

　　说到先人的名字,按理应当产生哀念之情,这在古人是很容易的,而今天的人却感到困难。江南人除非事出不得已,否则,在与别人谈及家世的时候,一定是以书信往来,很少当面谈及的。北方人无缘无故想找人聊天,就会到家相访,那么,像当面谈及家世这样的事,就不可施加于别人。如果别人把这样的事施加于你,你就应该设法避开它。你们名声地位都不高,如果是被权贵所逼迫而必须言及家世,你们可以隐忍敷衍一下,赶快作答,结束谈话;不要让这种谈话变得烦琐重复,以免有辱自家祖辈父辈。如果自己的祖父、父亲已经去世,谈话中必须提到他们时,就要表情严肃,端正坐姿,口称"大门中",对伯父、叔父则称"从兄弟门中",对已过世的兄弟,则称兄弟的儿子"某某门中",并且要各自依照他们的尊卑轻重,来确定自己在表情上应掌握的分寸,与平时的表情全都要有所不同。如果是同国君谈话提及自己过世的长辈,虽然表情上也有所改变,但还是可以说"亡祖、亡伯、亡叔"等称谓。我看见一些名士,与国君谈话时,也有称他的亡兄、亡弟为兄之子"某某门中"或弟之子"某某门中"的,这是不够妥帖的。北方的风俗,就完全不是这样。泰山的羊侃,是在梁朝初年到南方来的。我最近到邺城,羊侃哥哥的儿子羊肃来访我,问及羊侃的具体情况,我回答他说:"您从门中在梁朝时,具体情况是这样的……"羊肃说:"他是我的亲第七亡叔,不是'从'。"祖孝徵当时也在坐,他早就知道江南的风俗,就对羊肃说:"就是指贤从弟门中,您怎么不了解?"

【原文】

　　古人皆呼伯父叔父,而今世多单呼伯叔。从父兄弟姊妹已孤①,而

风操第六 ◇ 47

对其前,呼其母为伯叔母,此不可避者也。兄弟之子已孤,与他人言,对孤者前,呼为兄子弟子,颇为不忍;北土人多呼为侄。案:《尔雅》《丧服经》《左传》,侄虽名通男女,并是对姑之称②。晋世已来,始呼叔侄;今呼为侄,于理为胜也。

注释

①从父:伯父叔父的通称。

②见《尔雅·释亲》《仪礼·丧服》《左传·僖公十四年》。《尔雅》:我国最早解释词义的专著。《汉书·艺文志》著录二十篇。今本三卷,十九篇。前三篇《释诂》《释言》《释训》解释语辞,后十六篇专门解释名物术语。《丧服经》:即《仪礼》中的《丧服》篇。《仪礼》为《十三经》之一。《左传》:亦称《春秋左氏传》或《左氏春秋》,我国古代史学和文学名著,为儒家经典之一。

【今译】

古代人都称呼伯父、叔父,而现在多只单称伯、叔。叔伯兄弟、姊妹死去父亲后,在他们面前,称他们的母亲为伯母、叔母,这是无从回避的。兄弟的儿子死了父亲,你与别人谈话时,当了他们的面,称他们为兄之子或弟之子,就很不忍心;北方人多数称他们为侄。按:在《尔雅》《丧服经》《左传》诸书中,侄这个称呼虽然男女都可用,但都是对姑而言。晋代以来,才开始称叔侄。现在全部统称作侄,从道理上说是恰当的。

【原文】

别易会难,古人所重;江南饯送,下泣言离。有王子侯①,梁武帝弟,出为东郡②,与武帝别,帝曰:"我年已老,与汝分张③,甚以恻怆。"数行泪下。侯遂密云④,赧然而出。坐此被责,飘飘舟渚,一百许日,卒不得去。北间风俗,不屑此事,歧路言离,欢笑分首⑤。然人性自有少涕泪者,肠虽欲绝,目犹烂然;如此之人,不可强责。

注释

①王子侯:皇室所封列侯。《汉书》有王子侯表。

②东郡:建康以东之郡。

③分张:分别的意思,为六朝人习用语。庾信《伤心赋》:"兄弟则五郡分张,父子则三州离散。"以分张与离散对文,可知二词同义。
④密云:无泪,其意取自《易·小畜象》:"密云不雨。"指故作悲凄之态而不掉泪。
⑤分首:即分手。首、手同音通用。

【今译】

　　分别时容易,再见面就困难了,所以,古人对离别很重视。江南地区在为人饯行送别时,谈到分离就掉眼泪。有一位王子侯,是梁武帝的弟弟,将到东边的郡去任职,前来与武帝告别,武帝对他说:"我年纪已经老了,与你分别,真感到伤心。"说完流下几行眼泪。王子侯就也显出悲痛的模样,却挤不出眼泪,只好红着脸离开了王宫。他因为这件事被指责,在舟船岸渚间飘荡了一百多天,最终还是不能离开。北方地区的风俗,就不看重这种事,在岔路口谈起别离,都是欢笑着分手。当然,人群中本来就有一些天性很少流泪的人,他们有时悲痛到肠断欲绝,眼睛仍是炯炯有神;像这样的人,就不可勉强去责备他。

【原文】

　　凡亲属名称,皆须粉墨,不可滥也。无风教者①,其父已孤,呼外祖父母与祖父母同,使人为其不喜闻也。虽质于面,皆当加外以别之,父母之世叔父②,皆当加其次第以别之;父母之世叔母,皆当加其姓以别之;父母之群从世叔父母及从祖父母③,皆当加其爵位若姓以别之。河北士人,皆呼外祖父母为家公家母④;江南田里间亦言之。以家代外,非吾所识。

注释

①风教:教化。《毛诗序》:"风,风也,教也;风以动之,教以化之。"
②世叔父:世父和叔父。世父,指伯父。
③群从:指诸子侄辈。
④家公家母:梁章钜《称谓录》二:"案:北人称母为家家,故谓母之父母为家公家母。"

【今译】

　　凡是自家亲属的名称,都应该有所粉饰,不可滥用。那些缺乏教养的人,在祖父祖母去世后,对外祖父外祖母的称呼与祖父祖母一个样,叫人听了不高兴,替他们感到难过。虽是当了外祖父外祖母的面,在称呼上都应加"外"字以示区别;父母亲的伯父、叔父,都应当在称呼前加上排行顺序以示区别;父母亲的伯母、叔母,都应当在称呼前加上他们的姓以示区别;父母亲的子侄辈的伯父、叔父、伯母、叔母以及他们的从祖父母,都应当在称呼前加上他们的爵位和姓以示区别。河北的男子,都称外祖父、外祖母为家公、家母;江南的乡间也是这样称呼。用"家"字代替了"外"字,这我就弄不懂了。

【原文】

凡宗亲世数,有从父①,有从祖②,有族祖③。江南风俗,自兹已往,高秩者④,通呼为尊,同昭穆者⑤,虽百世犹称兄弟;若对他人称之,皆云族人。河北士人,虽三二十世,犹呼为从伯从叔。梁武帝尝问一中土人曰⑥:"卿北人,何故不知有族?"答云:"骨肉易疏,不忍言族耳。"当时虽为敏对,于礼未通。

注释

①从父:伯父、叔父统称从父。
②从祖:父亲的堂伯叔。
③族祖:祖父的堂伯叔。
④秩:官吏的俸禄。引申指官吏的职位或品级。
⑤昭穆:古代宗法制度,宗庙或墓地的辈次排列,以始祖居中。二世、四世、六世,位于始祖的左方,称昭;三世、五世、七世位于右方,称穆;用来分别宗族内部的长幼、亲疏和远近。后亦泛指家族的辈份。
⑥中土:中原。汉以后,以今河南一带为中土。

【今译】

宗族亲属的世系辈数,有从父,有从祖,有族祖。江南的风俗,从这往上数,对官职高的,通称为尊,同宗而辈份相同的,虽然隔了一百代,仍然互相称作兄弟;如果是对外人称呼自己宗族的人,则都称作族人。河北地区的男子,虽然已隔了二三十代,仍然称作从伯从叔的。梁武帝曾经问一位中原人说:"您是北方人,为什么不知道有'族'这种称呼呢?"中原人回答说:"亲属骨肉之间的关系容易疏远,所以我不忍心用'族'来称呼。"这在当时虽然是一种机敏的回答,但从道理上却是讲不通的。

【原文】

吾尝问周弘让曰①:"父母中外姊妹②,何以称之?"周曰:"亦呼为丈人③。"自古未见丈人之称施于妇人也④。吾亲表所行,若父属者,为某姓姑;母属者,为某姓姨。中外丈人之妇,猥俗呼为丈母⑤,士大夫谓之王母、谢母云⑥。而《陆机集》有《与长沙顾母书》⑦,乃其从叔母也,今所不行。

注释

①《陈书·周弘正传》:"弟弘让,性闲素,博学多通,天嘉初,以白衣领太常卿光禄大夫,加金章紫绶。"

②中外:一称中表,即内外之意。舅父之子为内兄弟,姑母之子为外兄弟。

③丈人:这里指对亲戚长辈的通称。

④颜氏此句失察,如《古诗为焦仲卿妻作》曰:"三日断五匹,丈人故嫌迟。"此丈人即指焦仲卿母亲亦即刘兰芝婆婆而言。惠栋《松崖笔记》、卢文弨《龙城札记》等,对此辨之甚详。

⑤丈母:这里指父辈的妻子。王利器《集解》引钱大昕《恒言录》三:"是凡丈人行之妇,并称丈母也。"丈人行(háng 杭),指父辈。

⑥王母、谢母:此为泛指,即王姓母、谢姓母之意。

⑦陆机:西晋吴郡吴人,字士衡,文学家。其诗文辞藻宏丽,讲求排偶,开六朝文风之先。

【今译】

我曾经问周弘让说:"父母亲的中表姊妹,你怎样称呼他们?"周弘让回答说:"也把他们称作丈人。"自古以来没有见过把丈人的称呼加给妇人的。我的亲表们所奉行的称呼是:如果是父亲的中表姊妹,就称她为某姓姑;如果是母亲的中表姊妹,就称她为某姓姨。中表长辈的妻子,俚俗称她们为丈母,士大夫则称她们作王母、谢母等等。而《陆机集》中有《与长沙顾母书》,其中的顾母就是陆机的从叔母,现在不这样称呼了。

【原文】

　　齐朝士子,皆呼祖仆射为祖公①,全不嫌有所涉也②,乃有对面以相戏者。

注释

　　①《北齐书·后主纪》:"武平三年二月,以左仆射唐邕为尚书令,侍中祖珽为左仆射。"仆射(yè 夜),职官名。
　　②祖父称公,而齐朝士子连祖珽姓称公,故云有所涉。

【今译】

　　齐朝的士大夫们,都称祖珽仆射为祖公,完全不嫌疑这样称呼会有所牵涉,甚至还有当祖珽面用这种称呼开玩笑的。

【原文】

　　古者,名以正体,字以表德①,名终则讳之,字乃可以为孙氏②。孔子弟子记事者,皆称仲尼③;吕后微时④,尝字高祖为季⑤;至汉爰种,字其叔父曰丝⑥;王丹与侯霸子语,字霸为君房⑦;江南至今不讳字也。河北士人全不辨之,名亦呼为字,字固呼为字。尚书王元景兄弟⑧,皆号名人,其父名云,字罗汉,一皆讳之,其余不足怪也。

注释

　　①正体:表明自身。表德:表示德行。
　　②氏:表明宗族的称号。上古时代,氏是姓的分支,用以区别子孙之所自出。汉魏以后,姓与氏合,姓也称氏。为孙氏:用来作为孙辈的氏。
　　③仲尼:孔子名丘,字仲尼。
　　④吕后:汉高祖刘邦的妻子,惠帝的母亲,名雉。惠帝死后,临朝称制,主政柄八年。《史记》《汉书》有纪。
　　⑤《史记·高祖本纪》:"姓刘氏,字季。"
　　⑥《汉书·爰盎传》:"盎字丝,徙为吴相,兄子种谓丝曰:'吴王骄日久,国多奸,今丝欲刻治,彼不上书告君,则利剑刺君矣。'"
　　⑦《后汉书·王丹传》:"丹字仲回,京兆下邽人……时大司徒侯霸,欲与交友,及丹被征,遣子昱候于道,昱迎拜车下,丹下答之,昱曰:'家公欲与君结交,何为见拜?'丹曰:'君房有是言,丹未之许也。'"《后汉书·侯霸传》:"霸字君房。"

⑧《北齐书·王昕传》："昕字元景,北海剧人。父云……弟晞,字叔朗,小名沙弥。"

【今译】
　　古时候,名是用来表明自身的,字是用来表示德行的,名在形体消亡后就应对之避讳,字却可以作为孙子的氏。孔子的弟子在记录孔子的言行时,都称他为仲尼;吕后贫贱的时候,曾经称呼汉高祖刘邦的字叫季;到汉代的爰种,称呼他叔叔的字叫丝;王丹与侯霸的儿子说话时,称呼侯霸的字叫君房;江南至今不避讳称字。河北的士大夫们对名和字完全不加区别,名也称做字,字当然就称做字。尚书王元景兄弟俩,都被称作是名人,他俩的父亲名云,字罗汉,他俩对父亲的名和字全都加以避讳,其他的人讳字,就不足为怪了。

【原文】
　　《礼·间传》云:"斩缞之哭①,若往而不反;齐缞之哭②,若往而反;大功之哭③,三曲而偯④;小功缌麻⑤,哀容可也,此哀之发于声音也。"《孝经》云:"哭不偯⑥。"皆论哭有轻重质文之声也。礼以哭有言者为号,然则哭亦有辞也。江南丧哭,时有哀诉之言耳;山东重丧⑦,则唯呼苍天,期功以下⑧,则唯呼痛深,便是号而不哭。

注释
　　①斩缞(cuī 催):旧时五种丧服中最重的一种,以粗麻布制成,左右和下边不缝。儿子、未嫁女儿对父母,媳妇对公婆,承重孙对祖父母,妻子对丈夫,都服斩缞,期为三年。
　　②齐缞:旧时五种丧服之一,次于斩缞。服用粗麻布做成,以其缉边,故称"齐缞"。服期有一年的,如孙为祖父母,丈夫为妻子;有五月的,如为曾祖父母;有三月的,如为高祖父母。见《仪礼·丧服》。
　　③大功:旧时五种丧服之一,以熟布做成,比齐缞为细,小功为粗。
　　④偯(yǐ 以):哭的余声。
　　⑤小功:旧时五种丧服之一,以熟布做成,较大功为细,比缌麻为粗。缌麻:五种丧服之最轻者。
　　⑥《孝经》:儒家经典之一。《孝经·丧亲》:"孝子之丧亲也,哭不偯。"唐玄宗注:"气竭而息,声不委曲。"

⑦山东:指太行、恒山以东,亦即前段文中河北之地。重丧:指须披戴斩缞孝服的丧事。

⑧期功:期即期服,即齐缞为期一年之服。功指大功、小功。

【今译】

《礼记·间传》上说:"披戴斩缞孝服的人,一声痛哭便至气竭,仿佛再回不过气来似的;披戴齐缞孝服的人,悲声阵阵连续不停;披戴大功孝服的人,其哭一声三折,余音犹存;披戴小功、缌麻孝服的人,脸上显出哀痛的表情也就可以了。这些就是哀痛之情通过声音表现出来的种种状况。"《孝经》上说:"孝子痛哭父母的哭声,气竭而后止,不会发出余声。"这些话都论说哭声有轻微、沉重、质朴、和缓等种种区别。按礼俗以哭时杂有话语者叫做号,如此则哭泣也可带有言辞了。江南地区在丧事哭泣时,经常杂有哀诉的话语;山东一带在披戴斩缞孝服的丧事中,哭泣时,只知呼叫苍天,在披戴齐缞、大功、小功以下丧服的丧事中哭泣时,则只是倾诉自己悲痛多么深重,这就是号而不哭。

【原文】

江南凡遭重丧,若相知者,同在城邑,三日不吊则绝之;除丧①,虽相遇则避之。怨其不已悯也。有故及道遥者,致书可也;无书亦如之②。北俗则不尔。江南凡吊者,主人之外,不识者不执手;识轻服而不识主人③,则不于会所而吊④,他日修名诣其家⑤。

注释

①除丧:除去丧礼之服。《礼记·丧服小记》:"故期而祭,礼也;期而除丧,道也。"

②如之:如同那样,即如同对待"三日不吊"者一样。

③轻服:五种丧服中较轻的几种,如大功、小功、缌麻之类。

④会所:聚会的场所。这里指治丧的地方。

⑤名:名刺。古未有纸时,削竹木写上自己的名字,拜访通名时用。后改用纸,仍相沿叫刺或名刺,就好比今天的名片一样。

【今译】

江南地区,凡遭逢重丧的人家,如果是与他家相认识的人,又同住在一个城镇里,三天之内不去丧家吊丧,丧家就会与他断绝交往。今后,丧家的人即使已除掉丧服,与他在路上相遇,也要避开他,因为恨他不怜恤自己。如果是另有原因或道路遥远而未能前来吊丧者,可以写信来表示慰问;不来信的,丧家也会像对待同在城邑而不来吊丧的人一样对待他。北方的风俗则不是这样。江南地区凡来吊丧者,除了主人之外,对不认识的人就不握手;如果吊丧者只认识披戴较轻丧服的人而不认识主人,就不到治丧的地方去吊丧,改天准备好名刺再上他家去表示慰问。

【原文】

　　阴阳说云①:"辰为水墓,又为土墓,故不得哭②。"王充《论衡》云:"辰日不哭,哭则重丧③。"今无教者,辰日有丧,不问轻重,举家清谧④,不敢发声,以辞吊客。道书又曰:"晦歌朔哭⑤,皆当有罪,天夺其算⑥。"丧家朔望⑦,哀感弥深,宁当惜寿,又不哭也?亦不谕。

【注释】

　　①说:《群书类编故事》卷二"说"作"家"。
　　②赵曦明曰:"水土俱长生于申,故墓俱在辰。"
　　③王充:东汉时哲学家。字仲任,会稽上虞(今属浙江)人。《论衡》为王充的代表作,全书二十多万字,共三十卷。此所引二句,见《论衡·辩祟》篇。
　　④清谧:清静。
　　⑤晦:阴历每月的最后一天。朔:阴历每月初一。
　　⑥道书:指道家之书。《抱朴子·微旨》:"若乃越井跨灶,晦歌朔哭,凡有一事,辄是一罪,随事轻重,司命夺其算纪。"算:寿命。
　　⑦望:阴历每月十五日。

【今译】

　　阴阳家说:"辰为水墓,又为土墓,所以辰日不得哭泣。"王充的《论衡》说:"辰日不能哭泣,哭泣就一定是重丧。"而今那些未受教育的人,辰日有丧事,不问轻丧重丧,全家都静悄悄的,不敢发出声音,并谢绝吊丧的客人。道家的书说:"晦日唱歌,朔日哭泣,都是有罪的,上天要减掉他的寿命。"丧家在朔日望日,哀痛的感情特别深切,难道因为珍惜寿命,就不哭泣了吗?我弄不明白。

【原文】

偏傍之书①,死有归杀②。子孙逃窜,莫肯在家;画瓦书符③,作诸厌胜④;丧出之日,门前然火⑤,户外列灰⑥,祓送家鬼⑦,章断注连⑧:凡如此比,不近有情,乃儒雅之罪人⑨,弹议所当加也。

【注释】

①偏傍:不正。偏傍之书:指旁门左道的书。
②归杀:也作归煞,回煞。旧时迷信谓人死之后若干日灵魂回家一次叫"归杀"。卢文弨补注:"俗本'杀'作'煞',道家多用之。"
③旧时在瓦片上画图象以镇邪,称画瓦。
④厌胜:古代一种巫术,谓能以诅咒制胜,压服人或物。
⑤然:"燃"的本字。
⑥户外列灰:在门外铺灰,以观死人魂魄之迹,为一种迷信活动。见〔宋〕洪迈《夷坚乙志》卷十九《韩氏放鬼》条。
⑦祓(fú 服):古代除灾祈福的仪式。
⑧章断注连:上章以求断绝死者之殃染及旁人。注连,传染的意思。
⑨儒雅:儒学正统。

【今译】

旁门左道的书说:人死之后灵魂要返家一次。这一天,家中子孙们都逃避在外,没有人肯留在家中;又说:用画瓦和书符可以镇邪,念咒语可以驱鬼;又说:出丧那一天,门前要烧火,屋外要铺灰,要进行种种仪式以送走家鬼,上章天曹祈求断绝死者的殃祸染及家人。诸如此类的例子,都不近人情,是儒雅的罪人,应该对此进行弹劾。

【原文】

已孤①,而履岁及长至之节②,无父,拜母、祖父母、世叔父母、姑、兄、姊,则皆泣;无母,拜父、外祖父母、舅、姨、兄、姊,亦如之:此人情也。

【注释】

①孤:这里指失去父亲或母亲。
②履岁:履端岁首的意思,即指元旦。长至:冬至。《太平御览》卷二八引崔

浩《女仪》:"近古妇人,常以冬至日上履袜于舅姑,履长至之意也。"

【今译】

自己失去了父亲或母亲,在元旦及冬至这两个节日里,若是没有父亲的,就要拜望母亲、祖父母、世叔父母、姑母、兄长、姐姐,都要哭泣;若是没有母亲,就要拜望父亲、外祖父母、舅舅、姨母、兄长、姐姐,也要哭泣:这是人之常情啊。

【原文】

江左朝臣①,子孙初释服②,朝见二宫③,皆当泣涕;二宫为之改容。颇有肤色充泽,无哀感者,梁武薄其为人,多被抑退。裴政出服④,问讯武帝⑤,贬瘦枯槁,涕泗滂沱,武帝目送之曰:"裴之礼不死也⑥。"

注释

①江左:江东。此指梁朝。
②释服:与下文出服义同,指丧期已满,除去丧服。
③二宫:指帝与太子。
④裴政:《北史·裴政传》:"政字德表,仕隋为襄阳总管,令行禁止,称为神明。著《承圣实录》一卷。"
⑤问讯:僧尼行礼,先打一恭,将手举指眉心,再放下,称问讯。因梁武帝信佛,故裴政以僧礼相见。
⑥《南史·裴邃传》:"子之礼,字子义。母忧居丧,惟食麦饭。邃庙在光宅寺西,堂宇弘敞,松柏郁茂,范云庙在三桥,蓬蒿不翦。梁武帝南郊,道经二庙,顾而叹曰:'范为已死,裴为更生。'"

【今译】

梁朝的大臣,他们的子孙刚除去丧服,去朝见皇帝和太子的时候,都应该哭泣流泪;皇帝和太子会因感动而改变脸色。但也颇有一些肤色丰满光泽,没有一点哀痛感觉的人,梁武帝看不起他们的为人,这些人大多被压抑斥退。裴政除去丧服,行僧礼朝见梁武帝的时候,身体瘦弱,形容枯槁,当场痛哭流涕,梁武帝目送着他出去,说:"裴之礼没有死啊。"

【原文】

二亲既没,所居斋寝①,子与妇弗忍入焉。北朝顿丘李构②,母刘氏,夫人亡后,所住之堂,终身锁闭,弗忍开入也。夫人,宋广州刺史篡之孙女③,故构犹染江南风教。其父奖,为扬州刺史,镇寿春④,遇害。构尝与王松年⑤、祖孝徵数人同集谈讌。孝徵善画,遇有纸笔,图写为人。顷之,因割鹿尾⑥,戏截画人以示构,而无他意。构怆然动色,便起就马而去。举坐惊骇,莫测其情。祖君寻悟,方深反侧⑦,当时罕有能感此者。吴郡陆襄⑧,父闲被刑,襄终身布衣蔬饭,虽姜菜有切割,皆不忍食;居家惟以掐摘供厨。江宁姚子笃,母以烧死,终身不忍噉炙。豫章熊康父以醉而为奴所杀⑨,终身不复尝酒。然礼缘人情,恩由义断,亲以噎死,亦当不可绝食也。

【注释】

①斋寝:斋戒时居住的旁屋。
②顿丘:郡名。西晋时置。治所在顿丘(今河南清丰西南)。辖境相当今河南清丰、濮阳、内黄、南乐、范县等县地。北齐废。李构:即下文李奖之子。《北史·李崇传》:"崇从弟平,平子奖,字遵穆,容貌魁伟,有当世才度。元颢入洛,以奖兼尚书左仆射,慰劳徐州羽林,及城,人不承颢旨,害奖,传首洛阳。孝武帝初,诏赠冀州刺史。子构,字祖基,少以方正见称,袭爵武邑郡公,齐初,降爵为县侯,位终太府卿。构常以雅道自居,甚为名流所重。"
③刺史:州的长官。篡:即广州刺史刘篡。
④寿春:县名。在今安徽寿县。
⑤王松年:仕北齐任给事黄门侍郎等职。《北齐书》有传。
⑥鹿尾:鹿之尾。为古代珍贵食品。
⑦反侧:惶恐不安。
⑧陆襄:字师卿。父陆闲,仕南齐任扬州别驾。《文苑英华》卷八四二引江总《梁故度支尚书陆君诔》:"君讳襄,字师卿,吴人也。……父闲,扬州别驾,齐永元绍庥,萧遥光谋反伏诛,闲以州职见害。子绛,其日并命。忠孝之道,萃此一门。襄时年十四,号毁殆灭,布衣蔬食,终于身世。"又,《南史·陆慧晓传》亦备载此事。
⑨豫章:《晋书·地理志》:"豫章郡属扬州。"故治在今江西南昌市。

【今译】

父母亲去世之后,他们生前斋戒时所居的旁屋,儿子和媳妇都不忍心进去。北朝顿丘郡的李构,他母亲是刘氏,刘氏死后,她生前所居的屋子,李构终身将其锁闭,不忍心开门进去。李构的母亲,是宋广州刺史刘篆的孙女,所以李构仍然得到江南风教的薰陶。他的父亲李奖,是扬州刺史,镇守寿春,被人杀害。李构曾经与王松年、祖孝徵几个人聚在一起喝酒谈天。孝徵善于画画,又碰上有纸有笔,就画了一个人。过了一会,他因为割取宴席上的鹿尾,就开玩笑地把人像斩断给李构看,但并没有其他意思。李构却悲痛得变了脸色,就起身乘马离去了。在场的人都惊诧不已,没有谁知道其中的原因。祖孝徵后来醒悟过来,才深感惶恐不安,当时却很少有人能理解这点的。吴郡的陆襄,他的父亲陆闲遭到刑戮,陆襄终身穿布衣吃素餐,即便是生姜,如果用刀切割过,他都不忍心食用;日常生活只用手掐摘蔬菜供厨房之用。江宁的姚子笃,因为母亲是被烧死的,所以他终身不忍心吃烤肉。豫章的熊康,父亲因酒醉后被奴仆杀害,所以他终身不再尝酒。然而礼是因为人的感情需要而设立的,情爱则可根据事理而断绝,假如父母亲因为吃饭噎死了,也该不致因此绝食吧。

【原文】

　　《礼经》:父之遗书,母之杯圈,感其手口之泽,不忍读用①。政为常所讲习②,雠校缮写③,及偏加服用,有迹可思者耳。若寻常坟典④,为生什物⑤,安可悉废之乎?既不读用,无容散逸,惟当缄保⑥,以留后世耳。

注释

　　①《礼记·玉藻》:"父没而不能读父之书,手泽存焉尔;母没而杯圈不能饮焉,口泽之气存焉尔。"此五句本此。杯圈:一种木制饮器。手口之泽:指手汗和口泽之气。
　　②政:通"正"。只。
　　③雠(chóu 仇)校:校对。雠谓一人持本,一人读之,若怨家相对,有误必举,不肯少恕。
　　④坟典:三坟五典。孔安国《尚书序》:"伏牺、神农、黄帝之书,谓之《三坟》,言大道也;少昊、颛顼、高辛、唐、虞之书,谓之《五典》,言常道也。"后亦用为书籍之意。
　　⑤什物:各种物品器具。
　　⑥缄(jiān 尖):封。

【今译】

　　《礼经》上讲:父亲遗留的书籍,母亲用过的口杯,感受到上面留有父母的手汗和气味,就不忍心阅读或使用。只因为这些东西是他们生前经常用来讲习,校对缮写以及专门使用的,有遗迹可引发哀思罢了。如果是平常的书籍,用于生活的各种物品,哪里能全部废弃它们呢?父母遗物既然不阅读使用,就不要让它们散失亡逸,应当封存保护,以留传给后代。

【原文】

　　思鲁等第四舅母,亲吴郡张建女也①,有第五妹,三岁丧母。灵床上屏风②,平生旧物,屋漏沾湿,出曝晒之,女子一见,伏床流涕。家人怪其不起,乃往抱持;荐席淹渍,精神伤怛,不能饮食。将以问医,医诊脉云:"肠断矣③!"因尔便吐血,数日而亡。中外怜之,莫不悲叹。

注释

　　①此句"亲"字的意思见本篇"言及先人"段注。
　　②灵床:即灵座。为死者所设之座,供祭奠用。
　　③肠:指心地。肠断指悲痛至极。

【今译】

　　思鲁几弟兄的四舅母,是吴郡张建的女儿,她有一位五妹,三岁时就失去了母亲。那灵床上的屏风,是她母亲平时使用的旧物。这屏风因屋漏被沾湿,被人拿出去曝晒,那女孩一见,就伏在床上流泪。家里人见她一直不起来,感到奇怪,就过去抱她起身,只见垫席已被泪水浸湿,女孩神色哀伤,不能够饮食。家人带她去看医生,医生看过脉后说:"她已经伤心断肠了!"女孩为此就吐血,几天后就死了。中表亲属都怜惜她,没有不悲伤叹息的。

【原文】

　　《礼》云:"忌日不乐①。"正以感慕罔极,恻怆无聊②,故不接外宾,不理众务耳。必能悲惨自居,何限于深藏也?世人或端坐奥室③,不妨言笑,盛营甘美,厚供斋食④;迫有急卒⑤,密戚至交,尽无相见之理:盖不知礼意乎。

【注释】

①忌日：旧俗父母死亡之日禁饮酒作乐，叫忌日。
②无聊：这里是不快乐的意思。《楚辞·九思》："心烦愦兮意无聊。"王逸注："聊，乐也。"
③奥室：深隐之室。
④斋食：素食。
⑤卒：通"猝"。急遽的样子。

【今译】

《礼记》说："忌日不作乐。"正因为有说不尽的感伤思慕，郁郁不乐，所以这个日子不接待宾客，不办理公务。如果确能做到伤心独处，何必把自己局限于深藏内室呢？有的人端坐于深宅之中，却并不妨碍他谈天说笑，尽情享用甜美食品，不断摆出精制素餐。可一旦有急猝的事发生，至爱亲朋们，却全都没有相见的道理：这种人大概是不懂得礼的意义吧！

【原文】

魏世王修母以社日亡①；来岁社日，修感念哀甚，邻里闻之，为之罢社。今二亲丧亡，偶值伏腊分至之节②，及月小晦后，忌之外，所经此日③，犹应感慕④，异于余辰，不预饮宴、闻声乐及行游也。

【注释】

①王修：字叔治，魏北海营陵人。此段所述之事见《三国志·魏志·王修传》。社日：古代祀社神之日。汉以后，一般用戊日，以立春后第五个戊日为春社，立秋后第五个戊日为秋社。〔南朝·梁〕宗懔《荆楚岁时记》："社日，四邻并结综会社，牲醪，为屋于树下，先祭神，然后飨其胙。"
②伏腊：指伏祭和腊祭之日。伏祭在夏季伏日，腊祭在农历十二月。分：春分、秋分。至：冬至、夏至。
③郑珍曰："六朝时更有忌月之说。……而又有此月中忌前晦前、忌后晦后各三日之说。……黄门此云'月小晦后'，正谓忌月之晦前后三日，月小则十七八九也；此与伏腊分至，皆在忌日之外，故黄门自言：'已丧亲后值如此，于忌之外，

所经等日,犹感慕异于余辰,不必正忌日也。'"此从郑说。

④感慕:此书用"感慕"之处有几处,如《后娶》篇:"基每拜见后母,感慕呜咽。"本篇前文:"言及先人,理当感慕。""正以感慕罔极,恻怆无聊。"大致可作感伤思慕解。王利器曰:"思慕仅存于心,感慕则形于色也。"

【今译】

　　魏朝王修的母亲因为是在社日这天去世的,第二年的社日,王修感怀思念母亲,十分哀痛,邻居们听说此事后,为此而停止了社日的活动。现在,父母亲去世的日子,如果正碰上伏祭、腊祭、春分、秋分、夏至、冬至这些节日,以及忌日前后三天,忌月晦日的前后三天,除了忌日这天外,凡在上述的日子里,仍应对父母亲感怀思慕,与别的日子有所区别,在这些日子里,应该做到不参加宴饮、不听声乐以及不外出游玩。

【原文】

　　刘绾、缓、绥,兄弟并为名器,其父名昭①,一生不为照字,惟依《尔雅》火旁作召耳②。然凡文与正讳相犯③,当自可避;其有同音异字,不可悉然。刘字之下,即有昭音④。吕尚之儿⑤,如不为上;赵壹之子⑥,傥不作一:便是下笔即妨,是书皆触也。

注释

①赵曦明曰:"《梁书·文学传》:'刘昭,字宣卿,平原高唐人。集《后汉》同异,以注范书。为剡令,卒。子绾,字言明。通三礼,大同中为尚书祠部,寻去职,不复仕。弟缓,字含度。历官湘东王记室;时西府盛集文学,缓居其首。随府转江州,卒。'绥《本传》不载,疑此字衍。"郑珍曰:"据《世说·雅量》注,刘绥,高平人。《南史》,刘昭,平原人。绥字衍文。"王利器谓绥字系传抄者涉绹排行误入,或即因缓字形近而误衍。以上诸说是。

②《尔雅·释虫》:"萤火即炤。"《广韵·笑韵》:"炤",同"照"。

③正讳:指人的正名。

④此二句谓繁体"劉"字的下半部分是"釗",即与刘昭的昭同音。

⑤吕尚:周初人。姜姓,吕氏,名尚。俗称姜太公。曾辅佐武王灭殷。周朝建立后封于齐,为齐国始主。见《史记·齐太公世家》。

⑥赵壹:东汉辞赋家。字元叔,汉阳西县(今甘肃天水南)人。有《刺世疾邪

赋》传于世。事见《后汉书·赵壹传》。

【今译】

　　刘绍、刘缓两兄弟,同为名人,他们的父亲名字叫昭,所以兄弟俩一辈子都不写照字,只是依照《尔雅》用火旁加召来代替。然而凡文字与人的正名相同,当然应该避讳;如行文中出现同音异字,就不该全都避讳了。劉字的下半部分就有昭的音。吕尚的儿子如果不能写"上"字;赵壹的儿子如果不能写"一"字,那便会一下笔就犯难,一写字就犯讳了。

【原文】

　　尝有甲设谦席,请乙为宾,而旦于公庭见乙之子①,问之曰:"尊侯早晚顾宅②?"乙子称其父已往,时以为笑③。如此比例④,触类慎之⑤,不可陷于轻脱。

注释

　　①公庭:这里是官署的意思。
　　②尊侯:对别人父亲的敬称。早晚:这里是几时的意思。此为六朝人习用语。
　　③此云"时以为笑",原因有多种解释。林思进曰:"下云'时以为笑'者,盖笑其不审早晚,不顾望而对,遽云已往,所谓'陷于轻脱',此耳。"刘盼遂曰:"此甲问乙子,乙将以何时可以枉过,乙子不悟,答以其父已往,遂成笑柄。盖六朝、唐人通以早晚二字为问时日远近之辞,……"郑珍及子知同校本签条云:"'已往',嫌谓父已亡。"译文从后一说。
　　④比例:可以比照的事例。
　　⑤触:凡是。

【今译】

　　曾经有某甲安排宴席,准备请某乙来做客,早上在官署见到某乙的儿子,就问他说:"令尊大人几时可以光临寒舍?"某乙的儿子却回答说他父亲已往(亡)。当时传为笑柄。像类似的事例,凡碰上后就该慎重对待它,不可那样不稳重。

【原文】

　　江南风俗,儿生一期①,为制新衣,盥浴装饰,男则用弓矢纸笔,女则刀尺针缕,并加饮食之物,及珍宝服玩,置之儿前,观其发意所取,以验贪廉愚智,名之为试儿。亲表聚集②,致宴享焉。自兹已后,二亲若在,每至此日,尝有酒食之事耳。无教之徒,虽已孤露③,其日皆为供顿④,酣畅声乐,不知有所感伤。梁孝元年少之时,每八月六日载诞之辰⑤,常设斋讲⑥;自阮修容薨殁之后⑦,此事亦绝。

注释

①期(jī 基):一周年。
②亲表:亲属中表。中表,父亲姊妹(姑母)的子女叫外表,母亲兄弟(舅父)姊妹(姨母)的子女叫内表,互称中表。
③孤露:魏晋时人以父亡为孤露,也称"偏露",即孤单无所荫庇的意思。
④供顿:设宴待客。
⑤载:始。载诞之辰:指生日。
⑥斋讲:斋素讲经。
⑦《梁书·后妃传》:"高祖阮修容,讳令嬴,本姓石,会稽余姚人,齐始安王遥光纳焉。遥光败,入东昏侯宫。建康城平,高祖纳为彩女,天监六年八月生世祖,寻拜为修容,随世祖出蕃。大同六年六月薨于江州内寝。世祖即位,追崇为文宣太后。"修容:古代宫嫔的位号,为九嫔之一。

【今译】

　　江南的风俗,孩子生下来一周年,就为他缝制新衣裳,给他洗浴打扮,对男孩就用弓、箭、纸、笔,对女孩就用剪子、尺子、针线,再加上一些饮食物品以及珍宝玩具等物,把它们放在孩子面前,观察他(她)想抓取的东西,以此来检验孩子今后是贪婪还是廉洁,是愚蠢还是聪明,这种风俗被称作试儿。这一天,亲戚们都聚在一起,宴请招待。从此以后,父母亲只要还在世,每到这个日子,就要置酒备饭,吃喝一顿。那些没有教养的人,虽然父母已不在世,赶上这一天,仍要设宴待客,尽兴痛饮,纵情声乐,不知道还应该有所感伤。梁孝元帝年轻的时候,每到八月六日生日这天,经常是吃素讲经。自他母亲阮修容去世之后,这种事也不再有了。

【原文】

　　人有忧疾,则呼天地父母,自古而然。今世讳避,触途急切①。而江东士庶,痛则称祢②。祢是父之庙号,父在无容称庙③,父殁何容辄呼?《苍颉篇》有倄字④,《训诂》云:"痛而謼也,音羽罪反⑤。"今北人痛则呼之。《声类》音于耒反⑥,今南人痛或呼之。此二音随其乡俗,并可行也。

注释

　　①卢文弨曰:"言今世以呼天呼父母为触忌也,盖嫌于有怨恨祝诅之意,故不可也。"触途:各方面,处处。
　　②祢(nǐ你):已死父在宗庙中立主之称。《春秋公羊传·隐公元年》:"惠公者何,隐之考也。"何休注:"生称父,死称考,入庙称祢。"
　　③无容:不可以。
　　④《苍颉篇》:古代字书名。《汉书·艺文志》:"《苍颉》一篇。上七章,秦丞相李斯作。"
　　⑤謼(hū呼):同"呼"。羽罪反:反,指反切,为我国古代注音方法。羽罪反,即用"羽"、"罪"二字反切出字的读音。参见《书证》篇"通俗文"段注。
　　⑥《声类》:书名。《隋书·经籍志》:"《声类》十卷,魏左校令李登撰。"

【今译】

　　人有忧患疾病,就呼喊天地父母,自古以来就是这样。现在的人讲究避讳,处处比古人来得严切。而江东的士人百姓,悲痛时就叫祢。祢是已故父亲的庙号,父亲在世不可以叫庙号,父亲死后怎能总是呼叫他的庙号呢?《苍颉篇》中有倄字,《训诂》解释说:"这是因悲痛而呼喊出的声音,发音是羽罪反。"现在北方人悲痛时就呼叫这个音。《声类》注这个字的音是于耒反,现在南方人悲痛时有的就呼叫这个音。这两个音随人们的乡俗而定,都是可行的。

【原文】

　　梁世被系劾者,子孙弟侄,皆诣阙三日,露跣陈谢①;子孙有官,自陈解职。子则草屩粗衣②,蓬头垢面,周章道路③,要候执事,叩头流血,申诉冤枉。若配徒隶,诸子并立草庵于所署门④,不敢宁宅⑤,动经旬日,官司驱遣,然后始退。江南诸宪司弹人事,事虽不重⑥,而以教义见

风操第六　65

辱者,或被轻系而身死狱户者,皆为怨仇,子孙三世不交通矣。到洽为御史中丞⑦,初欲弹刘孝绰⑧,其兄溉先与刘善⑨,苦谏不得,乃诣刘涕泣告别而去。

注释

①露:露髻。即不戴帽子露出发髻的意思。跣:不穿鞋。
②屩(juē 撅):草鞋。
③周章:惊恐不安的意思。
④《风俗通·愆礼》:"丧者、讼者,露首草舍。"可知涉及诉讼事则露首草舍的风气从东汉就已经开始。
⑤宁宅:安居的意思。
⑥卢文弨曰:"两'事'字似衍其一。"宪司:魏晋以来对御史的别称。
⑦《梁书·到洽传》:"洽字茂㳂,彭城武原人。晋通六年,迁御史中丞,弹纠无所顾望,号为劲直,当时肃清。"
⑧《梁书·刘孝绰传》:"孝绰字孝绰,彭城人,本名冉,小字阿士。与到洽友善,同游东宫,自以才优于洽,每于宴坐嗤鄙其文;洽衔之。及孝绰为廷尉,携妾入官府,其母犹停私宅。洽寻为御史中丞,遣令史案其事,遂劾奏之。"
⑨《梁书·到溉传》:"溉字茂灌,少孤贫,与弟洽俱聪敏,有才学。"

【今译】

梁朝被拘囚弹劾的人,他的子孙弟侄们,都要赶赴皇帝的殿廷,在那里整整三天,免冠赤足,陈述请罪;如子孙中有做官的,就主动请求解除官职。他的儿子们则穿上草鞋和粗布衣服,蓬头垢面,惊恐不安地守候在道路上,拦住主管官员,叩头流血,申诉冤枉。如果这人被发配去服苦役,他的儿子们就一起在官署门口搭上草棚,不敢在家中安居,一住就是十来天,官府驱逐,才退离。江南地区各位宪司弹劾某人,案情虽不严重,但如果某人是因教义而受弹劾之辱,或者因此被拘囚而身死狱中,两家就会结下怨仇,子孙三代都不相往来。到洽当御史中丞的时候,开始想弹劾刘孝绰,到洽的哥哥到溉在此之前与刘孝绰关系友善,他苦苦规劝到洽不要弹劾刘孝绰而未能如愿,就前往刘孝绰处,流着泪与他告别后就离开了。

【原文】

兵凶战危①,非安全之道。古者,天子丧服以临师,将军凿凶门而出②。父祖伯叔,若在军阵,贬损自居,不宜奏乐谦会及婚冠吉庆事也③。若居围城之中,憔悴容色,除去饰玩,常为临深履薄之状焉④。父母疾笃,医虽贱虽少,则涕泣而拜之,以求哀也。梁孝元在江州,尝有不豫⑤;世子方等亲拜中兵参军李猷焉⑥。

【注释】

①《汉书·晁错传》:"兵,凶器,战,危事也,以大为小,以强为弱,在俛仰之间耳。"此句本此。

②凶门:古代将军出征时,凿一扇向北的门,由此出发,如办丧事一样,以示必死的决心,称"凶门"。

③冠:冠礼。古代男子二十岁行成人礼,结发戴冠。

④《诗经·小雅·小旻》:"如临深渊,如履薄冰。"此句本此。

⑤《礼记·曲礼》《疏》引《白虎通》曰:"天子病曰不豫,言不复豫政也。"

⑥方等:梁元帝长子,字实相。见《梁书·世祖二子传》。中兵参军:《隋书·百官志》:"皇帝皇子府,置功曹史、录事、记室、中兵等参军。"

【今译】

兵者凶器,战者危事,都不是安全之道。古时候,天子穿上丧服去统领军队,将军凿一扇凶门然后由此出征。某人的父祖伯叔如果在军队里,他就应该自我约束,不宜参加奏乐、宴会以及婚礼冠礼等吉庆活动。如果某人处在被围困的城邑之中,他就应该是面容憔悴,除掉饰物器玩,时时显出如临深渊、如履薄冰的样子。如果他的父母病重,那医生虽然地位低、年纪轻,他也应该向医生哭泣下拜,以此求得医生的怜悯。梁孝元帝在江州的时候,曾经生了病,他的大儿子方等就亲自拜求过中兵参军李猷。

【原文】

四海之人,结为兄弟,亦何容易。必有志均义敌,令终如始者,方可议之。一尔之后①,命子拜伏,呼为丈人②,申父友之敬;身事彼亲,亦宜加礼。比见北人,甚轻此节,行路相逢,便定昆季③,望年观貌,不择是非,至有结父为兄,托子为弟者。

【注释】

①一尔:一旦如此。
②丈人:对亲戚长辈的称呼。
③昆季:指兄弟。长为昆,幼为季。

【今译】

四海异姓之人结拜为兄弟,这谈何容易。必须是那志向道义都相配,能够对朋友始终如一的人,才可加以考虑。一旦与人结拜为兄弟,就要让自己的孩子向他伏地下拜,称他为丈人,表达孩子对父亲朋友的尊敬。自己对结拜兄弟的父母亲,也应该施礼。我常常见到一些北方人,很轻率地对待此事,两个人陌路相逢,立刻结成兄弟,问问年龄看看外貌,也不斟酌一下是否妥当,以致有把父辈当成兄长,把子侄辈当成弟弟的。

【原文】

昔者,周公一沐三握发,一饭三吐餐①,以接白屋之士②,一日所见者七十余人。晋文公以沐辞竖头须,致有图反之诮③。门不停宾,古所贵也。失教之家,阍寺无礼④,或以主君寝食嗔怒,拒客未通,江南深以为耻。黄门侍郎裴之礼⑤,号善为士大夫,有如此辈,对宾杖之;其门生僮仆⑥,接于他人,折旋俯仰⑦,辞色应对,莫不肃敬,与主无别也。

【注释】

①一沐三握发,一饭三吐餐:指一次沐浴须三度握其已散之发,一顿饭中间须三次停食,以接待宾客。两句均形容求贤殷切,语出《史记·鲁周公世家》:"周公戒伯禽曰:'然我一沐三捉发,一饭三吐哺,起以待士,犹恐失天下之贤人。'"
②白屋之士:指平民。古代平民住房不施采,故称其所住之屋为白屋。
③图:考虑。图反:指想法反常。《左传·僖公二十四年》:"初,晋侯之竖头须,守藏者也,其出也,窃藏以逃,尽用以求纳之。及入,求见。公辞焉以沐。谓仆人曰:'沐则心覆,心覆则图反,宜吾不得见也。居者为社稷之守,行者为羁绁之仆,其亦可矣,何必罪居者!国君而仇匹夫,惧者甚众矣。'仆人以告,公遽见之。"
④阍寺:看门人。
⑤黄门侍郎:职官名。《隋书·百官志》:"门下省置侍中给事、黄门侍郎各四人。"

⑥门生：此指门下使役之人。〔清〕赵翼《陔馀丛考》三六："六朝时所谓门生，则非门弟子也。其时仕宦者，许各募部曲，谓之义从；其在门下亲侍者，则谓之门生，如今门子之类耳。"

⑦折旋：曲行。古代行礼时的动作。

【今译】

过去，周公宁愿随时中断沐浴、吃饭，去接待来访的平民寒士，曾一天之内就接见了七十多人。而晋文公以正在沐浴为借口拒绝接见竖头须，以致遭来"图反"的讥诮。家中宾客不断，这是古人所看重的。那些没有良好教育的人家，他们的看门人也没有礼貌，有的看门人在客人来访时，就以主人正在睡觉、吃饭或发脾气为借口，拒绝为客人通报，江南地区的人家深以此种事为耻。黄门侍郎裴之礼，被称作是能为人楷模的士大夫，如果他家中有这样的人，他会当着客人的面用棍子打这个人。他的门子、僮仆在接待客人的时候，进退礼仪，表情言辞，没有一样不是严肃恭敬的，与主人相比也没有两样。

慕贤第七

【题解】

本篇可算一篇小型的人才学论文，充分体现了作者重视人才、钦慕人才的思想。作者首先感慨人才（圣贤）难得，由此说明人才的可贵，进而强调与人才交往的重要性和必要性。其次，作者尖锐批评了世人在人才问题上"贵耳贱目，重遥轻近"的可笑态度，他举春秋时虞国宫之奇谏假道不被采纳及南朝梁书法家丁觇长期被轻视的事例，说明人才就在身边，而人们却视而不见。作者对人才的重视还表现在：他强调即使是地位低下者，只要他的"一言一行"有利于人，也应充分肯定，绝不能"用其言，弃其身"。最后，作者举齐梁时代一些贤臣名将的例子，说明人才问题关系国家的兴衰存亡，如说梁朝都城建业被围，"恃（羊）侃一人安之"；杨遵彦被杀后，齐朝"刑政于是衰矣"；对斛律明月、张延隽的被害、被逐，更是感叹"国之存亡，系其生死"，"齐之亡迹，启于是矣"。这里虽有夸大个人历史作用之嫌，但作者字里行间所表现的毁灭人才就是毁灭国家的观点，至今仍觉振聋发聩。

【原文】

古人云:"千载一圣,犹旦暮也;五百年一贤,犹比髆也①。"言圣贤之难得,疏阔如此。倘遭不世明达君子,安可不攀附景仰之乎?吾生于乱世,长于戎马,流离播越②,闻见已多;所值名贤,未尝不心醉魂迷向慕之也。人在年少,神情未定,所与款狎③,熏渍陶染,言笑举动,无心于学,潜移暗化,自然似之;何况操履艺能④,较明易习者也⑤?是以与善人居,如入芝兰之室,久而自芳也;与恶人居,如入鲍鱼之肆,久而自臭也⑥。墨子悲于染丝⑦,是之谓矣。君子必慎交游焉。孔子曰:"无友不如己者⑧。"颜、闵之徒⑨,何可世得!但优于我,便足贵之。

【注释】

①《孟子外书·性善辨》:"千年一圣,犹旦暮也。"《鹖子》第四:"圣人在上,贤士百里而有一人,则犹无有也;王道衰微,暴乱在上,贤士千里而有一人,则犹比肩也。"此外,《吕氏春秋·观世》《庄子·齐物论》等亦有类似的话。髆(bó 博):肩胛,同"膊"。

②播越:离散,流亡。

③款狎:款洽狎习。指相互间关系亲密。

④操履:操守德行。艺能:本领、技能。

⑤较:通"皎",明显。也:读为耶,表疑问语气词。

⑥《说苑·杂言》:"孔子曰:'与善人居,如入兰芷之室,久而不闻其香,则与之化矣;与恶人居,如入鲍鱼之肆,久而不闻其臭,亦与之化矣。'"以上六句本此。

⑦《墨子·所染》:"子墨子见染丝者而叹曰:'染于苍则苍,染于黄则黄,所入者变,其色亦变,五入而已则为五色矣。故染不可不慎也。'"

⑧见《论语·学而》。无:同"毋"。

⑨颜、闵:指孔子弟子颜回、闵损。

【今译】

古人说:"一千年出一个圣人,也就像从早到晚那么快了;五百年出一个贤士,也就像一个紧接一个那么多了。"这是说圣贤之难得,相隔邈远到如此地步。倘若赶上碰到了人世罕有的明达君子,哪可不去攀附景仰他呢?我出生在乱世,成长于战争年代,四处飘泊,听到看到的够多了,但只要遇到有名的贤人,未尝不心醉魂迷地向往钦慕于他。人年轻的时候,精神性情尚未定型,与那情投意合的朋友朝夕相伴,受其熏陶渐染，一言一笑，一举一动，虽然没有存心跟朋友学，但在潜移默化中，自然就跟朋友相似了。何况操守德行和本领技能，是明显容易学到的东西呢？因此，与善人住在一起，就像进入满是芷草兰花的屋子中一样，时间一长自己也变得芬芳起来；与恶人住在一起，就像进入满是鲍鱼的店铺一样，时间一长自己也变得腥臭起来。墨子看见人们染丝就叹惜，说的也就是这个意思。君子与人交往一定要慎重。孔子说："不要和不如自己的人交朋友。"像颜回、闵损那样的贤人，哪能够时时遇见！只要比我强，也就足以让我崇尚他的了。

【原文】

世人多蔽，贵耳贱目，重遥轻近。少长周旋①，如有贤哲，每相狎侮，不加礼敬；他乡异县，微藉风声②，延颈企踵，甚于饥渴。校其长短，核其精粗，或彼不能如此矣。所以鲁人谓孔子为东家丘③，昔虞国宫之奇，少长于君，君狎之，不纳其谏，以至亡国④，不可不留心也。

注释

①少长（shào zhǎng）：此指从年少到长大。周旋：交往。

②藉：凭借，依靠。

③《文选》陈琳《为曹洪与魏文帝书》："怪乃轻其家丘。"张铣注："鲁人不识孔子圣人，乃云：'我东家丘者，吾知之矣。'"说明与孔子为近邻的鲁国人反而对孔子缺乏敬意。

④春秋时期，晋国向虞国请求通过虞国的领土去攻伐虢国，虞国大臣宫之奇向虞国国君进谏，拒绝晋国的要求，虞国国君不听。晋国军队于是通过虞国去攻灭了虢国，晋军在班师途经虞国时，又乘机灭掉了虞国。事见《左传·僖公五年》。

【今译】

一般人多有一种偏见：对传闻的东西很看重，对亲眼所见的东西则很轻视；对远处的事物很感兴趣，对近处的事物则不放在心上。从小到大在一起相处的人，这中间如有谁是贤士智者，人们也往往对他轻慢侮弄，而不是以礼相待；而处在远方异土的人，凭着那么点名声，就能使大家伸长脖子、踮起脚跟去朝思暮盼，那种心情似乎比饥渴还难以忍受。其实客观地比较一下两者的长短优劣，也许远处的人还不如身边的人,所以,鲁国人轻蔑地称孔子为"东家丘"。过去虞国的宫之奇,与虞国国君从小相处在一起,国君与他过分亲近,因此反而不能正确采纳他的意见,以至亡了国,这个教训不可不加以注意啊。

【原文】

用其言,弃其身,古人所耻①。凡有一言一行,取于人者,皆显称之,不可窃人之美,以为己力;虽轻虽贱者,必归功焉。窃人之财,刑辟之所处②;窃人之美,鬼神之所责。

注释

①此三句指春秋时郑国驷歂杀邓析而用其竹刑事,见《左传·定公九年》。
②刑辟(bì 闭):刑法;刑律。

【今译】

采用了某人的意见却抛弃了这个人,这种行为被古人认为是耻辱的。凡采纳一个建议、办理一件事情,是得到别人的帮助的,都应该公开称扬人家,不应该窃取别人的成果,把它当成自己的功劳。即使他是地位低下的人,也一定要肯定他的功劳。窃取别人的钱财,会遭到刑罚的处置;窃取别人的成果,会遭到鬼神的谴责。

【原文】

梁孝元前在荆州①,有丁觇者②,洪亭民耳,颇善属文,殊工草隶;孝元书记,一皆使之。军府轻贱③,多未之重,耻令子弟以为楷法,时云:"丁君十纸,不敌王褒数字④。"吾雅爱其手迹,常所宝持。孝元尝遣典签惠编送文章示萧祭酒⑤,祭酒问云:"君王比赐书翰⑥,及写诗笔⑦,殊为佳手,姓名为谁?那得都无声问?"编以实答。子云叹曰:"此人后生无比,遂不为世所称,亦是奇事。"于是闻者稍复刮目。稍仕至尚书仪曹郎⑧,末为晋安王侍读⑨,随王东下。及西台陷殁⑩,简牍湮散,丁亦寻卒于扬州;前所轻者,后思一纸,不可得矣。

注释

①梁孝元:指梁元帝萧绎。《梁书·元帝纪》:"普通七年,出为……荆州刺

史。"荆州:治所为江陵,即今湖北江陵。

②张彦远《法书要录》:"丁觇与智永同时人,善隶书,世称丁真永草。"则此人亦为世所知。

③时萧绎都督六州军事,故称其治所为军府。

④王褒:字子渊,琅邪临沂人,工书法,为时所重。见《周书·王褒传》。

⑤典签:官名,本为掌管文书的小吏。南朝以诸王出镇,由朝廷派典签佐之,起监视诸王的作用,权力甚大,称为签帅。祭酒:官名。《隋书·百官志》:"学府有祭酒一人。"萧祭酒:即萧子云,为王褒的姑夫,仕梁为国子祭酒,亦善书法。

⑥比:近。书翰:指书信。

⑦诗笔:六朝人以诗笔对言,笔指无韵之文。

⑧仪曹郎:职官名。《隋书·百官志》:"尚书省置仪曹、虞曹等郎二十三人。"

⑨晋安王:梁简文帝萧纲于梁天监五年封晋安王。侍读:诸王属官,职务是给诸王讲学。

⑩西台:《资治通鉴》卷一四四胡三省注:"江陵在西,故曰西台。"

【今译】

梁孝元帝过去在荆州时,他那里有一位叫丁觇的人,是洪亭人氏,很会写文章,特别擅长草书和隶书,孝元帝的文书抄写,全都交给他干。军府中那些地位低下的人,大都看他不上,耻于让自己的子弟去临习他的书法,当时流行的话是:"丁君写上十张纸,抵不上王褒几个字。"我非常喜爱丁的书法墨迹,常常把它们珍藏起来。孝元帝曾经派典签叫惠编的送文章给祭酒萧子云看,萧子云就问惠编:"君王最近写有书信给我,还有他的诗歌文章,书法非常漂亮,那书写者定是一位书法高手,他姓甚名谁?哪里会一点名声都没有呢?"惠编据实回答了。萧子云感叹道:"此人在后辈中没有谁能相比,竟然不被世人所称道,这也是一件奇怪的事。"从这以后,听说这事的人才稍稍对他刮目相看。丁觇后来渐渐升任到尚书仪曹郎的位置,最后任晋安王侍读,随晋安王东下。等到江陵陷落的时候,那些文书信札一起散失了,丁觇不久也在扬州去世。他那过去被人轻视的书法,后来的人再想得到只言片纸,也不可能了。

【原文】

侯景初入建业①,台门虽闭②,公私草扰,各不自全。太子左卫率羊侃坐东掖门③,部分经略④,一宿皆办,遂得百余日抗拒凶逆。于时,城内四万许人,王公朝士,不下一百,便是恃侃一人安之,其相去如此。古人云:"巢父、许由,让于天下⑤;市道小人,争一钱之利⑥。"亦已悬矣⑦。

注释

①侯景:南朝梁怀朔镇人,字万景。初为北朝魏尔朱荣将,后归高欢。欢死,附梁为河南王。后举兵叛变,攻破梁都城建康。史称"侯景之乱",寻为梁将陈霸先、王僧辩击败,被杀。见《梁书》本传、《南史·贼臣传》。建业:梁朝时称为建康,故址在今江苏南京市。

②台门:台城的城门。朝廷禁近之地称台。

③羊侃(kǎn 砍):本仕北朝,后投梁,为当时名将。太子左卫率为主管门卫的官,羊侃时任该职,侯景攻建康时,羊主持防卫工作。东掖门:台城正南端门的左右二门为东、西掖门。

④部分:部署处分。经略:策划处理。

⑤巢父、许由:俱为唐尧时人。尧以天下让此二人,皆不受。事见〔晋〕皇甫谧《高士传》。

⑥《晋书·华谭传》:"或问谭曰:'谚言人之相去,如九牛毛。宁有此理乎?'谭对曰:'昔许由、巢父,让天下之贵;市道小人,争半钱之利:此之相去,何啻九牛毛也!'闻者称善。"

⑦悬:悬殊。《盐铁论·贫富》:"然后诸业不相远,而贫富不相悬也。"

【今译】

侯景刚攻入建业城的时候,台门虽然是紧关着的,但台城门内的官吏百姓都惊恐不安,人人自危。这时,太子左卫率羊侃坐守东掖门,他部署策划抵抗事宜,一个晚上就都安排好了,于是才争取到一百多天的时间来抵抗凶恶的叛军。当时,台城内四万多人,其中的王公大臣不下一百,就是靠羊侃一人来安定局面的,他们之间的表现差距是如此之大。古人说:"巢父、许由把天下这样的大利都推辞掉了,而市侩庸人为一个小钱也要争夺不休。"两者的差距也太悬殊了。

【原文】

齐文宣帝即位数年①,便沉湎纵恣,略无纲纪;尚能委政尚书令杨遵彦②,内外清谧,朝野晏如,各得其所,物无异议,终天保之朝③。遵彦后为孝昭所戮④,刑政于是衰矣。斛律明月⑤,齐朝折冲之臣⑥,无罪被诛,将士解体,周人始有吞齐之志⑦,关中至今誉之。此人用兵,岂止万夫之望而已哉⑧!国之存亡,系其生死。

注释

①文宣帝:北齐君主,名高洋,字子建。《北齐书·文宣帝纪》称其"以功业自居,纵酒肆欲,事极猖狂,昏邪残暴,近世未有。"
②杨遵彦:即杨愔(yīn音),字遵彦,弘农华阴人。官至北齐尚书令,拜骠骑大将军,封开封王,以贤能为朝野所称,乾明初孝昭篡位,被杀。
③天保:北齐文宣帝年号。
④孝昭:即北齐孝昭帝,名高演,字延安。是文宣帝的舅舅。文宣帝死后,废幼主自立。因受杨遵彦猜斥,遂杀之。事见《北齐书·孝昭帝纪》。
⑤斛律明月:北齐名将斛律金之子,名光,字明月。官至太子太保,善骑射。屡有战功。后被祖珽等谮死。
⑥折冲:使敌战车后撤,即击退敌军。冲,战车的一种。《吕氏春秋·召类》:"夫修之于庙堂之上,而折冲乎千里之外者,其司城子罕之谓乎?"
⑦周:指北周。
⑧万夫之望:见《易·系辞下》,即众望所归的意思。

【今译】

　　齐朝文宣帝即位几年后,便沉湎酒色,放纵恣睢,一点不顾法纪。但他尚能将政事交给尚书令杨遵彦处理,故朝廷内外,清静安宁,每个人每件事都能得到妥善安排,大家都没有意见,这种局面一直保持到天保之朝结束。杨遵彦后来被孝昭帝杀害,国家的刑律政令从此就衰败了。斛律明月是齐朝安邦却敌的重臣,无罪被杀,军队将士因此而人心涣散,周国才萌生了吞并齐国的欲望,关中一带人民至今对斛律明月仍称誉不已。这个人用兵,岂止是千万人希望之所归而已啊!他的生死,牵系着国家的存亡。

【原文】

　　张延隽之为晋州行台左丞①,匡维主将,镇抚疆埸②,储积器用,爱活黎民,隐若敌国矣③。群小不得行志,同力迁之;既代之后,公私扰乱,周师一举,此镇先平。齐亡之迹,启于是矣。

注释

①行台:《云麓漫钞》卷二:"《南史》,凡朝廷遣大臣督诸军于外,谓之行台。"
②疆埸(yì 义):国界。
③隐:威重之貌。敌国:与国相匹敌。《后汉书·吴汉传》:"诸将见战不利,或多惶惧,汉意气自若。帝时遣人观大司马何为,还言方修战攻之具,乃叹曰:'吴公差强人意,隐若一敌国矣。'"此句言张延隽的威重仿佛与一国相匹敌。

【今译】

张延隽任晋州行台左丞时,辅助支持主将,镇守安抚疆界,储藏聚集物资,爱护救助百姓,其威严庄重仿佛可与一国相匹敌。那些卑鄙小人不能按自己的意愿行事,就联合起来放逐了他。那些人取代了他的位置之后,把晋州弄得一片混乱,周国军队一起兵,晋州城就先被平定。齐国败亡的迹象,就从这里开始了。

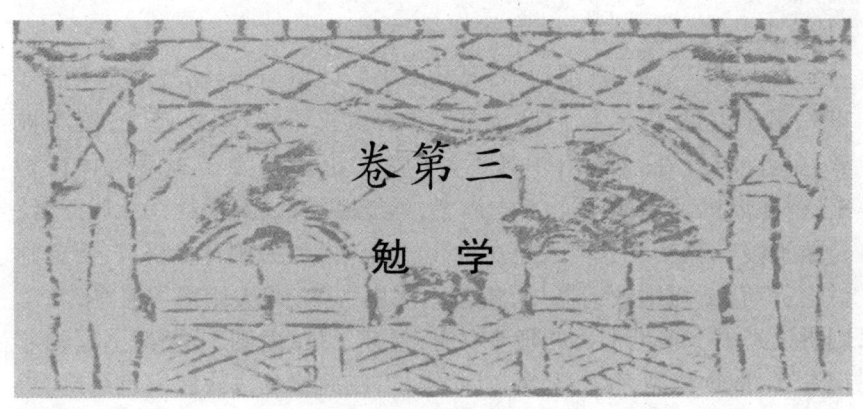

卷第三

勉 学

勉学第八

【题解】

　　本篇谈学习问题。作者从正反两方面反复强调学习的重要性,认为学有专长是在社会上得以自立的必要前提。作者饱经乱世,目睹梁朝贵族子弟们不学无术,靠祖上庇荫养尊处优,一旦乱离,没有谋生本领,只能转死沟壑的种种情状,深有感慨地告诫儿孙"父兄不可常依,乡国不可常保",须靠勤学以谋自立。他坚决反对子女弃学经商,而希望他们勤学不辍,以"务先王之道,绍家世之业"。作者十分强调学以致用,认为学习的目的是为了提高道德修养,开发心智,以利于行,因此,他反对只知"吟啸谈谑,讽咏辞赋",而于"军国经纶,略无施用"的空疏无用之学,基于此,作者对老庄之徒只知"清谈雅论,剖玄析微"的学风表示不满,以为"非济世成俗之要"。从学以致用这个基本观点出发,作者主张读书要"博览机要",领会精神实质,反对空守章句、繁琐注疏的学究式学习。此外,他主张要广泛向农夫、工匠等各行业的劳动者学习;主张博览群书,扩大知识面;主张学习时互相切磋讨论,反对"闭门读书,师心自是";主张要重视"眼学",反对道听途说;强调文字是"坟籍根本",反对忽视文字的倾向等等,这些意见都是极有见地的。

【原文】

　　自古明王圣帝,犹须勤学,况凡庶乎!此事遍于经史,吾亦不能郑重①,聊举近世切要,以启寤汝耳②。士大夫子弟,数岁已上,莫不被教,多者或至《礼》《传》,少者不失《诗》《论》③。及至冠婚④,体性稍定;因此天机,倍须训诱。有志尚者,遂能磨砺,以就素业⑤,无履立者,自兹堕慢⑥,便为凡人。人生在世,会当有业:农民则计量耕稼,商贾则讨论货贿,工巧则致精器用,伎艺则沈思法术,武夫则惯习弓马,文士则讲议经书。多见士大夫耻涉农商,差务工伎,射则不能穿札,笔则才记姓名,饱食醉酒,忽忽无事,以此销日,以此终年。或因家世余绪,得一阶半级,便自为足,全忘修学;及有吉凶大事,议论得失,蒙然张口,如坐云雾;公私宴集,谈古赋诗,塞默低头,欠伸而已。有识旁观,代其入地。何惜数年勤学,长受一生愧辱哉!

注释

　　①郑重:这里是频繁的意思。
　　②寤:通"悟"。
　　③《礼》:指《礼记》。《传》:指《左传》。《论》:指《论语》。
　　④冠:古代男子二十岁行加冠之礼,称冠礼,表示已成年。
　　⑤素业:清素之业,即士族所从事的儒业。本书《诫兵》篇:"违弃素业。"义同。
　　⑥堕:通"惰"。

【今译】

　　自古以来的那些圣明帝王,尚且必须勤奋学习,何况普通百姓呢!这类事在经书史书中随处可见,我也不想过多举例,姑且捡近世紧要的事说说,以启发点悟你们。现在士大夫的子弟,长到几岁以后,没有不受教育的,那学得多的,已学了《礼经》《春秋三传》。那学得少的,也学完了《诗经》《论语》。等到他们成年,体质性情逐渐成型,趁这个时候,就要加倍地对他们进行训育诱导。他们中间那些有志气的,就能经受磨炼,以成就其清白正大的事业,而那些没有操守的,从此懒散起来,就成了平庸的人。人生在世,应该从事一定的工作:当农民的就要算计耕田种地,当商贩的就要商谈买卖交易,当工匠的就要精心制作各种用品,当艺人的就要深入研习各种技艺,当武士的就要熟悉骑马射箭,当文人的就要讲谈讨论儒家经书。我见到许多士大夫耻于从事农业商业,又缺乏手工伎艺方面的本事,让他射箭连一层铠甲也射不穿,让他动笔仅仅能写出自己的名字,整天酒足饭饱,无所事事,以此消磨时光,以此了结一生。还有的人因祖上的荫庇,得到一官半职,便自我满足,完全忘记了学习的事,碰上有吉凶大事,议论起得失来,就张口结舌,茫然无所知,如堕云雾中一般。在各种公私宴会的场合,别人谈古论今,赋诗明志,他却像塞住了嘴一般,低着头不吭声,只有打呵欠的份。有见识的旁观者,都替他害臊,恨不能钻到地下去。这些人又何必吝惜几年的勤学,而去长受一生的愧辱呢!

【原文】

梁朝全盛之时,贵游子弟①,多无学术,至于谚云:"上车不落则著作,体中何如则秘书②。"无不熏衣剃面,傅粉施朱,驾长檐车③,跟高齿屐④,坐棋子方褥⑤,凭斑丝隐囊⑥,列器玩于左右,从容出入,望若神仙。明经求第⑦,则顾人答策⑧;三九公䜩⑨,则假手赋诗。当尔之时,亦快士也⑩。及离乱之后,朝市迁革⑪,铨衡选举,非复曩者之亲;当路秉权,不见昔时之党。求诸身而无所得,施之世而无所用。被褐而丧珠,失皮而露质,兀若枯木,泊若穷流⑫,鹿独戎马之间⑬,转死沟壑之际。当尔之时,诚驽材也。有学艺者,触地而安。自荒乱以来,诸见俘虏。虽百世小人⑭,知读《论语》《孝经》者,尚为人师;虽千载冠冕,不晓书记者,莫不耕田养马。以此观之,安可不自勉耶?若能常保数百卷书,千载终不为小人也。

【注释】

①贵游子弟:无官职的王公贵族叫贵游,他们的子弟就叫贵游子弟。这里是泛称贵族子弟。

②著作:即著作郎,官名,掌编纂国史。体中何如:当时书信中的客套话。王筠《与长沙王别书》:"筠顿首顿首,高秋凄爽,体中何如?"秘书:掌典籍或起草文书的官。

③长檐车:一种用车幔覆盖整个车身的车子。《晋书·舆服志》所称通幔车是也。

④高齿屐：一种装有高齿的木底鞋。

⑤棋子方褥：一种用方格图案的丝织品制成的方形坐褥。

⑥隐囊：靠枕。《资治通鉴》卷一七六注云："隐囊者，为囊实以细软，置诸坐侧，坐倦则侧身曲肱以隐之。"

⑦明经：六朝以明经取士。《文选·永明九年策秀才文》李周翰注："高等明经，谓德行高远，明于经国之道，第一者也。"

⑧顾：同雇。答策：即对策。《汉书·萧望之传》注："对策者，显问以政事经义，令各对之，而观其文辞，定高下也。"

⑨三九：指三公九卿。《后汉书·郎𫖮传》："陛下践阼以来，勤心众政，而三九之位，未见其人。"注云："三公九卿也。"

⑩快士：优秀人物。

⑪朝市：此指朝廷。

⑫卢文弨曰："泊"疑当作"洦"。《说文·水部》："洦，浅水也。"

⑬鹿独：流离颠沛的样子。

⑭小人：指平民百姓。

【今译】

梁朝全盛之时，那些贵族子弟大多不学无术，以至当时的谚语说："登车不跌跤，可当著作郎；会说身体好，可做秘书官。"这些贵族子弟没有一个不是以香料熏衣，修剃脸面，涂脂抹粉的；他们外出乘长檐车，走路穿高齿屐，坐在织有方格图案的丝绸坐褥上，倚靠着五采丝线织成的靠枕，身边摆的是各种古玩，进进出出派头十足，看上去仿佛神仙模样。到明经答问求取功名的时候，他们就雇人顶替自己去应试；在三公九卿列席的宴会上，他们就借别人之手来帮自己做诗，在这种时刻，他们倒显得像模像样的。等到动乱来临，朝廷变迁革易，考察选拔官吏时，不再任用过去的亲信，在朝中执掌大权的，再不见旧日的同党。这时候，这些贵族子弟们靠自己不中用，想在社会上发挥作用又没有本事。他们只能身穿粗布衣服，卖掉家中的珠宝，失去华丽的外表，露出无能的本质，呆头呆脑像段枯木，有气无力像条快要干涸的流水，在乱军中颠沛流离，最后抛尸于荒沟野壑之中。在这种时候，这些贵族子弟就成了地地道道的蠢材了。有学问有手艺的人，走到哪里都可以站稳脚跟。自从兵荒马乱以来，我见过不少俘虏，其中一些人虽然世世代代都是平民百姓，但由于懂得《孝经》《论语》，还可以去给别人当老师;而另外一些人,虽然是年代久远的世家大族子弟,但由于不会动笔,结果没有一个不是去给别人耕田养马的。由此看来,怎么能不努力学习呢?如果能够经常保有几百卷书籍,就是再过一千年也始终不会沦为平民百姓的。

【原文】

夫明《六经》之指①,涉百家之书,纵不能增益德行,敦厉风俗,犹为一艺②,得以自资。父兄不可常依,乡国不可常保,一旦流离,无人庇荫,当自求诸身耳。谚曰:"积财千万,不如薄伎在身③。"伎之易习而可贵者,无过读书也。世人不问愚智,皆欲识人之多,见事之广,而不肯读书,是犹求饱而懒营馔,欲暖而惰裁衣也。夫读书之人,自羲、农已来④,宇宙之下,凡识几人,凡见几事,生民之成败好恶,固不足论,天地所不能藏,鬼神所不能隐也。

注释

①六经:依《礼记·经解》所列,为《诗》《书》《乐》《易》《礼》《春秋》。指:通"旨"。

②艺:技艺,才能。

③伎:通"技"。

④羲、农:伏羲、神农,均为传说中的古代帝王,与女娲并称三皇。

【今译】

通晓六经旨意,涉猎百家著述,即使不能增强道德修养,劝勉世风习俗,也仍不失为一种才艺,可借此自我充实。父亲兄长是不能长期依赖的,家乡邦国是不能常保无事的,一旦流离失所,没有人来庇护周济你时,就该自己设法了。俗话说:"积财千万,不如薄技在身。"容易学习而又可致富贵的本事,无过于读书了。世人不管他是愚蠢还是聪明,都希望认识的人多,见识的事广,但却不肯去读书,这就好比想要饱餐却懒于做饭,想得身暖却懒于裁衣一样。那些读书人,从伏羲、神农的时代以来,在这世界上,共认识了多少人,见识了多少事,对一般人的成败好恶,他们看得很清楚,这固然不用再说,就是天地鬼神的事,也是瞒不过他们的。

【原文】

有客难主人曰①:"吾见强弩长戟②,诛罪安民,以取公侯者有矣;文义习吏③,匡时富国,以取卿相者有矣;学备古今,才兼文武,身无禄位,妻子饥寒者,不可胜数,安足贵学乎?"主人对曰:"夫命之穷达,犹金玉木石也;脩以学艺,犹磨莹雕刻也。金玉之磨莹,自美其矿璞④,木石之段块,自丑其雕刻;安可言木石之雕刻,乃胜金玉之矿璞哉?不得以有学之贫贱,比于无学之富贵也。且负甲为兵,咋笔为吏⑤,身死名灭者如牛毛,角立杰出者如芝草⑥;握素披黄⑦,吟道咏德,苦辛无益者如日蚀,逸乐名利者如秋荼⑧,岂得同年而语矣⑨。且又闻之:生而知之者上,学而知之者次⑩。所以学者,欲其多知明达耳。必有天才,拔群出类,为将则暗与孙武、吴起同术⑪,执政则悬得管仲、子产之教⑫,虽未读书,吾亦谓之学矣⑬。今子即不能然,不师古之踪迹,犹蒙被而卧耳。

注释

①主人:作者自称。
②弩、戟:均为古代兵器。
③文:文饰,这里作阐释解。义:礼仪。
④矿:未经冶炼的金属。璞:未经雕琢的玉石。
⑤咋(zé 责):啃咬。《北齐书·徐之才传》:"小史好嚼笔。"
⑥角力:如角之挺立。芝草:即灵芝草,一种菌类植物,古人以为瑞草。
⑦素:即绢素,古代用以抄写书籍的丝织品。黄:即黄卷,古时用黄檗染纸以防蠹,故名。素、黄均代指书籍。
⑧荼至秋而花繁叶密,此喻其多。
⑨同年:相等。
⑩《论语·季氏》:"孔子曰:生而知之者,上也;学而知之者,次也……"
⑪孙武:春秋时杰出军事家,字长卿,齐国人。仕吴为将,率吴军攻破楚国。著有《孙子兵法》,为中国最早最杰出的兵书。吴起:战国时军事家,卫国人。善用兵。著《吴起》四十八篇,已佚。
⑫管仲:即管夷吾,字仲。春秋齐颖上人,相齐国,助桓公成为春秋五霸之首。子产:即公孙侨、公孙成子。春秋时政治家。《史记·循吏列传》谓其"相郑二十六年而死,丁壮号哭,老人儿啼。"悬:预先。
⑬《论语·学而》:"虽曰未学,吾必谓之学也。"

【今译】

有客人对我发出诘问说:"那些手持强弓长戟,去诛灭罪恶之人,安抚黎民百姓,以此博取公侯爵位的人,我看是有的;那些阐释礼仪,研习吏道,匡正时尚,使国家富足,以此博取卿相职位的人,我看是有的;而那些学问贯通古今,才能文武兼备,却身无俸禄官爵,妻子儿女挨饿受冻的人,却是数也数不清,这么看来,哪里值得对学习那么看重呢?"我回答他说:"一个人的命运是困厄还是显达,就好比金、玉与木、石。研习学问,就好比琢磨金、玉,雕刻木、石。金、玉经过琢磨,就比矿、璞来得更美,木、石截成段敲成块,就比经过雕刻的来得丑陋,但怎么可以说经过雕刻的木、石就胜过未经琢磨的金、玉呢?所以,不能以有学问的人的贫贱,去与那无学问的人的富贵相比。况且,那些披挂铠甲去当兵,口含笔管充任小吏的人,身死名灭者多如牛毛,脱颖而出者少如灵芝草;现在,勤奋攻读,修养品性,含辛茹苦而没有任何益处的人就像日蚀那样少见,而闲适安乐,追名逐利的人却像秋茶那样繁多,哪能够把二者相提并论呢。况且我又听说,生下来就明白事理的是上等人,通过学习才明白事理的是次一等的人。人之所以要学习,就是想使自己知识丰富,明白通达。如果说一定有天才存在的话,那就是出类拔萃的人,作为将军,他们暗中具备了与孙武、吴起相同的军事谋略;作为执政者,他们先天就获得了管仲、子产的政教才干。虽然他们没有读过书,我也要说他们是有学问的。现在您不能够做到这一点,又不去师法古人的所作所为,那就好比蒙着被子睡大觉,什么也看不见了。

【原文】

人见邻里亲戚有佳快者①,使子弟慕而学之,不知使学古人,何其蔽也哉?世人但见跨马被甲,长矟强弓,便云我能为将;不知明乎天道,辨乎地利②,比量逆顺,鉴达兴亡之妙也。但知承上接下,积财聚谷,便云我能为相;不知敬鬼事神,移风易俗,调节阴阳③,荐举贤圣之至也④。但知私财不入,公事夙办,便云我能治民;不知诚己刑物⑤,执辔如组⑥,反风灭火⑦,化鸱为凤之术也⑧。但知抱令守律,早刑晚舍⑨,便云我能平狱;不知同辕观罪⑩,分剑追财⑪,假言而奸露⑫,不问而情得之察也⑬。爰及农商工贾,厮役奴隶,钓鱼屠肉,饭牛牧羊,皆有先

勉学第八 ◇ 83

达,可为师表,博学求之,无不利于事也。

注释

①佳快:优秀的意思。卢文弨曰:"佳快,言佳人快士,异乎庸流者也。"
②《孙子·计》:"天者,阴阳寒暑时制也。地者,远近险易广狭生死也。"
③阴阳:中国哲学的一对范畴,古代思想家以此解释自然界两种对立和相互消长的物质势力。
④至:周密。
⑤刑:通"型"。刑物,给人做出榜样。
⑥语出《诗·邶风·简兮》。辔(pèi 配):马缰绳。组:用丝织成的宽带子。古代一车四马,每马两条缰绳,驾车人手牵着马缰绳,就像一排正在编织的丝带一般。《吕氏春秋·先己》引此句,并引孔子的话说:"审此言也,可以为天下。"又《毛诗传》《韩诗外传》均以此句比喻御民有方。
⑦《后汉书·儒林传》载:刘昆为江陵令时,该县连年发生火灾,刘昆向火叩头,就能降雨止风。言其德政能感动上天。本句即指此事。反,通"返",回的意思。
⑧《后汉书·循吏传》载:仇览为蒲亭长。有位叫陈元的,他的母亲到仇览处告儿子不孝,仇览亲到陈元家,向其陈述人伦孝行之理,终于感化陈元,使他成为孝子。当时乡里传出民谣说:"父母何在在我庭,化我鸱鸮哺所生。"本句即指此事。鸱(chī 痴):鸱鸮(xiāo 消),即猫头鹰,古代人把它视为恶鸟。
⑨早刑晚舍:宋本原作"早刑时舍,"注云:"'时舍',本作'晚舍'。"洪业口:"按作'晚舍'者是。'早刑晚舍',句中相对为言。用刑宁早,纵舍宁迟,酷吏之习也。"
⑩朱亦栋曰:"《左传·成公十七年》:'郤犨与长鱼矫争田,执而梏之,与其父母妻子同一辕。'杜注:'系之车辕。'之推此句本此。然此事非明察类,不解之推何以用之?亦或别有所本耶?"
⑪《太平御览》卷六百三十九引《风俗通》:"沛郡有富家公,赀二千余万。子才数岁,失母,其女不贤。父病,令以财尽属女,但遗一剑,云:'儿年十五,以还付之。'其后又不肯与儿,乃讼之。时太守大司空何武也,得其辞,顾谓掾吏曰:'女性强梁,婿复贪鄙,畏害其儿,且寄之耳。夫剑者所以决断;限年十五者,度其子智力足闻县官,得以见伸展也。'乃悉夺财还子。"此句本此。
⑫《魏书·李崇传》载:李崇任扬州刺史时,有位叫苟泰的,儿子才三岁,被诱拐。几年后,发现在同县人赵奉伯家,苟即告到官府,而赵也坚持说是自家的儿子,官府也不好判定。李崇知道后,让人把苟、赵与小儿分别隔离,过了几十天,才派人传话说小儿已得暴病身亡。苟泰听说后放声痛哭,悲不自胜;赵奉伯却没有

一点悲痛的样子。李崇察知此情,就把小儿归还了苟泰。

⑬《晋书·陆云传》载,陆云任浚仪令时,有人被杀,凶犯未定,陆云派人把被害者妻子召来盘问,也未获结果,关了十来天后将她放出去,暗地派人悄悄尾随其后,并交代说:"不出十里,就会有男人等候她,然后把他们抓来。"后来果然如陆云所言。凶犯坦白说自己与被害人妻子私通,共谋杀害了她丈夫,听说她被抓后又获释,故在远处等候。人们都称赞陆云办案的神明。此句本此。

【今译】

人们看见邻居、亲戚中有出人头地的人物,懂得让自己的子弟欣慕他们,向他们学习,却不知道让自己的子弟向古人学习,这是多么无知啊。一般人只看见当将军的跨骏马,披铠甲,手持长矛强弓,就说我也能当将军,却不知道了解天时的阴晴寒暑,分辨地理的险易远近,比较权衡逆境顺境,审察把握兴盛衰亡的种种奥妙。一般人只知道当宰相的禀承旨意,统领百官,为国积财储粮,就说我也能当宰相,却不知道侍奉鬼神,移风易俗,调节阴阳,荐贤举能的种种周到细致。一般人只知道私财不落腰包,公事及早办理,就说我也能管理好百姓,却不知道诚恳待人,为人楷模,治理百姓,如驾车马,止风灭火,消灾免难,化鸱为凤,变恶为善的种种道理。一般人只知道依照法令条律,判刑赶早,赦免推迟,就说我也能秉公办案,却不知道同辕观罪、分剑追财,用假言诱使诈伪者暴露,不用反复审问而案情自明这种种深刻的洞察力。推而广之,甚至那些农夫、商贾、工匠、僮仆、奴隶、渔民、屠夫、喂牛的、放羊的,他们中间都有在德行学问上堪为前辈的人,可以作为学习的榜样,广泛地向这些人学习,对事业是不无好处的。

【原文】

夫所以读书学问,本欲开心明目,利于行耳。未知养亲者,欲其观古人之先意承颜①,怡声下气②,不惮劬劳,以致甘腝③,惕然惭惧,起而行之也;未知事君者,欲其观古人之守职无侵,见危授命④,不忘诚谏⑤,以利社稷,恻然自念,思欲效之也;素骄奢者,欲其观古人之恭俭节用,卑以自牧⑥,礼为教本,敬者身基,瞿然自失,敛容抑志也;素鄙吝者,欲其观古人之贵义轻财,少私寡欲,忌盈恶满,赒穷恤匮⑦,赧然悔耻,积而能散也;素暴悍者,欲其观古人之小心黜己,齿弊舌存⑧,含垢藏疾⑨,尊贤容众⑩,茶然沮丧⑪,若不胜衣也⑫;素怯懦者,欲其观古人之达生委命⑬,强毅正直,立言必信⑭,求福不回⑮,勃然奋厉,不可恐慑也:历兹以往,百行皆然⑯。纵不能淳,去泰去甚⑰。学之所知,施无不达。世人读书者,但能言之,不能行之,忠孝无闻,仁义不足;加以断一条讼,不必得其理;宰千户县⑱,不必理其民;问其造屋,不必知楣横而棁竖也⑲;问其为田,不必知稷早而黍迟也;吟啸谈谑,讽咏辞赋,事既优闲,材增迂诞,军国经纶,略无施用:故为武人俗吏所共嗤诋,良由是乎!

注释

①先意承颜:语本《礼记·祭义》:"君子之所谓孝者,先意承志,谕父母于道。"先意承志,同先意承颜,指孝子先父母之意而顺承其志。

②语本《礼记·内则》:"及所,下气怡声,问衣燠寒。"指声气和悦,形容恭顺的样子。

③腬(nèn 嫩):肉柔软脆嫩。

④语出《论语·宪问》:"见利思义,见危授命,久要不忘平生之言。"授命:献出生命。

⑤诚:避隋文帝父"忠"字讳改。

⑥卑以自牧:语出《易·谦》:"谦谦君子,卑以自牧也。"高亨注:"余谓牧犹守也,卑以自牧谓以谦卑自守也。"

⑦《易·谦·彖辞》:"人道恶盈而好谦。"

⑧语出汉·刘向《说苑·敬慎》:"常枞有疾,老子往问焉。……(常枞)张口而示老子曰:'吾舌存乎?'老子曰:'然'。'吾齿存乎?'老子曰:'亡。'常枞曰:'子知之乎?'老子曰:'夫舌之存也,岂非以其柔耶? 齿之亡也,岂非以其刚耶?'"意思是说物之刚者易亡折而柔者常得存。

⑨含垢藏疾:包容污垢,藏匿恶物。形容宽仁大度。语出《左传·宣公十五年》:"山薮藏疾……国君含垢。"

⑩《论语·子张》:"君子尊贤而容众,嘉善而矜不能。"

⑪茶(nié 聂阳):疲倦的样子。

⑫不胜衣:谦恭退让的样子。《礼记·檀弓下》:"文子其中退然若不胜衣,其言呐呐然如不出诸其口。"

⑬达生:不受世务牵累的意思。委命:听任命运支配。

⑭《论语·子路》:"言必信。"

⑮《诗·大雅·旱麓》:"岂弟君子,求福不回。"《笺》:"不回者,不违祖先

之道。"

⑯百行:见《治家》篇"借人典籍"段注。

⑰去泰去甚:去其过甚。谓事宜适中。《老子》:"是以圣人去甚、去奢、去泰。"

⑱千户县:指最小的县。

⑲楣:房屋的横梁。棁(zhuō 捉):梁上短柱。

【今译】

　　人之所以要读书求学,本来是为了开发心智,提高认识力,以有利于自己的行动。对那些不知道如何奉养父母的人,我想让他们看看古人如何体察父母心意,按父母的愿望办事;如何轻言细语,和颜悦色地与父母谈话;如何不怕劳苦,为父母弄到香甜软嫩的食品;使他们看了之后感到畏惧惭愧,起而效法古人。对那些不知道如何侍奉国君的人,我想让他们看看古人如何笃守职责,不侵凌犯上;如何在危急关头,不惜牺牲性命;如何以国家利益为重,不忘自己忠心进谏的职责;使他们看了之后痛心疾首地对照自己,进而想去效法古人。对那些平时骄横奢侈的人,我想他们看看古人如何恭谨俭朴,节约费用;如何以谦卑自守,以礼让为政教之本,以恭敬为立身之根,使他们看了之后震惊变色,自感若有所失,从而端正态度,抑制那骄奢的心意。对那些平时浅薄吝啬的人,我想让他们看看古人如何贵义轻财,少私寡欲,忌盈恶满;如何周济鳏寡孤独,体恤贫民百姓。使他们看了之后脸红,产生懊悔羞耻之心,从而做到既能积财又能散财。对那些平时暴虐凶悍的人,我想让他们看看古人如何小心恭谨,自我约束,懂得齿亡舌存的道理;如何宽仁大度,尊重贤士,容纳众人。使他们看了之后气焰顿消,显出谦恭退让的样子来。对那些平时胆小懦弱的人,我想让他们看看古人如何无牵无碍,听天由命,如何强毅正直,说话算数,如何祈求福运,不违祖道。使他们看了之后能奋发振作,无所畏惧;由此类推,各方面的品行都可采取以上方式来培养,即使不能使风气淳正,也可去掉那些偏离道德规范的不良行为。从学习中所获取的知识,没有哪里不可运用。然而现在的读书人,只知空谈,不能行动,忠孝谈不上,仁义也欠缺,再加上他们审断一桩官司,不一定了解了其中道理,主管一个千户小县,不一定亲自管理过百姓;问他们怎样造房子,不一定知道楣是横着放而梲是竖着放;问他们怎样种田,不一定知道高粱要早下种而黍子要晚下种。整天只知道吟咏歌唱,谈笑戏谑,写诗作赋,悠闲自在,迂阔荒诞,对治军治国则毫无办法,所以他们被那些武官俗吏嗤笑辱骂,确实是有原因的。

【原文】

夫学者所以求益耳。见人读数十卷书,便自高大,凌忽长者,轻慢同列;人疾之如仇敌,恶之如鸱枭①。如此以学自损,不如无学也。

注释

①鸱枭:(chī xiāo 痴消):鸱为猛禽,枭传说食母,古人以为皆恶鸟。

【今译】

人们学习是为了用它获取好处。我看见有的人读了几十卷书,就自高自大起来,冒犯长者,轻慢同辈。大家仇视他像对仇敌一般,厌恶他像对鸱枭那样的恶鸟一般。像这样用学习给自己招来损害,还不如不要学习。

【原文】

古之学者为己,以补不足也;今之学者为人,但能说之也①。古之学者为人,行道以利世也;今之学者为己,修身以求进也。夫学者犹种树也,春玩其华,秋登其实;讲论文章,春华也;修身利行②,秋实也。

注释

①《论语·宪问》:"古之学者为己,今之学者为人。"《集解》:"孔安国曰:'为己,履而行之;为人,徒能言。'"

②修身利行:涵养德性,以利于事。

【今译】

古代求学的人是为了充实自己,以弥补自身的不足,现在求学的人是为了向别人炫耀,只能夸夸其谈;古代求学的人是为了广利大众,推行自己的主张以造福社会,现在求学的人是为了自身需要,涵养德性以求仕进。求学就像种果树一般,春天可以赏玩它的花朵,秋天可以摘取它的果实。讲论文章,这就好比赏玩春花;修身利行,这就好比摘取秋果。

【原文】

人生小幼,精神专利,长成已后,思虑散逸,固须早教,勿失机也。吾七岁时,诵《灵光殿赋》①,至于今日,十年一理,犹不遗忘;二十之外,所诵经书,一月废置,便至荒芜矣。然人有坎壈②,失于盛年,犹当晚学,不可自弃。孔子云:"五十以学《易》,可以无大过矣③。"魏武、袁遗④,老而弥笃,此皆少学而至老不倦也。曾子七十乃学,名闻天下⑤;荀卿五十,始来游学,犹为硕儒⑥;公孙弘四十余,方读《春秋》,以此遂登丞相⑦;朱云亦四十,始学《易》《论语》⑧;皇甫谧二十,始受《孝经》《论语》:皆终成大儒⑨,此并早迷而晚寤也。世人婚冠未学,便称迟暮,因循面墙,亦为愚耳。幼而学者,如日出之光,老而学者,如秉烛夜行,犹贤乎瞑目而无见者也⑩。

注释

①《灵光殿赋》:东汉文学家王逸的儿子王延寿所作,见《文选》。灵光殿:西汉宗室鲁恭王所建。

②坎壈(lǎn 揽):困顿;不得志。

③语见《论语·述而》。朱熹《集注》:"学《易》,则明乎吉凶消长之理,进退存亡之道,故可以无大过。"

④魏武:即魏武帝曹操。袁遗:字伯业,为袁绍堂兄,任长安令。据《魏志·武帝纪》注,曹操尝称:"长大而能勤学,惟吾与袁伯业耳。"

⑤《类说》"七十"作"十七",曾子小孔子四十六岁,而从其学,故此处应以"十七"为当。古代十七岁已达入仕之年,而曾子十七岁始学,故可谓晚学。

⑥荀卿:战国时思想家、教育家。名况,时人尊之而号为"卿"。《史记·孟荀列传》:"荀卿,赵人。年五十,始来游学于齐。"

⑦公孙弘:字季,汉代人。年四十余始学《春秋》,元朔中为丞相,封平津侯。《汉书》有传。

⑧朱云:字游,汉代平陵人。年四十,从博士白子友学《易经》,又从萧望之学《论语》。事见《汉书·朱云传》

⑨皇甫谧(mì 密):字士安。晋代学者。事见《晋书·皇甫谧传》。

⑩《说苑·建本》:"师旷曰:'少而好学,如日出之阳;壮而好学,如日中之光;老而好学,如秉烛之明。秉烛之明,孰与昧行乎?'"

【今译】

　　人在幼小的时候,精神专注敏锐,长大成人以后,思想容易分散,因此,对孩子确实须要及早教育,不可坐失良机。我七岁的时候,背诵《灵光殿赋》,直到今天,隔十年温习一次,仍然不会遗忘。二十岁以后,所背诵的经书,搁置在那里一个月,便到了荒废的地步。当然,人总有困厄的时候,壮年时失去了求学的机会,仍然应当在晚年时抓紧时间学习,不可自暴自弃。孔子说:"五十岁时学习《易》,就可以不犯大的过错了。"魏武帝、袁遗,他俩到老年时学习的兴趣愈加浓厚,这些都是年轻时勤奋学习直到老年也不厌倦的例子。曾子十七岁时才开始学习,最后名闻天下;荀卿五十岁才开始到齐国游学,仍然成了大学者;公孙弘四十多岁才开始读《春秋》,靠这学问后来终于当了丞相;朱云也是四十岁才开始学习《易经》《论语》的,皇甫谧二十岁才开始学习《孝经》《论语》,他们最后都成了大学者。这些都是早年沉迷而晚年醒悟的例子。一般人如果到成年以后还未开始学习,就说晚了晚了,就这样拖拖拉拉过日子,好像面对着一堵墙壁什么也看不见,也是够愚蠢的了。从小就开始学习的人,就好像太阳初升时的光芒;到老来才开始学习的人,就好像手持蜡烛在夜间行走,但总比那闭着眼睛什么也看不见的人强。

【原文】

　　学之兴废,随世轻重。汉时贤俊,皆以一经弘圣人之道,上明天时,下该人事,用此致卿相者多矣。末俗已来不复尔①,空守章句②,但诵师言,施之世务,殆无一可。故士大夫子弟,皆以博涉为贵,不肯专儒。梁朝皇孙以下,总丱之年③,必先入学,观其志尚,出身已后④,便从文吏,略无卒业者。冠冕为此者⑤,则有何胤⑥、刘瓛⑦、明山宾⑧、周舍⑨、朱异⑩、周弘正⑪、贺琛⑫、贺革⑬、萧子政⑭、刘绍等⑮,兼通文史,不徒讲说也。洛阳亦闻崔浩⑯、张伟⑰、刘芳⑱,邺下又见邢子才⑲:此四儒者,虽好经术,亦以才博擅名。如此诸贤,故为上品,以外率多田野间人,音辞鄙陋,风操蚩拙,相与专固,无所堪能,问一言辄酬数百,责其指归,或无要会⑳。邺下谚云:"博士买驴㉑,书券三纸,未有驴字。"使汝以此为师,令人气塞。孔子曰:"学也禄在其中矣㉒。"今勤无益之事,恐非业也。夫圣人之书,所以设教,但明练经文,粗通注义,常使言行有得,亦足为人;何必"仲尼居"即须两纸疏义㉓,燕寝讲堂㉔,亦复何在?以此得胜,宁有益乎?光阴可惜,譬诸逝水。当博览机要,以济功业;必能兼美,吾无间焉㉕。

注释

①末俗:《汉书·朱博传》:"今末俗之弊,政事烦多。"末俗指末世的风俗。
②章句:指古书的章节句读。
③总丱(guàn 惯):《诗·齐风·甫田》:"总角丱兮。"角,小髻。丱,儿童的发髻向上分开的样子。此指童年时代。
④出身:指出仕。
⑤冠:帽子的总称。冕:古代贵族所戴的礼冠。此处的冠冕为仕宦的代称。
⑥《梁书·处士传》:"何胤,字子季,点之弟也。师事沛国刘瓛,受《易》及《礼记》《毛诗》;入钟山定林寺。听内典,其业皆通。辞职,居若邪山云门寺。世号点为大山,子季为小山,亦曰东山。注《周易》十卷,《毛诗总集》六卷,《毛诗隐义》十卷,《礼记隐义》二十卷,《礼答问》五十五卷。"据此,则何胤非仕宦之人,颜氏恐误。
⑦见卷一《兄弟》篇"人之事兄"段注。
⑧《梁书》本传:"明山宾,字孝若,平原鬲人。七岁,能言玄理;十三,博通经传。梁台建,置《五经》博士,山宾首膺其选。东宫新置学士,又以山宾居之。俄兼国子祭酒。累居学官,甚有训导之益。所著《吉礼仪注》二百二十四卷,《礼仪》二十卷,《孝经丧礼服义》十五卷。"
⑨《梁书》本传:"周舍,字升逸,汝南安成人。博学多通,尤精义理。高祖即位,博求异能之士,范云言之于高祖,召拜尚书祠部郎。居职屡徙,而常留省内,国史诏诰,仪礼法律,军旅谋谟,皆兼掌之。预机密者二十余年,而竟无一言漏泄机事,众尤叹服之。"
⑩《梁书》本传:"朱异,字彦和,吴郡钱唐人。遍治《五经》,尤明《礼》《易》,涉猎文史,兼通杂艺,博弈书算,皆其所长。有诏求异能之士,明山宾表荐之。高祖召见,使说《孝经》《周易》义,谓左右曰:'朱异实异。'周舍卒,异代掌机谋,方镇改换,朝仪国典,诏诰敕书,并兼掌之。每四方表疏,当局部领,咨询详断,填委于前,顷刻之间,诸事便了。所撰《礼、易讲疏》,及《仪注》《文集》百余篇,乱中多亡逸。"

⑪《陈书》本传:"周思行,汝南安城人。幼孤,及弟弘让、弘直,俱为叔父舍所养。十岁,通《老子》《周易》。起家梁太学博士,累迁国子博士。时于城西立士林馆,弘正居以讲授,听者倾朝野焉。特善玄言,兼明释典,虽硕学名僧,莫不请质疑滞。所著《周易讲疏》《论语疏》《庄子、老子疏》《孝经疏》及集行于世。"思行,即弘正字也。

⑫《梁书》本传:"贺琛,字国宝,会稽山阴人。伯父玚,授其经业,一闻便通义理,尤精《三礼》。为通事舍人,累迁,皆参礼仪事。所撰《三礼讲疏》《五经滞义》及诸《仪法》,凡百余篇。"

⑬《梁书·儒林传》:"贺玚子革,字文明。少通《三礼》,及长,遍治《孝经》《论语》《毛诗》《左传》。湘东王于州置学,以革领儒林祭酒,讲《三礼》,荆、楚衣冠,听者甚众。"

⑭萧子政:仕梁为都官尚书。撰《周易义疏》十四卷,《系辞义疏》三卷,《古今篆隶杂字体》一卷。

⑮刘绍:见《风操》篇"魏世王修"段注。

⑯《魏书》本传:"崔浩,字伯渊,清河人。少好文学,博览经史,玄象阴阳百家之言,无不关综;研精义理,时人莫及。太宗好阴阳术数,闻浩说《易》及《洪范五行》,善之,因命浩筮吉凶,参观天文,考定疑惑。浩综核天人之际,举其纲纪,诸所处决,多有应验。恒与军国大谋,甚为宠密。"

⑰《魏书·儒林传》:"张伟,字仲业,小名翠螭,太原中都人。学通诸经,讲授乡里,受业常数百人,儒谨泛纳,勤于教训,虽有顽固,问至数十,伟告喻殷勤,曾无愠色。常依附经典,教以孝悌;门人感其仁化,事之如父。"

⑱《魏书》本传:"刘芳,字伯文,彭城人。聪敏过人,笃志坟典,旦则拥书以自资给,夜则诵读,终夕不寝。为中书侍郎,授皇太子经,迁太子庶子,兼员外散骑常侍。从驾洛阳,自在路及旋师,恒侍坐讲读。芳才思深敏,特精经义,博闻强记,兼览《苍》《雅》,尤长音训,辨析无疑;于是礼遇日隆,赏赉优渥。撰诸儒所注《周官、仪礼、尚书、公羊、穀(gǔ)梁、国语音》《后汉书音》《毛诗笺音义证》《周官、仪礼、礼记义证》等书。

⑲《北齐书·邢邵传》:"邢字子才,河间鄚人。十岁,便能属文。少在洛阳,会天下无事,与时名胜专以山水游宴为娱,不暇勤业。尝因霖雨,乃读《汉书》五日,略能遍记之,复因饮谑倦,方广寻经史,五行俱下,一览便记,无所遗忘。文章典丽,既赡且速。年未二十,名动衣冠。孝昌初,与黄门侍郎李琰之对典朝仪。自孝明之后,文雅大盛;邵雕虫之美,独步当时,每一文出,京都为之纸贵,读诵俄遍远近。晚年,尤以《五经》章句为意,穷其旨要,吉凶礼仪,公私咨禀,质疑去惑,为世指南。有集三十卷。"

⑳要会:要旨的意思。

㉑博士:国子学中主讲《经》的人,此泛指执教的人。
㉒语见《论语·卫灵公》。
㉓仲尼居:《孝经·开宗明义》第一章章首文。疏义:系对经注而言,注是注解经文,疏是演释注文。
㉔燕寝:闲居之处。讲堂:讲习之所。此句说解经之家对"仲尼居"的"居"字有的释为闲居之处,有的释为讲习之所,各持一端。
㉕《论语·泰伯》:"禹,吾无间然矣。"此句本此。间:嫌隙,这里是批评的意思。

【今译】

　　学习风气的兴盛或衰败,随世道变迁而变化。汉朝时代的贤士俊才们,都靠精通一部经书来弘扬圣人之道,上知晓天命,下贯通人事,他们中凭着这个特长而得到卿相职位的人可多了。汉末风气改变以后就不再是这样了,读书人都空守章句之学,只知背诵老师讲过的现成话,如果靠这些东西来处理实际事务,我看大概不会有任何用处。所以,后来的士大夫子弟读书都以广泛涉猎为贵,不肯专攻一经。梁朝从皇孙以下,在儿童时就一定先让他们入学读书,观察他们的志尚,到步入仕途的年龄后,就去参预文官的事务,没有一个是把学业坚持到底的。既当官又能坚持学业的,则有何胤、刘瓛、明山宾、周舍、朱异、周弘正、贺琛、贺革、萧子政、刘绍等人,这些人文笔也很在行,不光是只能口头讲讲而已。在洛阳城,我还听说有崔浩、张伟、刘芳三人的大名,邺下那里还有位邢子才:这四位学者,虽然都喜好经术,但也以才识广博擅名。像以上的各位贤士,原本就该是为官者中的上品,除此之外就大都是些村夫庸人,这些人语言鄙陋,风度拙劣,互相之见固执己见,什么事也干不了,你问他一句话,他就会答出几百句,若要问他其中的意旨究竟是什么,他大概一点也摸不到边。邺下有谚语说:"博士上市去买驴,契约写了三大张,不见写出个驴字。"如果让你以这种人为师,岂不令人丧气。孔子说:"去学习吧,你的俸禄就在其中了。"而今这些人却在那些毫无益处的事情上下功夫,这恐怕不是正经行当吧。圣人的书,是用来教育人的,只要能熟读经文,粗通注文之义,使之对自己的言行经常提供些帮助,也就足以在世上为人了;何必"仲尼居"三个字就要写它两张纸的疏文来解释呢,你说"居"指闲居之处,他说"居"指讲习之所,现在又有谁能亲见? 在这种问题上,争个你输我赢,难道会有什么好处吗？光阴可惜，就像那逝去的流水般一去不返，我们应当广泛阅读书中那些精要之处，以求对自己的事业有所助益。如果你们能把博览与专精结合起来，那我就十分满意，再无话可说了。

【原文】

俗间儒士，不涉群书，经纬之外①，义疏而已②。吾初入邺，与博陵崔文彦交游，尝说《王粲集》中难郑玄《尚书》事③，崔转为诸儒道之，始将发口，悬见排蹙④，云："文集只有诗赋铭诔⑤，岂当论经书事乎？且先儒之中，未闻有王粲也。"崔笑而退，竟不以粲集示之。魏收之在议曹⑥，与诸博士议宗庙事，引据《汉书》，博士笑曰："未闻《汉书》得证经术"。收便忿怒，都不复言，取《韦玄成传》⑦，掷之而起。博士一夜共披寻之，达明，乃来谢曰："不谓玄成如此学也。"

注释

①经纬：经书和纬书。经书指儒家经典著作。纬书是对"经书"而言，是汉代混合神学附会儒家经义的书。有《诗》《书》《礼》《乐》《易》《春秋》和《孝经》七经的纬书，总称七纬。又有《论语谶》及《河图》《洛书》等，合成"谶纬"。

②义疏：解经之书。其名源于佛家的解释佛典。以后指会通中国古书义理，加以阐释发挥；或指广搜群书，补充旧注，究明源委的书。

③王粲：汉末文学家。字仲宣，山阳高平人（今山东邹县）。以博洽著称。为"建安七子"之一。《隋书·经籍志》载："后汉侍中《王粲集》十一卷"，已散佚，明人辑有《王侍中集》。《三国志·魏志》有传。郑玄：东汉经学家。字康成，北海高密（今属山东）人。他以古文经说为主，兼采今文经说，遍注群经，成为汉代经学的集大成者，称郑学。《王粲集》中难郑玄《尚书》事，见《困学纪闻》卷二。

④排蹙（cù 促）：排挤，这里引申为斥责的意思。

⑤赋、铭、诔：均为文体名，与诗同为有韵之文。赋为"铺采摛文，体物写志"的有韵之文，铭为"称述功美"的有韵之文，诔为"累列生时行迹"的有韵之文。

⑥魏收：北齐文学家、史学家。《北齐书·魏收传》："收字伯起，小字佛助，钜鹿下曲阳人。读书，夏月坐板床，随树阴讽诵，积年，板床为之锐减，而精力不辍。以文华显。"议曹：见《风操》篇"近在议曹"段注。

⑦《汉书·韦贤传》："贤少子玄成，字少翁。好学，修父业，以明经擢为谏大夫。永光中，代于定国为丞相，议罢郡国庙，又议太上皇、孝惠、孝文、孝景庙，皆亲尽宜毁，诸寝园日月间祀，皆勿复修。"

【今译】

　　世间的读书人，不广泛涉猎群书，除了读各种经书和纬书外，就是学学解释这些经典的注疏而已。我初到邺城时，与博陵的崔文彦交游，我与他曾谈起《王粲集》中关于王粲责难郑玄《尚书注》的事，崔文彦转而给几位读书人谈起此事，才刚开口，就被他们责难说："文集中只有诗、赋、铭、诔等类文体，难道会论及有关经书的事吗？况且在先儒之中，也没听说过王粲这人啊。"崔文彦笑了笑便告退了，终究未把《王粲集》给他们看。魏收在议曹任上时，与各位博士议及有关宗庙之事，并引《汉书》为据，众博士笑着说："我们没有听说过《汉书》可以证验经学的。"魏收很生气，一句话也不再说，把《汉书》中的《韦玄成传》扔给他们，就起身走了。众博士花了一个晚上的时间来共同翻检此书，第二天才来道歉说："想不到韦玄成还有这等学问啊。"

【原文】

　　夫老、庄之书，盖全真养性①，不肯以物累己也②。故藏名柱史③，终蹈流沙；匿迹漆园④，卒辞楚相，此任纵之徒耳。何晏⑤、王弼⑥，祖述玄宗⑦，递相夸尚，景附草靡⑧，皆以农、黄之化⑨，在乎己身，周、孔之业⑩，弃之度外。而平叔以党曹爽见诛，触死权之网也⑪；辅嗣以多笑人被疾，陷好胜之阱也⑫；山巨源以蓄积取讥，背多藏厚亡之文也⑬；夏侯玄以才望被戮，无支离拥肿之鉴也⑭；荀奉倩丧妻，神伤而卒，非鼓缶之情也⑮；王夷甫悼子，悲不自胜，异东门之达也⑯；嵇叔夜排俗取祸，岂和光同尘之流也⑰；郭子玄以倾动专势，宁后身外己之风也⑱；阮嗣宗沉酒荒迷，乖畏途相诫之譬也⑲；谢幼舆赃贿黜削，违弃其馀鱼之旨也⑳：彼诸人者，并其领袖，玄宗所归。其馀桎梏尘滓之中，颠仆名利之下者，岂可备言乎！直取其清谈雅论，剖玄析微，宾主往复㉑，娱心悦耳，非济世成俗之要也。洎于梁世，兹风复阐，《庄》《老》《周易》，总谓《三玄》。武皇、简文，躬自讲论。周弘正奉赞大猷㉒，化行都邑，学徒千余，实为盛美。元帝在江、荆间，复所爱习，召置学生，亲为教授，废寝忘食，以夜继朝，至乃倦剧愁愤㉓，辄以讲自释。吾时颇预末筵㉔，亲承音旨，性既顽鲁，亦所不好云。

注释

①全真:保持本性。《文选》嵇康《忧愤诗》:"养素全真。"

②不肯以物累己:《庄子》中《天道》《刻意》两篇中有"无物累"的话,《秋水》篇中有"不以物害己"的话,即不因为外物而损伤自己的意思。

③柱史:即柱下史省称,为周秦时官名。《列仙传》载:"老子姓李,名耳,字伯阳,陈人也。生于殷时,为周柱下史。关令尹喜者,周大夫也,善内学,常服精华,隐德修行,时人莫知。老子西游,喜先见其气,知有真卜过当,物色而迹之,果见老子。老子亦知其奇,为著书授之。后与老子俱游流沙化胡,服苣胜实,莫知其所终。""故藏"二句指此。

④漆园:在今山东曹县,战国时庄子曾在此地为吏。《史记·老子韩非列传》载:"庄子者,蒙人,名周,为漆园吏。楚威王闻其贤,使使厚币迎之,许以为相。周笑曰:'子独不见郊祭之牺牛乎?养食之数岁,衣以文绣,以入太庙。当是之时,虽欲为孤豚,岂可得乎?子亟去,无污我。'""匿迹"二句本此。

⑤何晏:曹魏时玄学家,字平叔。少以才秀知名,好老、庄言,作《道德论》及诸文赋,凡数十篇。传附见《三国志·魏志·曹真传》。

⑥王弼:曹魏时玄学家,字辅嗣。年十余,即笃好老、庄。著有《道略论》,注《易》《老子》。卒年二十四。传附见《三国志·魏志·钟会传》。

⑦玄宗:指道教。

⑧景:"影"的本字。

⑨农、黄:神农、黄帝,道家以神农、黄帝为宗。

⑩周、孔:周公、孔子,儒家以周公、孔子为宗。

⑪曹爽:曹魏明帝的宠臣。《三国志·魏志·曹真传》:"真子爽,字昭伯,明帝宠待有殊。帝寝疾,引入卧内,拜大将军,假节钺,都督中外诸军事,录尚书事,受遗诏,辅少主。乃进叙南阳何晏等为腹心。……车驾朝高陵,爽兄弟皆从,司马宣王先据武库,遂出屯洛水浮桥,奏免爽兄弟,以侯就第;收晏等下狱,后皆族诛。"死权:指贪恋权势至死不休。

⑫辅嗣:王弼字。〔晋〕何劭《王弼传》:"弼论道,傅会文辞,不如何晏自然,有所拔得多晏也。颇以其所长笑人,故时为士君子所疾。"

⑬山巨源即山涛,巨源为其字,《晋书》有传。关于山涛以蓄积取讥事,未见诸书记载,刘盼遂谓疑当是王戎之误。王戎,字濬冲。其人贪吝好货,广收八方园田,积钱无数,每自执牙筹,昼夜计算,为时人所讥。王戎与山涛同在竹林七贤,故颜之推有此之误也。

⑭夏侯玄:曹魏玄学家,字太初。少知名。曹爽辅政,玄与爽有亲属关系,累迁散骑侍中护军,旋为征西将军,都督雍、凉州诸军事。曹爽被诛,玄被征为大鸿胪。时司马懿权重,中书令李丰等谋诛之,并以玄辅政,事败,玄亦被杀。支离:即

支离疏,为《庄子·人间世》中寓言人物。其人肢体畸形,于世无补,而坐受赈济。"支离"有残缺而不中用之意。《庄子·人间世》:"夫支离其形者,犹足以养其身,终其天年,又况支离其德者乎!"又《庄子·逍遥游》:"惠子谓庄子曰:'吾有大树,人谓之樗,其大本拥肿而不中绳墨,其小枝拳曲而不中规矩,立之途,匠者不顾。'庄子曰:'子患其无用,何不树之于无何有之乡,不夭斧斤,物无害者,无所可用,安所困苦哉?'""拥肿"之意本此。拥肿,隆起而不平直。同"臃肿"。

⑮荀奉倩:名粲。荀的妻子病死后,荀甚悲伤,岁余亦亡,亡时年二十九。事见《世说新语·惑溺》篇注引《荀粲别传》。鼓缶之情。《庄子·至乐论》:"庄子妻死,惠子吊之,方箕踞鼓盆而歌。惠子曰:'与人居,长子、老、身死,不哭,亦足矣,又鼓盆而歌,不亦甚乎?'庄子曰:'不然。是其始死也,我独何能无概然!察其死而本无生,非徒无生也,而本无形,非徒无形也,而本无气。人且偃然寝于巨室,而我噭噭然随而哭之,自以为不通乎命,故止也。'"鼓缶之意本此。缶(fǒu否):古代盛酒的瓦器。

⑯《晋书·王戎传》:"戎从弟衍,字夷甫,丧幼子,山简吊之,衍悲不自胜。简曰:'孩抱中物,何至于此?'衍曰:'圣人忘情,最下不及于情,然则情之所钟,正在我辈。'简服其言,更为之恸。"东门之达:《列子·力命》:"魏人有东门吴者,其子死而不忧,其相室曰:'公之爱子,天下无有;今子死而不忧,何也?'东门吴曰:'吾尝无子,无子之时不忧。今子死,乃与向无子同,臣奚忧焉?'"

⑰嵇叔夜:曹魏玄学家,名康。为竹林七贤之一。三国魏谯郡人。博洽多闻,崇尚老庄。时司马氏掌朝权,山涛为选曹郎,举康自代,康答书拒绝,自说不堪流俗,而非薄汤武。景元中遭钟会诬陷,为司马昭所杀。和光同尘:把光荣和尘浊同样看待。《老子》:"和其光,同其尘。"王弼注:"无所特显,则物无所偏争也。无所特贱,则物无所偏耻也。"后多指与世浮沉,随波逐流而不立异。

⑱《汉魏丛书》本、《格致丛书》本、黄叔琳节钞本"专"作"权"。《晋书·郭象传》:"象字子玄,少有才理,好老、庄,能清言。州郡辟召,不就。常闲居,以文论自娱。东海王越引为太傅主簿,遂任职当权,熏灼内外,由是素论去之。"后身外已:《老子·道经》:"后其身而身先,外其身而身存。"意思是说,把自己置之于后,反能占先;把生命置之度外,反得保全。

⑲阮嗣宗:即阮籍,曹魏玄学家,竹林七贤之一。《晋书·阮籍传》:"籍字嗣宗,陈留尉氏人。本有济世志,属魏、晋之际,天下多故,名士少有全者,由是不与世事,遂酣饮为常。文帝初欲为武帝求婚于籍,籍醉六十日,不得言而止。钟会数以时事问之,欲因其可否而致之罪,皆以酣醉获免。时率意独驾,不由径路,车迹所穷,辄恸哭而反。"畏途:《庄子·达生》:"夫畏途者,十杀一人,则父子兄弟相戒也,必盛卒徒而敢出焉。"

⑳谢幼舆:即谢鲲,西晋玄学家。《晋书·谢鲲传》:"鲲字幼舆,陈国阳夏人,

好《老》《易》。东海王越辟为掾,坐家僮取官稿,除名。鲲不徇功名,无砥砺行,居身于可否之间,虽自处若秽,而动不累高。"弃其馀鱼:《淮南子·齐俗》:"惠子从车百乘,以过孟诸,庄子见之,弃其馀鱼。"意思是说,庄子见惠子财富过多,故舍弃自己多余的鱼,以示节俭知足之意。

㉑宾主往复:宾主问答的意思。

㉒周弘正:见本篇"学之兴废"段注。大猷(yóu 犹):治国的大道。梁武帝大同八年(公元542年),周弘正启梁主《周易》疑义,见《陈书》弘正本传。

㉓倦剧:疲倦至极的意思。

㉔颇:表程度的副词,这里是略微、偶尔的意思。

【今译】

老子、庄子的书,讲的是如何保持本真、修养品性,不肯以外物来烦劳自己。所以老子用柱下史的职务把自己的名声掩盖起来,最后隐遁于沙漠之中;庄子隐居漆园为小吏,最终拒绝了楚成王召他为相的邀请,这俩人都是任性放纵之徒啊。后来有何晏、王弼,师法前贤,陈说道教的教义,继其后者一个跟着一个地夸夸其谈起来,如影子依附于形体、草木顺着风向一般,都以神农、黄帝的教化来装扮自身,而将周公、孔子的事业置之度外。然而何晏因为党附曹爽而被诛杀,这是碰到贪恋权势至死方休的罗网上了,王弼以自己的所长去讥笑别人而遭来怨恨,这是掉进争强好胜的陷阱里了;山涛因为贪吝积敛而遭到世人议论,这是违背了聚敛越多丧失越大的古训;夏侯玄因为自己的才能声望而遭到杀害,这是因为没有从庄子所说的那于世无补的支离疏和那扭曲无用的大树得以自保的寓言中汲取教训;荀粲在丧妻之后,因内心哀伤不止而终至送命,这就不是庄子在丧妻之后敲缶而歌的超脱情怀了;王衍因哀悼儿子而悲不自胜,这就不同于《列子》中的东门吴面对丧子之痛所抱的那种达观态度了;嵇康因排斥俗流而招致杀身之祸,这难道能与老子所说的"和其光,同其尘"相提并论吗;郭象因声名显赫而最终走上权势之路,这难道是老子所提倡的"后其身而身先,外其身而身存"的作风吗;阮籍纵酒迷乱,不合于庄子关于"畏途相诫"的譬喻;谢鲲因家僮贪污而丢官,这是违背了"弃其馀鱼"、节欲知足的宗旨。以上诸位先生,都是道家中人心所归依的领袖人物。至于其余那些在尘世污秽中身套名缰利锁,在名利场中摔爬滚打之辈,我更无从细说了。这些人不过是选取老、庄书中的那些清谈雅论,剖析其中的玄妙细微之处,宾主相互问答,只求娱心悦耳,但这些并不是拯救社会形成良好的风气的急要之事。到了梁朝,这种崇尚道教的风气又流行起来,当时,《庄子》《老子》《周易》被总称为"三玄"。武帝和简文帝都亲自加以讲论。周弘正奉君主之命讲述以道教治国的大道理,其风气流行到大小城镇,各地学徒达到一千多人,实在是盛哉美哉。后来元帝在江陵、荆州的时候,也十分爱好并熟悉此道,他召来一些学生,亲自为他们讲授,为此废寝忘食,夜以继日,甚至在他极度疲倦,或忧愁烦闷的时候,也靠讲授道教玄学来自我排解。我当时偶尔也在末位就座,亲耳聆听元帝的教诲,然而我这人资质既顽钝愚鲁,又对此缺乏兴趣,所以也没啥收效。

【原文】

齐孝昭帝侍娄太后疾①,容色憔悴,服膳减损。徐之才为灸两穴②,帝握拳代痛,爪入掌心,血流满手。后既痊愈,帝寻疾崩,遗诏恨不见山陵之事③。其天性至孝如彼,不识忌讳如此,良由无学所为。若见古人之讥欲母早死而悲哭之④,则不发此言也。孝为百行之首,犹须学以修饰之,况余事乎!

注释

①齐孝昭帝:名演,字延安,北齐君主,公元560年在位。娄太后:《北齐书·神武明皇后传》:"娄氏,讳昭君,司徒内干之女。"
②徐之才:《北齐书·徐之才传》:"之才,丹阳人,大善医术,兼有机辩。"
③山陵:指帝王或皇后的坟墓。《尔雅·释丘》:"秦名天子冢曰山,汉曰陵。"此指孝昭帝母亲的丧事。
④《淮南子·说山》:"东家母死,其子哭之不哀。西家子见之,归谓其母曰:'社何爱速死,吾必悲哭社。'夫欲其母之死者,虽死亦不能悲哭矣。"

【今译】

北齐的孝昭帝护理病中的娄太后,因此而脸色憔悴,饭量减少。徐之才用艾炷灸太后的两个穴位,太后痛不可忍,孝昭帝让母亲握己手以代痛,指甲嵌入掌心,以致血流满手。太后的病终于痊愈,而孝昭帝却积劳成疾,不久就去世了,临终留下遗诏说:他遗憾的是不能够为娄太后操办后事,以尽最后的孝心。他这人的天性是如此孝顺,而不懂得忌讳却又到如此地步,这确实是不学习造成的。他如果从书中看到过有关古人讽刺那盼望母亲早死以便痛哭尽孝的人的记载,就不会在遗诏中说出那样的话了。孝为百行之首,尚且须要通过学习去培养完善,何况其他的事呢!

【原文】

梁元帝尝为吾说:"昔在会稽①,年始十二,便已好学。时又患疥,手不得拳,膝不得屈。闲斋张葛帏避蝇独坐②,银瓯贮山阴甜酒,时复进之,以自宽痛。率意自读史书,一日二十卷,既未师受,或不识一字,或不解一语,要自重之,不知厌倦。"帝子之尊,童稚之逸,尚能如此,况其庶士,冀以自达者哉?

【注释】

①会稽:郡名。南朝时其治所在山阴(今浙江绍兴)。
②葛:植物名。多年生蔓草。其茎的纤维可制葛布。

【今译】

梁元帝曾经对我说:"我从前在会稽郡的时候,年龄才十二岁,就已经喜欢学习了。当时我身患疥疮,手不能握拳,膝不能弯曲。我在闲斋中挂上葛布制成的帐子,以避开苍蝇独坐,身边的小银盆内装着山阴甜酒,不时喝上几口,以此减轻疼痛。这时我就独自随意读一些史书,一天读二十卷,既然没有老师传授,就常有一个字不认识,或一句话不理解的情况,这就须要严格要求自己,不感到厌倦。"元帝以帝王之子的尊贵,以孩童的闲适,尚且能够用功学习,何况那些希望通过学习以求显达的小官吏呢?

【原文】

古人勤学,有握锥投斧①,照雪聚萤②,锄则带经③,牧则编简④,亦为勤笃。梁世彭城刘绮,交州刺史勃之孙,早孤家贫,灯烛难办,常买荻尺寸折之,然明夜读⑤。孝元初出会稽,精选寮案⑥,绮以才华,为国常侍兼记室⑦,殊蒙礼遇,终于金紫光禄⑧。义阳朱詹,世居江陵,后出扬都⑨,好学,家贫无资,累日不爨⑩,乃时吞纸以实腹。寒无毡被,抱犬而卧。犬亦饥虚,起行盗食,呼之不至,哀声动邻,犹不废业,卒成学士,官至镇南录事参军,为孝元所礼。此乃不可为之事,亦是勤学之一人。东莞臧逢世,年二十余,欲读班固《汉书》,苦假借不久,乃就姊夫刘缓乞丐客刺书翰纸末⑪,手写一本,军府服其志尚,卒以《汉书》闻。

注释

①握锥:指战国时苏秦以锥刺股事。《战国策·秦策》:"苏秦读书欲睡,引锥自刺其股,血流至足。"投斧:指文党投斧求学事。《北堂书钞》卷九七、《太平御览》卷六一一引《庐江七贤传》:"文党,字仲翁。未学之时,与人俱入山取木,谓侣人曰:'吾欲远学,先试投我斧高木上,斧当挂。'仰而投之,斧果上挂,因之长安受经。"

②照雪:《初学记》引《宋齐语》:"孙康家贫,常映雪读书,清淡,交游不杂。"《太平御览》卷十二亦引此文。聚萤:《晋书·车武子传》:"武子,南平人。博学多通。家贫,不常得油,夏月则练囊盛数十萤火以照书,以夜继日焉。"

③《汉书·兒宽传》:"带经而锄,休息,辄读诵。"又,汉末的常林也有带经而锄的事。

④《汉书·路温舒传》:"温舒,字长君,钜鹿东里人。父为里监门,使温舒牧羊,取泽中蒲,截以为牒,编用书写。"

⑤然:"燃"的本字。

⑥《尔雅·释诂》:"寮,寀,官也。"寮,同"僚"。寀,同"采"。

⑦《隋书·百官志》:"皇子府置中录事、中记室、中直兵等参军,功曹吏、录事、中兵等参军。王国置常侍官。"

⑧《隋书·百官志》:"特进、左右光禄大夫、金紫光禄大夫,并为散官,以加文武官之德声者。"

⑨扬都:指建业,即今江苏南京市。

⑩爨(cuàn 窜):烧火煮饭。

⑪客刺:名刺,名片。

【今译】

古代的勤学者,有用锥子刺大腿以防止瞌睡的苏秦;有投斧于高树、下决心到长安求学的文党;有映雪勤读的孙康;有用袋子收聚萤火虫用来照读的车武子;汉代的兒宽、常林耕种时也不忘带上经书;还有个路温舒,在放羊的时候就摘蒲草截成小简,用来写字。他们也都算是能勤奋学习的人。梁朝彭城的刘绮,是交州刺史刘勃的孙子,从小死了父亲,家境贫寒,无钱购买灯烛,就买来荻草,把它的茎折成尺把长,点燃后照明夜读。梁元帝在任会稽太守的时候,精心选拔官吏,刘绮以他的才华当上了太子府中的国常侍兼记室,很受尊重,最后官至金紫光禄大夫。义阳的朱詹,世居江陵,后来到了建业。他十分勤学,家中贫穷无钱,有时连续几天都不能生火煮饭,就经常吞食废纸充饥。天冷没有被盖,就抱着狗睡觉。狗也十分饥饿,就跑到外面去偷东西吃,朱詹大声呼唤也不见它归家,哀声惊动邻里。尽管如此,他还是没有荒废学业,终于成为学士,官至镇南录事参军,为元帝所尊重。朱詹之所为,是一般人所不能做到的,这也是一个勤学的典型。东莞人臧逢世,二十多岁的时候,想读班固的《汉书》,但苦于借来的书自己不能长久阅读,就向姐夫刘缓要来名片、书札的边幅纸头,亲手抄得一本。军府中的人都佩服他的志气,后来他终于以研究《汉书》出了名。

【原文】

齐有宦者内参田鹏鸾①,本蛮人也。年十四五,初为阉寺②,便知好学,怀袖握书,晓夕讽诵。所居卑末,使彼苦辛,时伺闲隙,周章询请③。每至文林馆④,气喘汗流,问书之外,不暇他语。及睹古人节义之事,未尝不感激沈吟久之。吾甚怜爱,倍加开奖。后被赏遇,赐名敬宣,位至侍中开府⑤。后主之奔青州,遣其西出,参伺动静,为周军所获。问齐主何在,绐云:"已去,计当出境。"疑其不信,欧捶服之,每折一支⑥,辞色愈厉,竟断四体而卒。蛮夷童卝,犹能以学成忠,齐之将相,比敬宣之奴不若也。

注释

①内参:宦官。《资治通鉴·陈纪》:"宣帝太建七年,帝自率内参拒斗。"
②阉寺:官名。阉人寺人之省称。《礼记·内则》:"深宫固门,阉寺守之。"
③周章:周游。
④文林馆:官署名。北齐置,掌著作及校理典籍,兼训生徒,置学士。
⑤侍中:职官名。见《后娶》篇"后汉书曰"段注。开府:开建府署,辟置僚属。因其仪仗同于三司(太尉、司徒、司空),称开府仪同三司。
⑥欧:通殴。支:通肢。

【今译】

　　北齐有位太监叫田鹏鸾,本是少数民族。年纪有十四五岁。起初当官禁的守门人时,就知道好学,身上带着书,早晚诵读。虽然他所处的地位十分低下,工作也很辛苦,但仍能经常利用空闲时间,四处拜师求教。每次到文林馆,气喘汗流,除了询问书中不懂的地方外,顾不得讲其他的话。每当他从书中看到古人讲气节、重义气的事,就十分激动,连声赞叹,心情久久不能平静。我很喜欢他,对他倍加开导勉励。后来他得到皇帝的赏识,赐名为敬宣,职位到了侍中开府。齐后主逃奔青州的时候,派他往西边去观看动静,被北周军队俘获。周军问他后主在何处? 田鹏鸾欺骗他们说:"已走了,恐怕已经出境了。"周军不信他的话,就殴打他,企图使他屈服;他的四肢每被打断一条,声音和神色就越是严厉,最后终于被打断四肢而死。一位少数民族的少年,尚且能够通过学习变得忠诚,北齐的将相们,比敬宣的奴仆都不如啊。

【原文】

　　邺平之后,见徙入关①。思鲁尝谓吾曰:"朝无禄位,家无积财,当肆筋力,以申供养。每被课笃②,勤劳经史,未知为子,可得安乎?"吾命之曰:"子当以养为心,父当以学为教③。使汝弃学徇财,丰吾衣食,食之安得甘? 衣之安得暖? 若务先王之道,绍家世之业,藜羹缊褐④,我自欲之。"

注释

①邺平二句:指北周军队攻占北齐都城邺城,灭北齐,北齐君臣被押送长安事,见《北齐书·后主纪》。
②笃:通"督"。察视。
③此句,宋本作"父当以教为事",原注:"'教'一本作'学','事'一本作'教'。"
④藜羹:用嫩藜煮成的羹,此指粗劣的食物。

【今译】

　　邺城被北周军队平定之后,我们被流放到关内。那时思鲁曾经对我说:"我们在朝廷没人当官,家里也没有积财,我应当尽力干活赚钱,以此尽供养之责。现在,我却常常被督促检查功课,致力于经史之学,您难道不知道我这做儿子的,能够在这种情况下安心学习吗?"我教诲他说:"当儿子的固然应当把供养之责放在心上,当父亲的却应当把子女的教育作为根本大事。如果让你放弃学业去赚取钱财,使我丰衣足食,那么,我吃起饭来怎么会感到香甜,穿起衣来怎么会感到温暖呢?如果你能够致力于先王之道,继承我们家世的基业,那么,我纵使吃粗茶淡饭,穿麻布衣衫,也心甘情愿"。

【原文】

　　《书》曰:"好问则裕①。"《礼》云:"独学而无友,则孤陋而寡闻②。"盖须切磋相起明也③。见有闭门读书,师心自是,稠人广坐,谬误差失者多矣。《谷梁传》称公子友与莒挐相搏,左右呼曰:"孟劳"④。"孟劳"者,鲁之宝刀名,亦见《广雅》⑤。近在齐时⑥,有姜仲岳谓:"'孟劳',公子左右,姓孟名劳,多力之人,为国所宝。"与吾苦诤。时清河郡守邢峙⑦,当世硕儒,助吾证之,赧然而伏。又《三辅决录》云⑧:"灵帝殿柱题曰:'堂堂乎张,京兆田郎。'"盖引《论语》,偶以四言,目京兆人田凤也⑨。有一才士,乃言:"时张京兆及田郎二人皆堂堂耳。"闻吾此说,初大惊骇,其后寻愧悔焉。江南有一权贵,读误本《蜀都赋》注⑩,解"蹲鸱,芋也",乃为"羊"字;人馈羊肉,答书云:"损惠蹲鸱⑪。"举朝惊骇,不解事义⑫,久后寻迹,方知如此。元氏之世⑬,在洛京时⑭,有一才学重臣,新得《史记音》⑮,而颇纰缪,误反"颛顼"字,顼当为许录反,错作许缘反⑯,遂谓朝士言:"从来谬音'专旭',当音'专翾'耳。"此人先有高名,翕然信行;期年之后,更有硕儒,苦相究讨,方知误焉。《汉书·王莽赞》云:"紫色蛙声,馀分闰位⑰。"谓以伪乱真耳。昔吾尝共人谈书,言乃王莽形状,有一俊士,自许史学⑱,名价甚高,乃云:"王莽非直鸱目虎吻⑲,亦紫色蛙声。"又《礼乐志》云:"给太官挏马酒。"李奇注:"以马乳为酒也,挏挏乃成。"二字并从手。挏挏,此谓撞捣挺挏之,今为酪酒亦然⑳。向学士又以为种桐时,太官酿马酒乃熟。其孤陋遂至于此。太山羊肃,亦称学问,读潘岳赋:"周文弱枝之枣㉑",为杖策之杖;《世本》㉒:"容成造歷㉓。"以歷为碓磨之磨。

注释

① 见《商书·仲虺之诰》。裕:充足。
② 见《礼记·学记》。
③ 起:启发、开导的意思。
④ 事在僖公元年。
⑤《广雅》:三国魏张揖撰。原三卷。其书体例,篇目依《尔雅》,博采汉代经书笺注及《三苍》《方言》《说文》等字书增广补充,故名《广雅》。为研究古汉语词汇和训诂的重要著作。
⑥ 颜氏此书,成于入隋之后。此言"近在齐时",说明此书在北齐时即已动笔。
⑦《北齐书·儒林传》:"邢峙,字士峻,河间鄚(mào)人。通《三礼》《左氏春秋》。皇建初,为清河太守,有惠政。"
⑧《隋书·经籍志》:"《三辅决录》七卷,汉太仆赵岐撰,挚虞注。"
⑨ 引语见《论语·子张》:"曾子曰:'堂堂乎张也,难与并为仁矣。'"原意是说子张(孔子学生)外表很有气派。汉灵帝引此语品评田凤。田凤,京兆人,时为尚书郎。
⑩ 南朝文学家左思写有《三都赋》,分《魏都赋》《吴都赋》《蜀都赋》。后两篇为刘逵注。
⑪ 损惠:谢人馈送礼物的敬辞。意谓对方降抑身份而加惠于己。
⑫ 事义:这里指以典故比喻事物的意义。
⑬ 元氏之世:指北魏。元氏为北魏皇帝之姓,孝文帝由拓拔氏改为元氏。
⑭ 洛京:即洛阳。北魏于孝文帝太和十八年自代迁都洛阳。
⑮《隋书·经籍志》:"《史记音》三卷,梁轻车都尉参军邹诞生撰。"
⑯ 误反三句:反,即反切,是我国给汉字注音的一种传统方法。用两个汉字来注另一个汉字的读音。两个字中,前者称反切上字,后者称反切下字。被切字的声母和清浊跟反切上字相同,被切者的韵母和字调跟反切下字相同。此句中"颛顼"的顼的字音为"许录反",亦即以许、录二字相切而成。颛顼(zhuān xū 专需):传说中古代部族首领,号高阳氏。
⑰ 王莽:字巨君。汉人。新王朝的建立者。紫色鼃(wā 蛙)声:颜师古《注》引应劭曰:"紫,间色;鼃,邪音也。"又注:"鼃者,乐之淫声,非正曲也。"馀分闰位:古人称非正统的帝位为闰位。颜师古《注》引服虔曰:"言莽不得正王之命,如岁月之馀分为闰也。"
⑱ 自许:自我称许。
⑲《汉书·王莽传》:"待诏曰:莽,所谓鸱目虎吻,豺狼之声者矣。"
⑳ 又《礼乐志》以下九句:颜氏释《礼乐志》"给太官挏(dòng)马酒"句,引李

奇注,以为挏作"揰挏"解,即上下捣击的意思。挏马酒即取马乳上下捣击而成酒。然宋人王观国《学林》卷七以为挏马乃官名,故释此句为:"(以此七十二人)拨隶太官,使之役以造酒,而供挏马之所用也。"王利器按语谓:"王说给太官义甚是,而谓'役之以造酒而供挏马之所用',又云:'挏马所用之酒'则非是。"今从王利器说。

㉑潘岳:西晋文学家。详《文章》篇"夫文章者"段注。弱枝之枣:枣名。《文选·潘岳〈闲居赋〉》:"周文弱枝之枣,房陵朱仲之李。"李周翰注:"周文王时,有弱枝枣树,味甚美。"

㉒世本:书名。战国时史官所撰,记黄帝讫春秋时诸侯大夫的氏族、世系、居(都邑)、作(制作)等。《汉书·艺文志》著录十五卷,原书已佚,清人雷学淇等有辑本。

㉓容成:黄帝之臣。歷:历的繁体字。

【今译】

《书经》上说:"喜欢提问则知识充足。"《礼经》上说:"独自学习而没有朋友共同商讨,就会孤陋寡闻。"看来,学习须要共同切磋,互相启发,这是很明白的了。我就见过不少闭门读书,自以为是,在大庭广众之中口出谬言的人。《谷梁传》叙述公子友与莒挐两人相搏斗,公子友左右的人呼叫"孟劳"。孟劳是鲁国宝刀的名称,这个解释也见于《广雅》。近时我在齐国,有位叫姜仲岳的说:"孟劳是公子友左右的人,姓孟,名劳,是位大力士,为鲁国人所爱重。"他和我苦苦争辩。当时清河郡守邢峙也在场,他是当今的大学者,帮助我证实了孟劳的真实涵义,姜仲岳才红着脸认输了。此外,《三辅决录》上说:"汉灵帝在宫殿柱子上题字:'堂堂乎张,京兆田郎。'"这是引用《论语》中的话,而对以四言句式,用来品评京兆人田凤。有一位才士,却解释成:"当时张京兆及田郎二人都是相貌堂堂的。"他听了我的上述解释后,开始非常惊骇,后来又对此感到惭愧懊悔。江南有一位权贵,读了误本《蜀都赋》的注解,"蹲鸱,芋也",芋字错作"羊"字。有人馈赠他羊肉,他就回信说:"谢谢您赐我蹲鸱。"满朝官员都感到惊骇,不了解他用的是什么典故,经过很长时间查到出典,才知道是这么回事。魏元氏在位的时候,有一位有才学而位居重要职务的大臣,他新近得到一本《史记音》,而内中错谬很多,给"颛顼"一词错误地注音,顼字应当注音为许录反,却错注为许缘反,这位大臣就对朝中官员们说:"过去一直把颛顼误读成

'专旭',应该读成'专翾'。"这位大臣名气早就很大,他的意见大家当然一致赞同并照办。直到一年后,又有大学者对这个词的发音苦苦地研究探讨,才知道谬误所在。《汉书·王莽赞》说:"紫色䵷声,馀分闰位。"是说王莽以假乱真。过去我曾经和别人谈论书籍,其中谈到王莽的模样,有一位聪明能干的人,自夸通晓史学,名誉身价很高,却说:"王莽不但长得鹰目虎嘴,而且有着紫色的皮肤,青蛙的嗓音。"此外,《礼乐志》上说:"给太官挏马酒。"李奇的注解是:"以马乳为酒也,挏挏乃成。"挏挏二字的偏旁都从手。所谓挏挏,这里是说把马奶上下捣击,现在做奶酒也是用这种方法。刚才提到的那位聪明人又认为李奇注解的意思是:要等种桐树之时,太官酿造的马酒才熟。他的学识浅陋竟到了这个地步。太山的羊肃,也称得上有学问的人,他读潘岳赋中"周文弱枝之枣"一句,把"枝"字读作杖策的杖字;他读《世本》中"容成造历"一句,把"歷"字认作碓磨的磨字。

【原文】

谈说制文,援引古昔,必须眼学,勿信耳受。江南闾里间①,士大夫或不学问,羞为鄙朴,道听途说,强事饰辞:呼徵质为周、郑②,谓霍乱为博陆③,上荆州必称陕西④,下扬都言去海郡,言食则餬口⑤,道钱则孔方⑥,问移则楚丘⑦,论婚则宴尔⑧,及王则无不仲宣⑨,语刘则无不公干⑩。凡有一二百件,传相祖述⑪,寻问莫知原由,施安时复失所⑫。庄生有乘时鹊起之说⑬,故谢朓诗曰:"鹊起登吴台⑭。"吾有一亲表,作《七夕》诗云:"今夜吴台鹊,亦共往填河⑮。"《罗浮山记》云:"望平地树如荠⑯。"故戴暠诗云:"长安树如荠⑰。"又邺下有一人《咏树》诗云:"遥望长安荠。"又尝见谓矜诞为夸毗⑱,呼高年为富有春秋⑲,皆耳学之过也。

注释

①闾里:乡里。《周礼·天官·小宰》:"听闾里以版图。"贾公彦疏:"在六乡则二十五家为闾,在六遂则二十五家为里。"

②《左传·隐公二年》:"周、郑交质。"质:典当,抵押;以财物或人作保证。

③霍乱:中医泛指有剧烈吐泻、腹痛等症状的急性肠胃疾患。又汉代大臣霍光封博陆侯,这大约是"谓霍乱为博陆"的一点因由。

④《南齐书·州郡志》:"江左大镇,莫过荆、扬。周世二伯总诸侯,周公主陕东,召公主陕西,故称荆州为陕西也。"此处陕西为古地名,指陕陌(今河南陕县西南)以西。

⑤《左传·隐公十一年》:"而使糊其口于四方。"《说文·食部》:"糊,寄食也。"饘(hú):"糊"的异体字。

⑥孔方:又作"孔方兄"。钱的别称,因旧时铜钱中有方孔。晋:鲁褒《钱神论》:"亲爱如兄,字曰孔方。失之则贫穷,得之则富强。"

⑦《左传·闵公二年》:"僖之元年,齐桓公迁邢于夷仪,封卫于楚丘。邢迁如归,卫国忘亡。"

⑧《诗·邶风·谷风》:"宴尔新婚,如兄如弟。"

⑨王粲为汉末著名文学家,建安七子之一,字仲宣。

⑩刘桢为汉末文学家,建安七子之一,字公干。

⑪祖述:效法、遵循前人的行为或学说。

⑫施安:《少仪外传》作"施行"。

⑬《太平御览》卷九百二十一引《庄子》云:"鹊上高城之垝,而巢于高榆之颠,城坏巢折,陵风而起。故君子之居世也,得时则蚁行,失时则鹊起也。"时:时机。

⑭《文选》载谢朓《和伏武昌登孙权故城诗》作"鹊起登吴山,凤翔陵楚甸。"与颜氏所引有异。吴骞《拜经楼诗话》以为颜氏所见乃原本耳。

⑮填河:也称"填桥"。民间传说,每年七月七夕牛郎、织女相会,群鹊衔接为桥以渡银河。

⑯《元和郡县志》卷三十四引〔晋〕袁彦伯《罗浮山记》曰:"罗浮山在博罗县西北。罗山之西有浮山,盖蓬莱之一阜,浮海而至,与罗山并体,故曰罗浮。荼,荼菜。《诗·邶风·谷风》:"谁谓荼苦,其甘如荠。"

⑰《乐府诗集》卷二七载戴暠《度关山诗》,首云:"昔听《陇头吟》,平居已流涕;今上关山望,长安树如荠。"

⑱夸毗:以谄谀、卑屈取媚于人。与"矜诞"义相反。

⑲春秋:指年数。富有春秋:指年纪小,春秋尚多,故称富。此与高年义正相反。

【今译】

　　谈话写文章,援引古代的事物,必须是用自己的眼睛去学来的,而不要相信耳朵所听来的。江南乡里间,有些士大夫不事学问,又羞于被视为鄙陋粗俗,就把一些道听途说的东西拿来装饰门面,以示高雅博学。比如:把徵质呼为周、郑,把霍乱叫做博陆,上荆州一定要说成上陕西,下扬都就说是去海郡,谈起吃饭就说是馎口,提到钱就称之为孔方,问起迁徙之处就讲成楚丘,谈论婚姻就说成晏尔,讲到姓王的人没有不称为仲宣的,谈起姓刘的人没有不呼作公干的。这类"典故"大约一二百个,士大夫们前后相承,一个跟着一个学。如果向他们问起这些"典故"的原由,没有一个回答得出来;用之于言谈文章,常常是不伦不类。庄子有乘时鹊起的说法,所以谢朓的诗中就说:"鹊起登吴台。"我有一位表亲,作的一首《七夕》诗又说:"今夜吴台鹊,亦共往填河。"《罗浮山记》上说:"望平地树如荠。"所以戴暠的诗就说:"长安树如荠。"而邺下有一个人的《咏树》诗又说:"遥望长安荠。"我还曾经见过有人把矜诞解释为夸毗,称高年为富有春秋,这些都是"耳学"造成的错误。

【原文】

夫文字者,坟籍根本。世之学徒,多不晓字:读《五经》者,是徐邈而非许慎①;习赋诵者,信褚诠而忽吕忱②;明《史记》者,专徐、邹而废篆籀③;学《汉书》者,悦应、苏而略《苍》《雅》④。不知书音是其枝叶,小学乃其宗系⑤。至见服虔、张揖音义则贵之⑥,得《通俗》《广雅》而不屑⑦。一手之中⑧,向背如此,况异代各人乎?

注释

①徐邈:晋东莞姑幕人。博涉多闻。四十四岁时始官中书舍人。撰《五经音训》,学者宗之。许慎:东汉经学家、文字学家。字叔重,汝南召陵人。博通经籍。著《说文解字》十四卷并叙目为十五卷,集古文经学训诂之大成,为后代研究文字及编辑字书最重要的根据。又著有《五经异义》十卷。

②褚诠:事迹不详。《隋书·经籍志》:"《百赋音》十卷,宋御史褚诠之撰。"疑褚诠即褚诠之,"之"字脱。吕忱:字伯雍,任城人。《隋书·经籍志》:"《字林》七卷,晋弦令吕忱撰。"

③徐:疑当为南朝宋中散大夫徐野民,其人撰有《史记音义》十二卷,见《隋书·经籍志》(赵曦明说)。邹:指邹诞生。南朝宋轻车都尉。著有《史记音》三卷。篆籀(zhòu 骤):均为古代书体,通行于战国秦时。篆指小篆;籀指大篆。此句所谓"废篆籀",是指学习者不能像许慎那样通过分析篆文字形探求字义。

④应:指应劭。苏:指苏林。《汉书·叙例》:"应劭,字仲瑗,汝南南顿人。后汉萧令、御史、营陵令、泰山太守。苏林,字孝友,陈留外黄人。魏给事中。黄初

中,迁博士,封安成亭侯。"《苍》:指"三苍",也作"三仓"。古人将汉初流传的字书《苍颉篇》及扬雄《训纂篇》、贾访《滂喜篇》共三篇字书合为一部,称"三仓"。《雅》:指《尔雅》,古代文字训诂之书。《汉书·艺文志》著录二十篇。今本三卷,十九篇。前三篇《释诂》《释言》《释训》解释语辞,后十六篇专门解释名物术语。

⑤小学:汉代称文字学为小学,因儿童入小学先学文字,故名。隋唐以后,范围扩大,成为文字学、训诂学、音韵学的总称。

⑥服虔:东汉经学家。初名重,又名祇,字子慎,河南荥阳人。曾任九江太守。信古文经学,撰有《春秋左氏传解谊》。东晋元帝时,服虔《左传》曾立博士。南北朝时,北方盛行服《注》。张揖:三国时魏国清河人。字稚让,曾官博士。所著《埤苍》《古今字诂》已佚,存者有《广雅》。

⑦《通俗》:即《通俗文》。服虔撰,一卷。训释经史用字。原书已失传。清任大椿等有辑本。《广雅》:训诂书。三国魏张揖撰。见本篇"书曰好问则裕"段注。

⑧一手:这里指出自一人的手笔。

【今译】

　　文字,这是书籍的根本。世上求学之人,很多都没有把字义弄通:通读《五经》的人,肯定徐邈而非难许慎;学习赋诵的人,信奉褚诠而忽略吕忱;崇尚《史记》的人,只对徐野民、邹诞生的《史记音义》这类书感兴趣,却废弃了对篆文字义的钻研;学习《汉书》的人,喜欢应邵、苏林的注解而忽略了《三苍》《尔雅》。他们不明白语音只是文字的枝叶,而字义才是文字的根本。以至有人见了服虔、张揖有关音义的书就十分重视,而得到同是这两人写的《通俗文》《广雅》却不屑一顾。对同出一人之手的著作,居然这样厚此薄彼,何况对不同时代不同人的著作呢?

【原文】

　　夫学者贵能博闻也。郡国山川①,官位姓族②,衣服饮食,器皿制度③,皆欲根寻,得其原本;至于文字,忽不经怀④,己身姓名,或多乖舛,纵得不误,亦未知所由。近世有人为子制名:兄弟皆山傍立字,而有名峙者⑤;兄弟皆手傍立字,而有名機者⑥;兄弟皆水傍立字,而有名凝者⑦。名儒硕学,此例甚多。若有知吾钟之不调⑧,一何可笑。

【注释】

①郡国:汉代区划分郡与国。郡直辖于朝廷,国分封于诸王侯。
②姓族:姓氏家族。
③制度:法令礼俗的总称。
④忽:轻视。经怀:留心。
⑤颜之推的时代,"峙"字的正规写法应作"峙",《说文》中亦有峙无峙,颜之推的意思是说从山的峙字不规范,不可以命名。(段玉裁说)。
⑥卢文弨曰:"兄弟皆手傍(本作'边')立字,而有名撽者','手'误作'木','撽'误作'檄',今并注一皆改正。"据此,则此句中"檄"当作"撽"按:《说文》中无"撽"字,故颜氏讥其不规范。
⑦"凝",宋本以下诸本俱如此作,独抱经堂本改作"凝"。段玉裁曰:"此亦颜时俗字。凝本从仌,俗本从水,故颜谓其不典,今本正文仍作正体,则又失颜意矣。"
⑧吾:沈揆谓疑当作"晋"。《淮南子·修务》:"昔晋平公令官为钟,钟成而示师旷,师旷曰:'钟音不调。'平公曰:'寡人以示工,工皆以为调;而以为不调,何也?'师旷曰:'使后无知音则已,若有知音者,必知钟之不调。'"此以乐工听不出钟音不协调,来讥讽"名儒硕学"们连上述名字中的不妥之处都看不出。

【今译】

求学的人都以博闻为贵。他们对于郡国山川、官位姓族、衣服饮食、器皿制度,都希望刨根问底,找出它的源头来;但对于文字,却漫不经心,自家的姓名,也往往出现谬误,即使不出错的,也不知道它的由来。近代有些人为孩子起名字:兄弟几个的名字都用山作偏旁,内中就有取名为峙的;兄弟几个的名字都用手作偏旁,内中就有取名为撽的;兄弟几个的名字都用水作偏旁,内中就有取名为凝的。在那些知名的大学者中,这类例子很多。如果他们明白这与晋平公的乐工听不出钟的乐音不协调是一回事的话,就会感到这是多么可笑。

【原文】

吾尝从齐主幸并州①,自井陉关入上艾县②,东数十里,有猎闾村。后百官受马粮在晋阳东百余里亢仇城侧。并不识二所本是何地,博求古今,皆未能晓。及检《字林》《韵集》③,乃知猎闾是旧䜲馀聚④,亢仇旧是䜭𠤏亭⑤,悉属上艾。时太原王劭欲撰乡邑记注⑥,因此二名闻之,大喜。

【注释】

①齐主：指北齐文宣帝高阳。并州：古州名，治所在晋阳（今山西太原市）。《隋书·地理志》："太原郡，后齐并州。"幸：帝王驾临。

②井陉：即井陉山，为太行八陉之一。上艾县：属并州。

③《字林》：字书。晋·吕忱撰。已佚。《韵集》：韵书。晋·吕静撰。已佚。

④䜲(liè 猎)馀聚：村落名。在今山西省平定县境内。《说文》："邑落曰聚。"

⑤馒(mǎn 满)头亭：古亭名。在今山西省平定县境内。《广韵·桓韵》："馒，馒头，亭名。在上艾。"

⑥王劭：字君懋，南朝齐太原晋阳人。曾任中书舍人等职。以博物为时人所称许。

【今译】

我曾经跟从北齐文宣帝到并州去，从井陉关进入上艾县，从那里往东几十里，有一个猎间村。后来，百官又在晋阳以东百余里的亢仇城旁接受马粮。大家都不知道上述两个地方原本是哪里，博求古今书籍，都没有弄明白。直到我翻检《字林》《韵集》这两本书，才知道猎间就是过去的䜲馀聚，亢仇就是馒头亭，它们都属于上艾县。当时太原的王劭想撰写乡邑记注，我把这两个旧地名说给他听，他非常高兴。

【原文】

吾初读《庄子》"䖳二首"①，《韩非子》曰②："虫有䖳者，一身两口，争令相龁，遂相杀也③"，茫然不识此字何音④，逢人辄问，了无解者。案：《尔雅》诸书，蚕蛹名䖳，又非二首两口贪害之物。后见《古今字诂》⑤，此亦古之虺字，积年凝滞，豁然雾解。

【注释】

①䖳(guī)：传说中一身两口的怪物。《一切经音义》四六引《庄子》，作"虺二首"，䖳，虺(huī)古今字。

②《韩非子》：书名。为战国哲学家韩非死后，后人搜集其遗著，并加入他人论述韩非学说的文章编成。

③此段引文见《韩非子·说林》下篇。龁(hé 核)：咬。

④音：(通"意"yì)。意思。《管子·内业》："不可呼以声，而可迎以音。"王念孙杂志："音，即意字也。言不可呼之以声，而但可迎之以意也。"

⑤《古今字诂》:《隋书·经籍志》:"《古今字诂》三卷,张揖撰。"

【今译】

　　我开始读到《庄子》中"蝝二首"这一句时,发现《韩非子》上面说:"动物中有叫蝝的,一个身体两张口,为了争夺食物而互相咬龁,终于导致互相残杀。"我茫茫然不知道这个"蝝"字是什么意思,碰到人就问,却没有一个答得上的。案:《尔雅》等书上说,蚕蛹名蝝,但蚕蛹又不是那种有两个头两张口贪婪有害的动物。后来见了《古今字诂》,才知道这也就是古代的"虺"字,我多年来积滞在胸中的难题,一下子像大雾一样散开了。

【原文】

　　尝游赵州①,见柏人城北有一小水②,土人亦不知名。后读城西门徐整碑云③:"洎流东指。"众皆不识。吾案《说文》④,此字古魄字也,洎,浅水貌⑤。此水汉来本无名矣,直以浅貌目之,或当即以洎为名乎?

注释

　　①颜之推于河清(北齐武成帝高湛年号)末被举为赵州功曹参军。游赵州当在此时。(见附录《颜之推传》。)赵州:州名。治所在广阿(今河北隆尧东旧城)。
　　②柏人:古县名。治所在今河北隆尧西。
　　③徐整:字文操,豫章人,仕吴为太常卿。
　　④《说文》:即《说文解字》,为我国第一部系统的分析字形和考究字原的字书。东汉许慎撰。
　　⑤段玉裁曰:"'洎,古魄字',此语不见于《说文》,今本但云:'洎,浅水也。'以颜语订之,《说文》有脱误,当云:'洎,浅水貌,从水曰声;洎,古文洎字也,从水百声。'颜书'魄'字亦误,当作'洎'。"

【今译】

　　我曾经宦游赵州,看见柏人城北面有一条小河,当地人也不知道它的名字。后来我读了城西门徐整写的碑文,上面说:"洎流东指。"大家都不知道它的意思。我查阅了《说文》,这个"洎"字就是古"魄"字,洎,水浅的意思。这条河从汉代以来就没有名字,只是把它当作一条浅浅的河流看待,或许应当就用这个"洎"字给它命名吧?

【原文】

世中书翰①,多称勿勿,相承如此,不知所由,或有妄言此忽忽之残缺耳。案②:《说文》:"勿者,州里所建之旗也,象其柄及三斿之形,所以趣民事。故悤遽者称为勿勿③。"

【注释】

①书翰:书信。翰,羽毛之长者。古以羽翰为笔,故称毛笔曰翰,泛称笔写的书面文字为书翰。

②案:同"按"。

③《说文解字》此段文字作:"勿,(按:篆文作𣃦),州里所建旗,象其柄有三游,杂帛幅半异,所以趣民,故冗遽称勿勿。"州里:古代二千五百家为州,二十五家为里。此处泛指乡里。斿(liú 刘):古代旌旗末端直幅、飘带之类的下垂饰物。《玉篇·㫃部》:"斿,旌旗之末垂者。或作游。"趣(cù 促):催,催促。悤(chōng 匆):急遽,急速。

【今译】

世上的书信,内中多有"勿勿"这个词语,历来相承如此,不知道它的根由,有人乱下结论说这就是"忽忽"的残缺。按:《说文》上说:"勿,是乡里所树立的旗帜,这个字像旗杆和旗帜末端三条飘带的形状,是用来催促民事的。所以就把匆忙急迫称为勿勿"。

【原文】

吾在益州①,与数人同坐,初晴日晃,见地上小光,问左右:"此是何物?"有一蜀竖就视,答云:"是豆逼耳②。"相顾愕然,不知所谓。命取将来③,乃小豆也。穷访蜀士,呼粒为逼,时莫之解。吾云:"《三苍》④《说文》,此字白下为匕,皆训粒⑤,《通俗文》音方力反⑥。"众皆欢悟。

【注释】

①益州:州名。《通典》:"益州,理成都、蜀二县。"

②《说文系传》十"皀"下引作"蜀竖谓豆粒为豆皀"。"皀"、"逼"同音。

③将:助词,无义。

④《三苍》:见本篇"夫文字者"段注。

⑤《说文解字》:"皀,谷之馨香也,象嘉谷在裹中之形,匕所以扱之。或说,一粒也。"

⑥《通俗文》:见本篇"夫文字者"段注。

【今译】

我在益州的时候,与几个人在一起闲坐,天刚放晴,阳光很明亮,我看见地上有些小的光亮点,就问左右的人:"这是什么东西?"有一蜀地的童仆靠近看了看,回答道:"是豆逼。"大家听了惊讶地互相看着,不知他说的什么,我叫他拿过来,原来是小豆。我曾经一一询问过蜀地的人,都把"粒"叫做"逼",当时没有谁能解释这中间的道理。我就说:"《三苍》《说文》中,这个字就是'白'下加'匕',都解释为粒,《通俗文》注音作方力反。"大家高兴地领悟了。

【原文】

愍楚友婿窦如同从河州来①,得一青鸟,驯养爱玩,举俗呼之为䲴②。吾曰:"䲴出上党③,数曾见之,色并黄黑,无驳杂也。故陈思王《䲴赋》云④:'扬玄黄之劲羽。'"试检《说文》:"鸐雀似䲴而青⑤,出羌中。"《韵集》音介⑥。此疑顿释。

注释

①友婿:同门女婿相称。今称连襟。河州:州名。《通典》:"河州,古西羌地,秦、汉、蜀陇西郡,前秦苻坚置河州,后魏亦为河州。"

②䲴(hé禾):鸟名。又名䲴鸡。《本草纲目·禽部·䲴鸡》:"䲴状类鸡而大,黄黑色,首有毛角如冠;性爱侪党,有被侵者,直往赴斗,虽死犹不置。"俗:指普通人。

③上党:郡名。战国时韩置。北魏时治所在壶关(今山西省长治县东南)。

④陈思王:即曹植,见《风操》篇"昔侯霸"段注。

⑤鸐:鸟名。《说文·鸟部》:"鸐,鸟似䲴而青,出羌中。"

⑥《韵集》:韵书。晋吕静撰。已亡佚。

【今译】

愍楚的连襟窦如同从河州来,他在那边得到一只青色的鸟,把它驯养起来,喜爱地玩赏,所有的人都称这只鸟为䲴。我说:"䲴出在上党,我曾经多次见过,它的羽毛的颜色全都是黄黑色,没有杂乱的颜色。所以曹植的《鹖赋》说:"鹖举起它那黄黑色的有力的翅膀。"我试着翻检《说文》,上面说:"鸰雀像鹖而毛色是青的,出产在羌中。"《韵集》的注音为"介"。这个疑问顿时就消除了。

【原文】

梁世有蔡朗者讳纯,既不涉学,遂呼莼为露葵①。面墙之徒②,递相仿效。承圣中③,遣一士大夫聘齐④,齐主客郎李恕问梁使曰⑤:"江南有露葵否?"答曰:"露葵是莼,水乡所出。卿今食者绿葵菜耳⑥。"李亦学问,但不测彼之深浅,乍闻无以核究。

注释

①莼(chún 纯):莼菜,亦作"蓴菜",又名"水葵"。水生植物。春、夏季嫩叶可作蔬菜。露葵:即冬葵。八九月种植,可食。《本草纲目》十六《草》五《葵》:"古人采葵必待露解,故曰露葵。今人呼为滑菜。"

②面墙:比喻不学,如面向墙而一无所见。

③承圣:梁元帝年号。

④齐:指北齐。

⑤主客郎:职官名。属祠部尚书所统。李恕:李慈铭曰:"李恕之'恕'当作'庶'。李庶为李阶子,《北史》附《李崇传》。"

⑥绿葵菜:即注②之冬葵。潘岳《闲居赋》:"绿葵含露。"

【今译】

梁朝有位叫蔡郎的忌讳"纯"字,他既然不事学习,就把莼菜叫做露葵。那些不学无术之徒,也就一个跟着一个仿效。承圣年间,朝廷派一位士大夫出使齐国,齐国的主客郎李恕在席间问这位梁朝的使者说:"江南有露葵吗?"使者回答说:"露葵就是莼菜,那是水泊中出产的。您今天吃的是绿葵菜。"李恕也是有学问的人,只是还不了解对方的深浅,猛一听见这话也无法去核实推究。

【原文】

思鲁等姨夫彭城刘灵,尝与吾坐,诸子侍焉。吾问儒行、敏行曰①:

"凡字与咨议名同音者②,其数多少,能尽识乎?"答曰:"未之究也,请导示之。"吾曰:"凡如此例,不预研检,忽见不识,误以问人,反为无赖所欺,不容易也③。"因为说之,得五十许字。诸刘叹曰④:"不意乃尔!"若遂不知,亦为异事。

【注释】

①儒行、敏行:二人均为刘灵子,亦即之推侄。

②咨议:即咨议参军。《隋书·百官志》:"皇弟、皇子府置咨议参军。"此代指刘灵,因之推不便在刘灵诸子面前直呼其名,故举其官号。

③容易:这里是不在乎的意思。

④诸刘:指刘灵的儿子们。

【今译】

思鲁等人的姨夫彭城的刘灵,曾经与我同坐闲谈,他的几个孩子在旁边陪侍。我问儒行、敏行说:"凡与你们父亲名字同音的字,它的数目是多少,你们都能认识吗?"他们回答说"没有探究过这个问题,请您指导提示一下。"我说:"凡是像这一类的字,如果平时不预先研究翻检,忽然见到又不认识,拿去问错了人,反而会被无赖所欺骗,不能满不在乎啊。"于是我就给他们解说这个问题,一共说出了五十多个字。刘灵的几个孩子感叹道:"想不到有这样多!"如果他们竟然一点不了解,那也确实是怪事。

【原文】

校定书籍,亦何容易,自扬雄、刘向①,方称此职耳。观天下书未遍,不得妄下雌黄②。或彼以为非,此以为是;或本同末异;或两文皆欠,不可偏信一隅也。

【注释】

①扬雄:西汉文学家、哲学家、语言学家。字子云,蜀郡成都(今属四川)人。王莽时曾校书天禄阁上。刘向:西汉经学家、目录学家、文学家。字子政,沛(江苏沛县)人。曾校阅群书,撰成别录,为我国目录学之祖。

②雌黄:矿物名。橙黄色,可制颜料。古人以黄纸书字,有误,则以雌黄涂之。因称改易文字为雌黄。

【今译】

考核订正书籍,是很不容易的,从扬雄、刘向开始,他们才算是胜任这个工作了。天下的书籍没有看遍,就不能任意改动书籍上的文字。书籍上的文字,有时那个本子认为是错误的,这个本子又认为是正确的;有时,开头的本子是相同的,后来的本子却出现分歧;有时,两个本子的同一处文字都不妥当;所以不可以偏信一个方面。

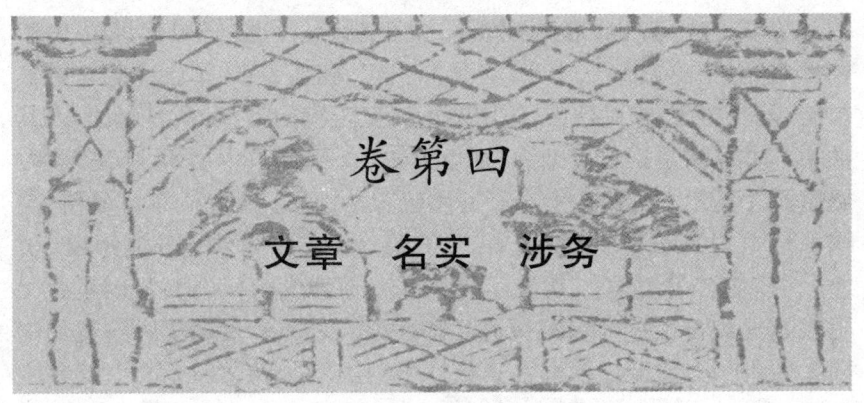

卷第四

文章 名实 涉务

文章第九

【题解】

　　本篇谈文章问题。我国古代文人历来重视写文章,但作者更重视的是文人的德行,故他历数各朝著名文人的毛病,批评他们"多陷轻薄","忽于持操,果于进取",告诫儿孙对文章之祸要"深宜防虑"。作者认为"文章原出五经",故比较看重文章"敷显仁义,发明功德,牧民建国"这些方面的作用,而把"陶冶性灵,从容讽谏"这类以缘情为特征的文学作品放在次要地位,取"行有余力,则可为之"的态度。作者又认为:"文章当以理致为心肾,气调为筋骨,事义为皮肤,华丽为冠冕。"反对"趋末弃本","辞胜而理伏",可见他是把思想性放在首位的。但他也并不忽视辞采的作用,认为古人文章的体度风格胜过今人,而今人文章的声律辞采则胜过古人,"宜以古之制裁为本,今之辞调为末,并须两存,不可偏废"。作者很以父辈文章"典正""无郑卫之音"自豪,而对当时"浮艳"的文风深致不满。他主张文章当从"三易",即易见事、易识字、易读诵;主张"用事不使人觉,若胸臆语",反对"穿凿补缀"、"事繁而才损";他十分赞赏萧悫"芙蓉露下落,杨柳月中疏"的诗句,爱其萧散,宛然在目,这已经有些开唐诗的风气了。

【原文】

　　夫文章者,原出《五经》①:诏命策檄②,生于《书》者也;序述论议③,生于《易》者也;歌咏赋颂④,生于《诗》者也;祭祀哀诔⑤,生于《礼》者也;书奏箴铭⑥,生于《春秋》者也。朝廷宪章,军旅誓诰⑦,敷显仁义,发明功德,牧民建国,施用多途。至于陶冶性灵,从容讽谏,入其滋味⑧,亦乐事也。行有余力,则可习之⑨。然而自古文人,多陷轻薄:屈原露才扬己,显暴君过⑩;宋玉体貌容冶,见遇俳优⑪;东方曼倩,滑稽不雅⑫;司马长卿,窃赀无操⑬;王褒过章《僮约》⑭;扬雄德败《美新》⑮;李陵降辱夷虏⑯;刘歆反覆莽世⑰;傅毅党附权门⑱;班固盗窃父史⑲;赵元叔抗竦过度⑳;冯敬通浮华摈压㉑;马季长佞媚获诮㉒;蔡伯喈同恶受诛㉓;吴质诋忤乡里㉔;曹植悖慢犯法㉕;杜笃乞假无厌㉖;路粹隘狭已甚㉗;陈琳实号粗疏㉘;繁钦性无检格㉙;刘桢屈强输作㉚;王粲率躁见嫌㉛;孔融、祢衡,诞傲致殒㉜;杨修、丁廙,扇动取毙㉝;阮籍无礼败俗㉞;嵇康凌物凶终㉟;傅玄忿斗免官㊱;孙楚矜夸凌上㊲;陆机犯顺履险㊳;潘岳干没取危㊴;颜延年负气摧黜㊵;谢灵运空疏乱纪㊶;王元长凶贼自诒㊷;谢玄晖侮慢见及㊸。凡此诸人,皆其翘秀者,不能悉记,大较如此。至于帝王,亦或未免。自昔天子而有才华者,唯汉武、魏太祖、文帝、明帝、宋孝武帝㊹,皆负世议,非懿德之君也。自子游、子夏、荀况、孟轲、枚乘、贾谊、苏武、张衡、左思之俦㊺,有盛名而免过患者,时复闻之,但其损败居多耳。每尝思之,原其所积,文章之体,标举兴会,发引性灵,使人矜伐,故忽于持操,果于进取。今世文士,此患弥切,一事惬当,一句清巧,神厉九霄,志凌千载,自吟自赏,不觉更有傍人。加以砂砾所伤㊻,惨于矛戟,讽刺之祸,速乎风尘㊼,深宜防虑,以保元吉㊽。

注释

①梁刘勰《文心雕龙·宗经》:"故论说辞序,则《易》统其首,诏策章奏,则《书》发其源;赋颂歌赞,则《诗》立其本;铭诔箴祝,则《礼》总其端;记传盟檄,则《春秋》为根。"与颜氏此说同。

②命:古代政府的一种公文。《文心雕龙·诏策》:"命者,使也。秦并天下,改命曰制。汉初定仪则,则命有四品:一曰策书,二曰制书,三曰诏书,四曰戒敕。敕戒州部,诏诰百官,制施赦命,策封王侯。"又,诏、策、檄均指官方文书。诏在秦汉以后专指帝王的文告;策用于封官授爵;檄多用于征召、晓喻、声讨。

③序述论议:均为古代文体名。序,指书籍或文章的序言。述,指记述人物生平事迹的文字。明徐师曾《文体明辨·述》:"述,撰也,纂撰其人之言行以俟考也。"论、议:均指古代的议论文而言。

④歌咏赋颂:均为古代诗体或韵文体名。唐·元稹《乐府古题序》:"《诗》讫于周,《离骚》讫于楚。是后,诗之流为二十四名:赋、颂、铭、赞、文、诔、箴、诗、行、咏、吟、题、怨、叹、章、篇、操、引、谣、讴、歌、曲、词、调,皆诗人六义之余,而作者之旨。"

⑤祭祀哀诔:均为古代哀祭类文体名。祭,祭文。祀,郊庙祭祀乐歌。哀:哀辞,用于追悼死者。《文心雕龙·哀吊》:"原夫哀辞大体,情主于痛伤,而辞穷乎爱惜。……必使情往会悲,文来引泣,乃其贵耳。"诔,亦为哀悼死者之文。《文心雕龙·诔碑》:"诔者,累也,累其德行,旌之不朽也。"

⑥书、奏:指书简、奏章等。《文心雕龙·书记》:"书者,舒也,舒布其言,陈之简牍,取象于《夬》,贵在明决而已。"又《奏启》:"奏者,进也,言敷于下,情进于上也。"铭、箴:均为古文体名。《文心雕龙·铭箴》:"铭者,名也,观器必也正名,审用贵乎盛德。""箴者,针也,所以攻疾防患,喻针石也。"

⑦誓:告诫将士或互相约束的言辞。《礼记·曲礼》下:"约信曰誓。"诰:指告诫之文。《尚书·甘誓》《正义》:"马融云:'军旅曰誓,会同曰诰。'诰、誓俱是号令之辞,意小异耳。"

⑧滋味:味道。这里指对文章魅力的感受。

⑨《论语·学而》:"弟子入则孝,出则弟,谨而信,泛爱众,而亲仁。行有余力,则以学文。"此两句本此。

⑩此二句本于班固《离骚序》:"今若屈原,露才扬己,竞乎危国群小之间,以离谗贼。然责数怀王,怨恶椒、兰,愁神苦思,强非其人,忿怼不容,沉江而死,亦贬絜狂狷景行之士。"从王逸《楚辞章句》开始,后人对班固的此段评语多有抨击。屈原,战国时楚国贵族,文学家,传见《史记》。

⑪宋玉:战国时楚人,辞赋家。有《九辩》等作品传世。其《讽赋序》云:"玉为人身体容冶。"即此二句所本。俳优:古代以乐舞谐戏为业的艺人。

⑫东方曼倩:即东方朔。西汉文学家。平原厌次(今山东惠民)人,字曼倩。武帝时,为太中大夫,性诙谐滑稽。善词赋。传见《汉书》。

⑬司马长卿:即司马相如,西汉辞赋家,字长卿,蜀郡成都(今属四川)人。《汉书·司马相如传》:"时王孙有女文君新寡,好音,故相如缪与令相重,而以琴心挑之。文君窃从户窥,心悦而好之,恐不得当也。既罢,相如乃令侍人重赐文君侍者,通殷勤。文君夜奔相如。相如与驰归成都,家徒四壁立。后俱之临邛,卖酒。卓王孙不得已,分与财物,乃归成都,买田宅,为富人。"赀:通"资"。财货。

⑭王褒:西汉辞赋家。字子渊,蜀资中人。宣帝时为谏议大夫,以辞赋著称。王褒著有《僮约》一文,文中自言到寡妇杨惠屋中去过,这在封建社会被视作非礼之举,故颜氏谓之"过章《僮约》"。过:过失,指到寡妇屋中一事。章:显露。

⑮扬雄:一作杨雄。西汉文学家、哲学家、语言学家。字子云,蜀郡成都人。

成帝时为给事黄门郎。王莽时，校书天禄阁，官为大夫。《美新》：即《剧秦美新》，扬雄所作，文中有对王莽新朝歌功颂德的内容。

⑯李陵：西汉陇西成纪（今甘肃秦安）人，字少卿。汉名将李广之孙。善骑射。武帝时，为骑都尉，率兵出击匈奴贵族，战败投降。后病死匈奴。事见《史记·李将军传》。世传《李陵答苏武书》，乃后人伪作。

⑰刘歆：西汉末年古文经学派的开创者、目录学家、天文学家。字子骏，后改名秀，字颖叔。刘向之子。沛（今江苏沛县）人。王莽执政，立古文经博士，刘歆任"国师"。后谋诛王莽，事泄自杀。事见《汉书·楚元王传》。

⑱傅毅：东汉文学家。字武仲，扶风茂陵（今陕西兴平东北）人。章帝时为兰台令史，和班固等同校内府藏书。他曾依附大将军窦宪为司马。事见《后汉书·文苑传》。权门：指窦宪。

⑲班固：东汉史学家、文学家。字孟坚，扶风安陵（今陕西咸阳东北）人。他继续完成其父班彪所著《史记后传》，被人告发私改国史，下狱。其弟班超上书力辩，得释。后奉诏完成其父所著书，历二十余年，修成《汉书》，文辞渊雅，叙事详赡。继司马迁之后，整齐了纪传体史书的形式，并开创了"包举一代"的断代史体例。书未成而卒，由其妹班昭及马续奉汉和帝命续修完成。颜氏此句谓班固盗窃父史，乃六朝人之偏见，前人多有辨其诬者。

⑳赵元叔：即赵壹，东汉辞赋家。字元叔，汉阳西县（今甘肃天水南）人。《后汉书·文苑传》谓赵壹"恃才倨傲，为乡党所指，屡抵罪，有人救，得免。作《穷鸟赋》，又作《刺世疾邪赋》，以纾其怨愤。举郡计吏，见司徒袁逢，长揖而已。"抗竦：高傲，倨傲。

㉑冯敬通：即冯衍，东汉辞赋家。字敬通，京兆杜陵（今陕西西安东南）人。《后汉书·冯衍传》谓冯衍"为曲阳令，诛斩剧贼，当封，以逸毁，故赏不行。建武末，上疏自陈，犹以前过不用，显宗即位，人多短衍以文过其实，遂废于家。"摈压：摈弃，压抑。

㉒马季长：即马融，东汉经学家、文学家，字季长。右扶风茂陵（今陕西兴平东北）人。《后汉书·马融传》谓马融"才高博洽，为世通儒。惩于邓氏，不敢违忤势家，遂为梁冀草奏李固，又作《大将军西第颂》，以此颇为正直所羞。"

㉓蔡伯喈：即蔡邕，东汉文学家、书法家。见《风操》篇"昔司马长卿"段注。《后汉书·蔡邕传》："邕字伯喈，陈留圉人。董卓为司徒，举高第，三日之间，周历三台。及卓被诛，邕在司徒王允坐，殊不意，言之而叹，有动于色。允勃然叱之，收付廷尉治罪，死狱中。"

㉔吴质：三国魏文学家，字季重，济阴（郡治今山东定陶西北）人。建安中为朝歌长，迁元城令，以文才受知于曹丕。入魏，官振威将军，假节都督河北诸军事，入为侍中，封列侯。《三国志·魏志·王粲传》。注引《吴质别传》谓其"怙威肆

行,谥曰丑侯。"

㉕曹植:见《风操》篇"昔侯霸"段注。《三国志·魏志·陈思王植传》云:"(曹植)善属文,太祖特见宠爱,几为太子者数矣。文帝即位,植与诸侯并就国。黄初二年,监国谒者灌均希旨,奏植醉酒悖慢,劫胁使者。有司请治罪。帝以太后故,贬爵安乡侯。"

㉖杜笃:字季雅,京兆杜陵(今陕西西安东南)人。《后汉书·文苑传》谓其"博学不修小节,不为乡人所礼。居美阳,与令游,数从请托,不谐,颇相恨。令怨,收笃送京师。"

㉗路粹:后汉陈留(今河南开封东南)人。字文蔚,少学于蔡邕。建安初拜尚书郎。后为军谋祭酒。典记室。孔融有过,曹操使粹为奏,承指数致孔融罪。融诛,人莫不畏其笔。转秘书令。坐违禁诛。

㉘陈琳:汉末文学家。字孔璋,广陵(今江苏扬州)人。"建安七子"之一。

㉙繁(pó 皤)钦:汉末文学家。字休伯,颍川(今河南禹县)人。以上二句本韦仲将语:"休伯都无检格","孔璋实自粗疏"。见《三国志·魏书·王粲传》注引。检格:检正约束。

㉚刘桢:东汉末文学家。字公干,东平(今属山东)人。为"建安七子"之一。《三国志·魏志·王粲传》裴松之注引《典略》云:"太子(曹丕)命夫人甄氏出拜,坐中众人咸伏,而桢独平视。太祖(曹操)闻之,乃收桢,减死输作。"

㉛王粲:汉末文学家。字仲宣,山阳高平(今山东邹县)人。为"建安七子"之一,与曹植并称为"曹王"。《文心雕龙·程器》:"仲宣轻脆以躁竞。"

㉜孔融:汉末文学家,字文举,鲁国(治今山东曲阜)人。曾任北海相,时称孔北海。又任少府、大中大夫等职。为人恃才负气。因触怒曹操被杀。曹丕在《典论·论文》中,曾把他与王粲等六个文学家相提并论,故被列为"建安七子"之一。祢衡:汉末文学家。字正平,平原般(今山东临邑东北)人。少有才辩,长于笔札。性刚傲物。因触怒江夏太守黄祖被杀。

㉝杨修:汉末文学家。字德祖。弘农华阴(今属陕西)人。累世为汉大官。好学能文,才思敏捷,任丞相曹操主簿。积极为曹植谋画,欲使曹植取得太子地位。后曹植失宠于曹操,曹操因杨修有智谋,又是袁术之甥,虑有后患,遂借故杀之。丁廙:三国魏人。字敬礼。少有才姿,博学洽闻,汉建安中为黄门侍郎,与曹植友善。曹操谓欲立曹植为嗣,丁廙力赞其说。及文帝继位,丁廙与其兄丁仪皆被杀。

㉞阮籍:三国魏文学家、思想家。字嗣宗,陈留尉氏(今属河南)人。曾为步兵校尉,世称阮步兵。与嵇康齐名,为"竹林七贤"之一。其人蔑视礼教,尝以"白眼"看待"礼俗之士"。又常醉酒佯狂,以此自保。

㉟嵇康:三国魏文学家、思想家。字叔夜,谯郡铚(今安徽宿县西南)人。与

魏室通婚,官中散大夫,世称嵇中散。崇尚老、庄,讲求养生服食之道。为"竹林七贤"之一。因声言"非汤武而薄周孔",且不满当时掌握政权的司马氏集团,遭钟会构陷,为司马昭所杀。

㊱傅玄:西晋哲学家,文学家。字休奕,北地泥阳(今陕西耀县东南)人。曾任司隶校尉、散骑常侍。《晋书·傅玄传》:"武帝受禅,广纳直言,玄及散骑常侍皇甫陶共掌谏职,俄迁侍中。初玄进陶,及陶入而抵玄以事,玄与陶争言喧哗,为有司所奏,二人竟坐免官。"

㊲孙楚:西晋文学家。字子荆,太原中都(今属山西)人。官至冯翊太守。《晋书·孙楚传》:"(孙楚)才藻卓绝,爽迈不群,多所陵傲,缺乡曲之誉。年四十余,始参镇东军事,后迁佐著作郎,复参石苞骠骑将军事。楚既负其才气,颇侮易于苞,至则长揖曰:'天子命我参卿军事'。因此而嫌隙遂构。"

㊳陆机:西晋文学家。字子衡,吴郡吴县华亭(今上海市松江)人。太康末,与弟陆云同至洛阳,文才倾动一时,时称"二陆",曾官平原内史,世称陆平原。《晋书·陆机传》:"时成都王颖推功不居,劳谦下士,机遂委身焉。太安初,颖与河间王颙起兵讨长沙王乂(yì),假机后将军河北大都督,战于鹿苑,机军大败。宦人孟玖,谮其有异志;颖大怒,使牵秀密收机,遂遇害于军中。"犯顺:违背情理,违反正道。

㊴潘岳:西晋文学家。字安仁,荥阳中牟(今属河南)人。曾任河阳令著作郎等职。长于诗赋,与陆机齐名。《晋书·潘岳传》:"(潘岳)性轻躁,趋世利。其母数诮之曰:'尔当知足,而干没不已乎!'岳终不能改。初,父为琅邪内史,孙秀为小史给岳,岳恶其为人,数挞辱之。赵王伦辅政,秀为中书令,遂诬岳及石崇等谋奉淮南王允、齐王冏为乱,诛之,夷三族,无长幼一时被害。"干没:徼幸取利。

㊵颜延年:即颜延之,南朝宋诗人。字延年,琅邪临沂(今属山东)人。官至金紫光禄大夫。与谢灵运齐名,世称"颜谢"。《南史·颜延之传》:"延之……读书无所不览,文章冠绝当时,疏诞不能取容。刘湛军恨之,言于义康,出为永嘉太守。延年怨愤,作《五君咏》,湛以其词旨不逊,欲黜为远郡,文帝诏曰:'宜令思愆里间,纵复不悛,当驱往东土,乃至难恕,自可随事录之。'于是屏居,不与人间事者七年。"

㊶谢灵运:南朝宋诗人。陈郡阳夏(今河南太康)人,谢玄之孙。晋时袭封康乐公,故称谢康乐。入宋,曾任永嘉太守、侍中、临川内史等职。后被杀。《南史·谢灵运传》谓其"多愆礼度,……自以名辈,应时参政,多称疾不朝,出郭游行,经旬不归。"

㊷王元长:即王融,南朝齐文学家。字元长,琅邪临沂(今属山东)人。《南史·王弘传》:"(王融)文词捷速,竟陵王子良特相友好。武帝疾笃暂绝,融戎服绛衫,于中书省阁口断东宫仗不得进,欲矫诏立子良。上重苏,朝事委西昌侯鸾,

俄而帝崩。融乃处分，以子良兵禁诸门，西昌侯闻，急驰到云龙门，不得进，乃排而入，奉太孙登殿，扶出子良。郁林深怨融，即位十余日收下廷尉狱，赐死。”

㊸谢玄晖：即谢朓，南朝齐诗人。字玄晖，陈郡阳夏（今河南太康）人。曾任宣城太守，尚书吏部郎等职。据《南史》本传载：“朓尝轻（江）祏为人。祏尝诣朓，朓因言有一诗，呼左右取，既而便停。朓问其故，云：‘定复不急。’祏以为轻己。后祏及弟祀、刘沨、刘晏俱候朓，朓谓祏曰：‘可谓带二江之双流。’以嘲弄之，祏转不堪。至是，构而害之。

㊹汉武：指汉武帝刘彻。魏太祖：指曹操。文帝：指魏文帝曹丕。明帝：指魏明帝曹叡。宋孝武帝：指南朝宋孝武帝刘骏。

㊺子游：姓言名偃。子夏：姓卜名商。二人俱孔子弟子。《论语·先进》：“文学：子游、子夏。”荀况：即荀子。战国时思想家、教育家。名况，时人尊而号为“卿”。汉人避宣帝讳，称为孙卿。《史记》有传。孟轲：即孟子。战国时思想家、政治家、教育家。名轲，字子舆。邹人。有《孟子》传世。事见《史记·孟子列传》。枚乘：西汉辞赋家。字叔。淮阴（今属江苏）人。有《七发》等赋传世。事见《汉书·枚乘传》。贾谊：西汉政论家、文学家。洛阳（今河南洛阳东）人。时称贾生。有《鹏鸟赋》《过秦论》等文传世。事见《汉书·贾谊传》。苏武：西汉杜陵（今陕西西安东南）人，字子卿。天汉元年，奉命赴匈奴被扣，坚持十九年不屈。后被遣回朝，官典属国。《文选》载苏武五言诗四篇。张衡：东汉科学家、文学家。河南南阳西鄂（今河南南召县南）人。有《二京赋》《归田赋》等传世。事见《后汉书·张衡传》。左思：西晋文学家。字太冲，齐国临淄（今属山东淄博市）人。作品有《三都赋》等。事见《晋书·文苑传》。

㊻砂砾：呈颗粒状的碎石。此处当比喻言辞。

㊼《少仪外传》下引“尘”作“霆”，意较胜。

㊽元：大。吉：福。

【今译】

文章都来源于《五经》：诏、命、策、檄，是从《书》中产生的；序、述、论、议，是从《易》中产生的；歌、咏、赋、颂，是从《诗》中产生的；祭、祀、哀、诔，是从《礼》中产生的；书、奏、箴、铭，是从《春秋》中产生的。朝廷中的典章制度，军队里的誓、诰之辞，传布显扬仁义，阐发彰明功德，统治人民，建设国家，这文章的用途是多种多样的。至于以文章陶冶情操，或对旁人婉言劝谏，进入那种特别的审美感受，也是一件快乐的事。在奉行忠孝仁义尚有过剩精力的情况下，也可以学学写这类文章。但是自古以来，文人多陷于轻薄：屈原表露才华，自我宣扬，显现暴露国君的过失；宋玉相貌艳丽，被当作俳优对待；东方朔言行滑稽，缺乏雅致；司马相如攫取卓王孙的钱财，不讲节操；王褒私入寡妇之门，在《僮约》一文中自我暴露；扬雄作《剧秦美新》歌颂王莽，其品德因此遭到损害；李陵向外族俯首投降；刘歆在王莽的新朝反覆无常；傅毅投靠依附权贵；班固剽窃他父亲的《史记后传》；赵壹为人过分倨傲；冯衍因秉性浮华屡遭压抑；马融谄媚权贵遭致讥讽；蔡邕与恶人同遭惩罚；吴质在乡里仗势横行；曹植傲慢不驯，触犯刑法；杜笃向人索借，不知满足；路粹心胸过分狭隘；陈琳确实粗枝大叶；繁钦不知检点约束；刘桢性情倔强，被罚做苦工；王粲轻率急躁，遭人嫌弃；孔融、祢衡放诞倨傲，招致杀身之祸；杨修、丁廙鼓动曹操立曹植为太子，反而自取灭亡；阮籍蔑视礼教，伤风败俗；嵇康盛气凌人，不得善终；傅玄负气争斗，被免掉官职；孙楚恃才自负，冒犯上司；陆机违反正道，自走绝路；潘岳唯利是图，不知进退，以致遭到伤害；颜延年意气用事，遭到废黜；谢灵运空放粗略，扰乱朝纪；王融凶恶残忍，咎由自取；谢朓对人轻忽傲慢，因而遭到陷害。以上这些人，都是文人中出类拔萃之辈，不能全都记载下来，大致如此吧。至于帝王，有时也难幸免。过去身为天子而有才华的，只有汉武帝、魏太祖、魏文帝、魏明帝、宋孝武帝等数人，他们都遭到世人的议论，并不是具有美德的君主。子游、子夏、荀况、孟轲、枚乘、贾谊、苏武、张衡、左思这类人，有盛名而又能避免过失的，不时也可听到，但他们中间遭受祸患的还是占多数。我常常思考这个问题，推究其中所蕴含的道理，文章的本质，就是揭示兴味，抒发性情，容易使人恃才自夸，因而忽视操守，却勇于进取。现代的文人，这个毛病更加深切，他们若是一个典故用得快意妥当，一句诗文写得清新奇巧，就神采飞扬直达九霄，心潮澎湃雄视千载，独自吟诵独自叹赏，不觉世上还有旁人。更加上言辞所造成的伤害，比矛、戟等武器更加惨酷，讽刺带来的灾祸，比狂风闪电还要迅速，你们应该特别加以防备，以保大福。

【原文】

　　学问有利钝，文章有巧拙。钝学累功，不妨精熟；拙文研思，终归蚩鄙。但成学士，自足为人。必乏天才，勿强操笔。吾见世人，至无才思，自谓清华，流布丑拙，亦以众矣，江南号为诗痴符①。近在并州，有一士族,好为可笑诗赋,诮擎邢、魏诸公②,众共嘲弄,虚相赞说,便击牛酾酒,招延声誉。其妻,明鉴妇人也,泣而谏之。此人叹曰:"才华不为妻子所容,何况行路!"至死不觉。自见之谓明③,此诚难也。

注释

①诊痴符:古代方言,指没有才学而好夸耀的人。

②邢、魏诸公:指邢邵、魏收等人。《北齐书·邢邵传》:"邵字子才,河间鄚人。读书五行俱下,一览便记,文章典丽,既赡且速,每一文出,京师为之纸贵。与济阴温子升为文士之冠,世论谓之邢、温。钜鹿魏收,虽天才艳发,而年事在二人之后,故子升死后,方称邢魏焉。有集三十卷。"《北齐书·魏收传》:"收字伯起,小字佛助,钜鹿下曲阳人。以文华显,辞藻富逸,撰《魏书》一百三十卷,有集七十卷。"诮擎:戏言嘲弄。擎,同撒。

③《韩非子·喻老》:"知之难,不在见人,在自见。故曰:自见之谓明。"

【今译】

做学问有敏捷与迟钝之别,写文章有精巧与拙劣之别。学问迟钝的人不断努力,可以做到精通熟练;文章拙劣的人尽管反复钻研思考,其文章还是难免粗野鄙陋。只要能成为有学之士,也足以在世上为人了。如确实缺乏写作天分,就不要勉强去握笔杆子。我看世上某些人,一点没有才思,却自称他的文章清丽华美,把他那些丑陋拙劣的文章到处传布,这种人也太多了,江南一带称这种人为诊痴符。最近在并州有一位士族,喜欢写一些可笑的诗赋,与邢邵、魏收诸公开玩笑,大家共同来嘲弄这位士族,假意称赞他的诗赋,这位士族信以为真,就杀牛筛酒,请客招延声誉。他的妻子是一位明白事理的人,哭着劝他别这样做。这位士族叹息说:"我的才华不被妻子所容纳,何况陌生人呢!"至死也没有觉悟。自己能了解自己才可称得上聪明,这确实不容易啊。

【原文】

学为文章,先谋亲友,得其评裁,知可施行,然后出手;慎勿师心自任①,取笑旁人也。自古执笔为文者,何可胜言。然至于宏丽精华,不过数十篇耳。但使不失体裁②,辞意可观,便称才士;要须动俗盖世,亦俟河之清乎!

【注释】

①师心:以己意为师,即自以为是。
②体裁:这里指文章的结构剪裁。

【今译】

　　学习写文章,应先找亲友征求意见,经过他们的批评鉴别,知道可以在社会上传播了,然后才脱稿;注意不要由着性子自作主张,以免被别人耻笑。自古以来执笔写文章的人哪里说得完,但能够达到宏丽精美这种地步的,不过几十篇而已。只要写出的文章不脱离它应有的结构规范,辞意可观,就可称为才士了。一定要使自己的文章做到惊动众人,气盖当世,怕也只有等黄河的水变清才有可能吧!

【原文】

　　不屈二姓,夷、齐之节也①;何事非君,伊、箕之义也②。自春秋已来,家有奔亡③,国有吞灭,君臣固无常分矣;然而君子之交绝无恶声,一旦屈膝而事人,岂以存亡而改虑?陈孔璋居袁裁书,则呼操为豺狼④;在魏制檄,则目绍为蛇虺⑤。在时君所命,不得自专,然亦文人之巨患也,当务从容消息之⑥。

【注释】

①夷、齐:即伯夷、叔齐,为商朝孤竹君的两个儿子。周武王灭商后,他们耻食周粟,逃到首阳山,采薇而食,饿死在山里。事见《孟子·万章》下、《史记·伯夷传》。封建社会里把他们当作高尚守节的典型。二姓:指换了朝代的两个王朝。
②伊:指伊尹,商朝大臣。名挚。曾佐汤伐夏桀,被尊为阿衡(宰相)。汤死后,孙太甲破坏商汤法制,伊尹把他放逐到桐宫,三年后迎之复位。一说伊尹放逐太甲,自立七年;太甲还,杀伊尹。箕:指箕子,为商纣王诸父。纣王暴虐,箕子谏之不听,乃披发佯狂为奴。《孟子·公孙丑》上:"何事非君,何使非民,治亦进,乱亦进,伊尹也。"赵岐注:"伊尹曰:'事非其君,何伤也,使非其民,何伤也,要欲为天理物,冀得行道而已矣。'"
③家:这里指古代卿大夫及其家族。
④陈孔璋:即陈琳,字孔璋。汉末文学家。建安七子之一。初从袁绍,后归曹操,为司空军谋祭酒,管记室。《魏志·袁绍传》注引《魏氏春秋》:"陈琳《为袁绍檄州郡文》云:'操豺狼野心,潜包祸谋,乃欲挠折栋梁,孤弱汉室。'"

⑤蛇虺(huǐ 毁)：蛇、虺皆为蛇类。此喻凶残狠毒之人。
⑥消息：这里是斟酌的意思。

【今译】

　　不屈身于两个王朝，这是伯夷、叔齐的气节；对任何君主都可侍奉，这是伊尹、箕子的道理。自从春秋以来，士大夫家族流亡奔窜，邦国被吞并灭亡，国君与臣子本来就没有固定的名分了。然而君子之间交情断绝，相互不出辱骂之声，一旦屈膝侍奉于人，怎么能够因为他的存亡而改变初衷呢？陈孔璋在袁绍手下撰文，就把曹操称为豺狼；在魏国那儿草檄，就把袁绍视为蛇蝎。因为这是受当时君主之命，自己不能作主，但这也算是名人的大毛病了，应该从容地斟酌一下。

【原文】

　　或问扬雄曰："吾子少而好赋？"雄曰："然。童子雕虫篆刻，壮夫不为也①。"余窃非之曰：虞舜歌《南风》之诗②，周公作《鸱鸮》之咏③，吉甫、史克《雅》《颂》之美者④，未闻皆在幼年累德也。孔子曰："不学《诗》，无以言⑤。""自卫返鲁，乐正，《雅》《颂》各得其所⑥。"大明孝道，引《诗》证之⑦。扬雄安敢忽之也？若论"诗人之赋丽以则，辞人之赋丽以淫⑧"，但知变之而已⑨，又未知雄自为壮夫何如也？著《剧秦美新》⑩，妄投于阁⑪，周章怖慑⑫，不达天命⑬，童子之为耳。桓谭以胜老子⑭，葛洪以方仲尼⑮，使人叹息。此人直以晓算数，解阴阳⑯，故著《太玄经》⑰，数子为所惑耳；其遗言馀行，孙卿、屈原之不及⑱，安敢望大圣之清尘⑲？且《太玄》今竟何用乎？不啻覆酱瓿而已⑳。

注释

　　①或问以下六句，见扬雄《法言·吾子》。雕虫篆刻：虫指虫书；刻指刻符。为秦书八体中的两种。西汉学童习秦书八体，尤以虫书、刻符纤巧难工，故以此代指作辞赋之雕章琢句。因其费力多而施于实用者寡，故扬雄谓"壮夫不为"也。
　　②《南风》：古代乐曲名，相传为虞舜所作。《孔子家语·辨乐解》："南风之薰兮，可以解吾民之愠兮；南风之时兮，可以阜吾民之财兮。"
　　③《鸱鸮》：见《诗经·豳风》。《毛诗序》："《鸱鸮》，周公救乱也。成王未闻周公之志，公乃为诗以遗王。"
　　④《毛诗序》："《大雅》《嵩高》《烝民》《韩奕》，皆尹吉甫美宣王之诗，《駉》，

颂僖公也,僖公能遵伯禽之法,鲁人尊之,于是季孙行父请命于周,而史克作是颂。"吉甫:即尹吉甫。周宣王大臣。克史:鲁国史官。

⑤此二句见《论语·季氏》。

⑥此三句见《论语·子罕》。《雅》《颂》:此指《雅》乐和《颂》乐。

⑦此二句谓孔子引《诗经》中诗句来阐明孝道。

⑧此二句见汉·扬雄《法言·吾子》。

⑨变:通辨。辨明。

⑩《剧秦美新》:扬雄著,见《昭明文选》。此文评论秦朝,美化王莽新朝,故名《剧秦美新》。

⑪《汉书·扬雄传》:"王莽时,刘歆、甄丰皆为上公。莽既以符命自立,欲绝其原,丰子寻,歆子棻复献之。诛丰父子,投棻四裔。辞所连及,便收不请。时雄校书天禄阁上,治狱事使者来,欲收雄,雄恐不免,乃从阁上自投下,几死。莽闻之曰:'雄素不与事,何故在此间?'问其故,乃棻尝从雄作奇字,雄不知情,有诏无问。然京师为之语曰:'惟寂寞,自投阁;爱清静,作符命。'"

⑫周章:惊恐的意思。

⑬古代以君权为神授,统治者自称受命于天,谓之天命。

⑭桓谭:东汉哲学家、经学家。字君山,沛国相人。官至议郎给事中。著有《新论》二十九篇,早佚,现传《新论·形神》一篇,收入《弘明集》内。《汉书·扬雄传》:"大司空王邑、纳言严尤问桓谭曰:'子尝称雄书,岂能传于后世乎?'谭曰:'必传,顾君与谭不及见也。凡人贱近而贵远,亲见子云禄位容貌,不能动人,故轻其书。老聃著虚无之言两篇,薄仁义,非礼乐,然后世好之者,以为过于《五经》,自汉文、景之君及司马迁皆有是言。今扬子之书,文义至深,而论不诡于圣人,若使遭遇时君,更阅贤知,为所称善,则必度越诸子矣。'"

⑮葛洪:东晋道教理论家、医学家、炼丹家。字稚川,自号抱朴子,丹阳句容人。所著有《抱朴子》内、外篇、《神仙传》等,又曾托名汉刘歆撰《西京杂记》。其《抱朴子·尚博》云:"世俗率神贵古昔,而黩贱同时,虽有益世之书,犹谓之不及前代之遗文也。是以仲尼不见重于当时,《太玄》见蚩薄于比肩也。"

⑯阴阳:指阴阳家之学。阴阳家为春秋、战国时九流之一。其学包括阴阳四时、八位、十二度、廿四时等度数之学和五德终始的五行之说。后世的遁甲六壬,择日,占星之属,也称为阴阳家。

⑰《太玄经》:扬雄撰。也称《扬子太玄经》。晋范望注,今本十卷。

⑱孙卿:即荀子、荀卿,见前《勉学》篇"人生小幼"段注。

⑲大圣:道德高尚完美之人。此指孔子、老子等人。清尘:车后扬起的尘埃。亦用作对尊贵者的敬称。清,敬词。《汉书·司马相如传下》:"犯属车之清尘。"颜师古注:"尘,谓行而起尘也。言清者,尊贵之意也。"安敢望大圣之清尘:即不

敢望其项背之意。

⑳瓿(bù 部):古代器皿名。青铜或陶制。圆口、深腹、圈足。用以盛酒等。盛行于商代。

【今译】

有人问扬雄说:"您年轻的时候喜欢写诗赋吗?"扬雄回答说:"是的,诗赋好比儿童们练习的虫书、刻符,成年人是不该干这种事的。"我私下反驳他说:虞舜吟唱过《南风》这首诗,周公写下了《鸱鸮》这首诗,伊尹、史克各有《雅》《颂》中的那些美好篇章,没听说过他们在幼年时代因此损伤了品行呀。孔子说:"不学习《诗》,就不善辞令。"又说:"我以卫国返回鲁国后,才把《诗》的乐曲进行了整理订正,使《雅》乐和《颂》乐都各得其所。"孔子赞美彰明孝道,就引用《诗》中的诗句来证验它。扬雄怎么敢忽视这些事实呢?如果说到他的《法言》中"诗人的赋华丽而规范,辞人的赋华丽而淫滥"这句话,只不过表明他懂得辨别二者的区别而已,却不明白他作为一个成年人该怎样去选择?扬雄写了《剧秦美新》这篇文章来歌颂王莽的新朝,却胡里胡涂地从天禄阁上往下跳,惊慌失措,未能通达天命,这才是孩童的行为啊。桓谭认为他超过了老子,葛洪把他与孔子相提并论,实在让人叹息。扬雄这个人只不过通晓算术,懂得阴阳家之学,所以写了《太玄经》,那几个人就被他迷惑了,他的遗言余行,连荀况、屈原都赶不上,哪里还敢望老子、孔子这些大圣人的项背呢?况且,《太玄经》到今天究竟有什么用处呢?无异于盖酱瓿的盖子罢了。

【原文】

齐世有席毗者,清干之士,官至行台尚书①,嗤鄙文学,嘲刘逖云②:"君辈辞藻,譬若荣华③,须臾之玩,非宏才也;岂比吾徒千丈松树,常有风霜,不可凋悴矣!"刘应之曰:"既有寒木,又发春华,何如也?"席笑曰:"可哉!"

注释

①行台:东汉以后,中央政务由三公改归台阁(尚书),习惯上遂以中央政府为"台"。东晋以后,中央官称台官,中央军称台军。因此,在大行政区代表中央

的机构即称行台。多由军事关系临时设置。

②《北齐书·文苑传》:"刘逖,字子长,彭城丛亭里人。魏末,诣霸府,倦于羁旅,发愤读书,在游宴之中,卷不离手。亦留心文藻,颇工诗咏。"

③荣华:王利器曰:"荣华、朝菌,一物而异名。"《庄子·逍遥游》:"朝菌不知晦朔。"《释文》引司马彪:"大芝也。天阴生粪上,见日则死。一名日及,故不知月之终始也。"

【今译】

　　齐朝有位叫席毗的人,是位清明干练之士,官做到行台尚书。他讥笑鄙视文学,嘲讽刘逖说:"你辈的辞藻,好比那荣华,只能供片刻观赏,不是栋梁之才,哪能比得上我辈这样的千丈松树,尽管经常有风霜侵袭,也不会凋零憔悴呀!"刘逖回答他说:"既是耐寒的树木,又能开放春花,怎么样呢?"席毗笑着说:"那敢情好啦!"

【原文】

　　凡为文章,犹人乘骐骥①,虽有逸气②,当以衔勒制之③,勿使流乱轨躅④,放意填坑岸也。

注释

①骐骥:良马。
②逸气:俊逸之气。
③衔勒:衔和勒。衔是横在马口中备抽勒的铁,勒是套在马头上带嚼口的笼头。此处比喻文贵有节制,好比马须用衔勒一样。
④轨躅(zhuó浊):轨迹。

【今译】

　　凡是写文章,就好比人乘良马一样,良马虽然颇有俊逸之气,但应该用衔勒来控制它,不要让它错乱轨迹,肆意而行以至落到以身体填充沟壑的地步。

【原文】

　　文章当以理致为心肾①,气调为筋骨,事义为皮肤②,华丽为冠冕③。今世相承,趋本弃末④,率多浮艳。辞与理竞,辞胜而理伏;事与才争,事繁而才损。放逸者流宕而忘归,穿凿者补缀而不足。时俗如此,安能独违?但务去泰去甚耳⑤。必有盛才重誉,改革体裁者,实吾所希。

注释
　　①理致:指作品的思想感情。
　　②事义:指作品所运用的典实,即下文所说的"用事"。
　　③冠冕:这里指服饰。
　　④趋本弃末:结合此段文意看,当为"趋末弃本"之误,末,指华丽。本,指理致、气调。
　　⑤《老子》上篇二十九章:"是以圣人去甚,去奢,去泰。"这里是不要过分之意。

【今译】
　　文章应该做到以义理情致为心肾,以气韵才调为筋骨,以思想内容为皮肤,以华丽辞句为服饰。现在的人继承前人的写作传统,都是趋向枝节,放弃根本,所写文章大都轻浮华艳,文辞与义理相互比较,则文辞优美而义理薄弱;内容与才华相互争胜,则内容繁杂而才华亏损。那放纵不羁者的文章,流利酣畅却偏离了文章的旨归,那深究琢磨者的文章,材料堆砌却文采不足。现在的风气就是如此,你们怎么能够独自避免呢?你们只要务必做到所写文章不过分,不走极端也就可以了。如果能有才华优异、声誉隆重的人来改革文章的体制,实在是我所希望的。

【原文】
　　古人之文,宏才逸气,体度风格,去今实远;但缉缀疏朴,未为密致耳。今世音律谐靡,章句偶对,讳避精详,贤于往昔多矣。宜以古之制裁为本,今之辞调为末,并须两存,不可偏弃也。

【今译】
　　古人的文章,才华横溢,气势超迈,其体态风格,与今天相去甚远。只是它遣词造句简略质朴,不够严密细致。现在的文章音律和谐靡丽，语句配偶对称，避讳精确详尽，这些方面比过去强多了。应该以古人文章的体制构架为根本，以今人文章的辞句音调为枝叶，两者都应该并存，不可偏废。

【原文】

　　吾家世文章，甚为典正，不从流俗；梁孝元在蕃邸时①，撰《西府新文》，讫无一篇见录者②，亦以不偶于世，无郑、卫之音故也③。有诗赋铭诔书表启疏二十卷，吾兄弟始在草土④，并未得编次，便遭火荡尽，竟不传于世。衔酷茹恨，彻于心髓！操行见于《梁史·文士传》及孝元《怀旧志》⑤。

注释

　　①蕃邸：指梁元帝被封为湘东王时在镇江的住所。
　　②《隋书·经籍志》："《西府新文》十一卷，并录，梁萧淑撰。"萧淑，兰陵人，见《南齐书·萧介传》。《西府新文》乃梁元帝使萧淑辑录各位臣僚的文章而成，当时颜之推的父亲颜协正担任镇西府咨议参军，而其文未被收录，故颜之推有是说。
　　③郑、卫之音：春秋战国时期郑国卫国的俗乐，与雅乐不同。《论语·卫灵公》有"郑声淫"之说。后因以郑、卫之音通指淫荡的乐歌或文学作品。
　　④草土：居丧。古时居父母之丧者睡草席枕土块，故曰草土。
　　⑤此处所说的《梁史》，指陈朝领军大著作郎许亨所著《梁史》五十三卷，《隋书·经籍志》著录。又《隋书·经籍志》著录："《怀旧志》九卷，梁元帝撰。"

【今译】

　　我先父的文章，都十分典雅纯正，不盲从社会上流行的风气。梁孝元帝为湘东王时，曾让萧淑辑录各位臣僚的文章编成《西府新文》，先父的文章竟没有一篇被收录的，这也是因为他的文章不投合世俗的口味，没有靡丽的篇章的缘故。他留下了诗、赋、铭、诔、书、表、启、疏各体文章共二十卷，我们几兄弟当时正在守丧，这些文章都没有来得及编排整理，就遭逢火灾被烧光了，竟然不能流传于世。我怀此惨痛遗恨，真是痛达心肺骨髓！先父的节操品行见于《梁史·文士传》以及孝元帝的《怀旧志》。

【原文】

　　沈隐侯曰①："文章当从三易：易见事，一也；易识字，二也；易读诵,三也。"邢子才常曰②:"沈侯文章,用事不使人觉,若胸臆语也。"深以此服之。祖孝徵亦尝谓吾曰③:"沈诗云:'崖倾护石髓④。'此岂似用事邪?"

【注释】

①沈隐侯:即沈约,南朝梁文学家。字休文,吴兴武康人。历仕宋齐二代,后助梁武帝登位,为尚书仆射,封建昌县侯,后官至尚书令,卒谥隐。事见《梁书·沈约传》。
②邢子才:即邢邵,字子才。见《勉学》篇"学之兴废"段注。
③祖孝徵:即祖珽,字孝徵。见《风操》篇"言及先人"段注。
④石髓:石钟乳。《晋书·嵇康传》:"康遇王烈共入山,尝得石髓如饴,即自服半,余半与康,皆凝而为石。"

【今译】

沈隐侯说:"文章应当遵从'三易'的原则:容易了解典故,这是第一点;容易认识文字,这是第二点;容易诵读,这是第三点。"邢子才常说:"沈约的文章,用典不让人感觉出来,就像发自内心的话。"我因此而深深地佩服他。祖孝徵也曾经对我说:"沈约的诗说:'崖倾护石髓'这难道像在用典吗?"

【原文】

邢子才、魏收俱有重名,时俗准的,以为师匠。邢赏服沈约而轻任昉①,魏爱慕任昉而毁沈约,每于谈燕,辞色以之。邺下纷纭,各有朋党。祖孝徵尝谓吾曰:"任、沈之是非,乃邢、魏之优劣也。"

【注释】

①任昉:南朝梁文学家。字彦升,乐安博昌人。仕宋、齐、梁三代,梁时历任义兴、新安太守等职。当时以表、奏、书、启诸体散文擅名,而沈约以诗著称,时人号曰"任笔沈诗"。

【今译】

邢子才、魏收两个人都有盛名,一般人都把他们视为标准,当作宗师。邢子才赞尝佩服沈约而轻视任昉,魏收喜爱羡慕任昉而诋毁沈约,二人每在谈天喝酒时,就争得面红耳赤。邺下人物盛多,二人各有自己的朋党。祖孝徵曾经对我说:"任昉、沈约二人的是非,实际上就表示着邢子才、魏收二人的优劣。"

【原文】

《吴均集》有《破镜赋》①。昔者,邑号朝歌,颜渊不舍②;里名胜母,曾子敛襟③:盖忌夫恶名之伤实出。破镜乃凶逆之兽④,事见《汉书》,为文幸避此名也。比世往往见有和人诗者,题云敬同,《孝经》云:"资于世父以事君而敬同。"不可轻言也。梁世费旭诗云:"不知是耶非⑤。"殷沄诗云:"飘飏云母舟⑥。"简文曰:"旭既不识其父⑦,沄又飘飏其母。"此虽悉古事,不可用也。世人或有文章引《诗》:"伐鼓渊渊"者⑧,《宋书》已有屡游之消⑨;如此流比⑩,幸须避之。北面事亲⑪,别舅摘《渭阳》之咏⑫;堂上养老,送兄赋桓山之悲⑬,皆大失也。举此一隅,触涂宜慎⑭。

注释

①吴均:南朝梁文学家。字叔庠,吴兴故鄣人。官奉朝请。通史学。其文工于写景,尤以小品书札见长,文辞清拔,时人或仿效之,称为"吴均体"。《吴均集》:《隋书·经籍志》著录,二十卷。《破镜赋》:今已不传。

②颜渊:春秋末鲁国人。名回,字子渊。孔子学生。其德行为孔子所称赞。以上二句谓颜渊主张非乐,故闻邑名朝歌,即不在此停留。

③曾子:春秋末鲁国人。名参,字子舆。孔子学生。以孝著称。敛襟:整饬衣襟,表示恭敬。

④《汉书·郊祀志》:"有言古天子尝以春解祠,祠黄帝用一枭破镜。"注:"孟康曰:枭,鸟名,食母。破镜,兽名,食父。黄帝欲绝其类,故使百吏祠皆用之。"

⑤费旭:王利器谓当作费昶。《乐府诗集》卷十七载〔梁〕费昶《巫山高》云:"彼美岩之曲,宁知心是非。"下句当即颜氏所引异文,抑或因颜氏弹射而改之。

⑥殷沄:卢文绍谓殷沄疑当作"殷芸",《梁书》有传:"芸字灌蔬,陈郡长平人,励精勤学,博洽群书,为昭明太子侍读。"又有湘东王记室参军褚沄,河南阳泽人,有诗。二者姓名,必有一讹。云母舟:以云母装饰之舟。

⑦南朝俗称父亲为"耶"。故简文帝以此讥费旭诗。

⑧见《诗经·小雅·采芑》。

⑨《金楼子·杂记》上:"宋玉(按:当作《宋书》)戏太宰屡游之谈,流连反语,

遂有鲍照伐鼓、孝绰布武、韦粲浮柱之作。"《文镜秘府论·西卷·文二十八种病》第十八:"翻语病者,正言是佳词,反语则深累是也。如鲍明远诗云:'鸡鸣关吏起,伐鼓早通晨。''伐鼓',正言是佳词,反语则不详,是其病也。崔氏云:'"伐鼓",反语"腐骨",是其病。'屡游反语(按:即反切)未详。"

⑩流比:同类比照类推。

⑪北面:面向北。古礼,臣拜君、卑幼拜尊长,都面向北行礼,因而居臣下、晚辈之位曰"北面"。

⑫《诗·小序》:"渭阳,秦康公念母也。康公之母,晋献公之女。文公遭丽姬之难未返,而秦姬卒;穆公纳文公,康公时为太子,赠送文公于渭之阳,念母之不见也。我见舅氏,如母存焉。"此言丧母者看见舅舅,就仿佛看见母亲一样。现母在北堂,而与舅舅分别时却引用《渭阳》这首诗,乃大不当。

⑬《孔子家语》:"颜回闻哭声,非但为死者而已,又有生离别者也。闻桓山之鸟,生四子焉,羽翼既成,将分于四海,其母悲鸣而送之,声有似于此,谓其往而不返也。孔子使人同哭者,果曰:'父死家贫,卖子以葬,与之长诀。'子曰:'回也善于识音矣。'"桓山之悲,取喻父死而卖子,今父尚健在,而送兄引用桓山之事,乃大不当。

⑭触涂:处处。

【今译】

《吴均集》中有《破镜赋》一文。古时候,有座城邑名叫朝歌,颜渊因为这名称就不在那里停留;有条里弄名叫胜母,曾子到此赶紧整饬衣襟以示恭敬:他们大约是忌讳这些不好的名称损伤了事物的内涵吧。破镜是一种凶恶的野兽,它的典故见于《汉书》,希望你们写文章时避开这个名字。近代常常看见有奉和别人诗歌的人,在和诗的题目中写上敬同二字,《孝经》上说:"资于世父以事君而敬同。"可见这两个字是不能随便说的。梁朝费旭的诗说:"不知是耶非。"殷沄的诗说:"飘飏云母舟。"简文帝讥讽他俩说:"费旭既不认识他的父亲,殷沄又让他的母亲四处飘荡。"这些虽然都是旧事,也不可以随便引用。有的人在文章中引用《诗经》中"伐鼓渊渊"的诗句,《宋书》对这类引用词语不考虑反切触讳的人已有所讥讽,以此类推,希望你们也一定要避免使用这类词语。有人尚在侍奉母亲,与舅舅分别时却吟唱《渭阳》这种思念亡母的诗歌;有人父亲尚健在,送别兄长时却引用"桓山之鸟"这种表现父亡卖子的悲痛的典故,这些都是大大的过失。举以上部分例子,你们就应该处处慎重对待了。

【原文】

江南文制①,欲人弹射,知有病累,随即改之,陈王得之于丁廙也②。山东风俗,不通击难③。吾初入邺,遂尝以此忤人,至今为悔;汝曹必无轻议也。

注释

①文制:即制文,写文章。

②陈王:指曹植,封陈思王。曹植《与杨德祖书》(见《昭明文选》)云:"仆尝好人讥弹其文,有不善者,应时改定。昔丁敬礼常作小文,使仆润饰之。仆自以为不能过若人,辞不为也。敬礼谓仆:'卿何所疑难,文之佳恶,吾自得之,后世谁相知定吾文者邪?'吾尝叹此达言,以为美谈。"丁廙:见本篇第一段注。

③击难:攻击、责难。

【今译】

江南地区的人写文章,希望别人加以批评指正,知道毛病所在,立刻就改正它,曹植从丁廙那里就曾经感受过这种好风气。山东地区的风俗,不懂得请别人对自己的文章加以抨击责难。我刚到邺城的时候,就曾经因此而触犯人,至今感到后悔,你们一定不要轻率地议论别人的文章。

【原文】

凡代人为文,皆作彼语,理宜然矣。至于哀伤凶祸之辞,不可辄代。蔡邕为胡金盈作《母灵表颂》曰①:"悲母氏之不永,然委我而夙丧②。"又为胡颢作其父铭曰③:"葬我考议郎君④。"《袁三公颂》曰:"猗欤我祖,出自有妫⑤。"王粲为潘文则《思亲诗》云:"躬此劳悴,鞠予小人;庶我显妣,克保遐年⑥。"而并载乎邕、粲之集,此例甚众。古人之所行,今世以为讳。陈思王《武帝诔》,遂深永蛰之思⑦;潘岳《悼亡赋》,乃怆手泽之遗⑧;是方父于虫,匹妇于考也⑨。蔡邕《杨秉碑》云:"统大麓之重⑩。"潘尼《赠卢景宣诗》云:"九五思龙飞⑪。"孙楚《王骠骑诔》云:"奄忽登遐⑫。"陆机《父诔》云:"亿兆宅心,敦叙百揆⑬。"《姊诔》云:"倪天之和⁴。"今为此言,则朝廷之罪人也⁵。王粲《赠杨德祖诗》云:"我君饯之,其乐洩洩⁶。"不可妄施人子,况储君乎⁷?

注释

①胡金盈:汉代大臣胡广之女。

②卢文弨谓后句在蔡集中作"胡委我以凤丧。"今从。此二句意思是:"悲叹母亲享寿不能长久,为何丢下我们过早离去。"

③胡颢:胡广的孙子。铭:指墓志铭。

④考:死去的父亲称考。议郎:职官名。此句意思是:"安葬我的亡父议郎君。"

⑤《左传·昭公八年》杜注:"胡公满,遂之后也,事周武王,赐姓曰妫,封之陈。"《广韵·二十一欣》:"袁姓出陈郡、汝南、彭城三望,本自胡公之后。"猗欤:表赞美的语气词。此二句意思是:"啊! 我的先祖,您出自有妫这一姓氏。"

⑥显妣:对亡母的美称。遐年:长寿。以上四句意思是:"您如此劳累憔悴,养育我这小孩,希望我尊贵的亡母,能够永保长寿。"

⑦刘勰《文心雕龙·指瑕》:"陈思之文,群才之俊也,而武帝诔云:'尊灵永蛰'……永蛰颇疑于昆虫,施之尊极,岂其当乎?"蛰:昆虫冬眠。永蛰:曹植(陈思王)以之比喻父亲的死亡。

⑧赵曦明、郝懿行并谓潘岳《悼亡赋》中无"怆手泽"之语。按:潘岳《皇女诔》云:"披览遗物,徘徊旧居,手泽未改,领腻如初。"手泽:指手汗。后多用以称先人或前辈的遗墨、遗物等。悼亡:追念亡妻。

⑨《礼记·玉藻》:"父没而不能读父之书,手泽存焉尔。"故颜氏有"匹妇于考"之讥。

⑩赵曦明曰:"今《蔡集》所载《秉碑》一篇,无此语。"大麓:指领录天子之事。《书·舜典》:"纳于大麓,烈风雷雨弗迷。"孔传:"麓,录也。纳舜使大录万机之政,阴阳和,风雨时,各以其节,不有迷错愆伏。"

⑪赵曦明曰:"今集中有《送卢景宜》诗一首,无此句。"九五:乾卦九五,术数家说是人君的象征,后因称帝位为九五之尊。龙飞:喻圣人起而为天子。

⑫赵曦明曰:"此篇今已亡。"奄忽:迅疾。登遐:同"登假"。原为对人死去的讳称,后专称帝王之死。

⑬《艺文类聚》卷四七引陆机《吴大司马陆抗诔》,无此二语。亿兆:众庶万民的意思。宅心:归心。敦叙:又作"敦序"。亲睦和顺。百揆:指百官。此二句意思是:"使万民归心,使百官和睦。"

⑭王利器《集解》注云:"颜(嗣慎)本、朱(轼)本及《馀师录》'和'作'妹'。今《机集》无此文。"《诗经·大雅·大明》:"大邦有子,倪天之妹。"倪(qiàn):好

比。此句意思是："（她）好比天女一个样。"

⑮以上所举蔡邕《杨秉碑》等数例，其语句均当用于帝王之尊，而蔡邕等却施于臣民，故颜氏有"朝廷罪人"之讥。

⑯语出《左传·隐公元年》："公入而赋：'大隧之中，其乐也融融。'姜出而赋：'大隧之外，其乐也洩洩。'"此叙郑庄公与其母姜氏赋诗和好之事。洩洩：(yì 义) 快乐的样子。

⑰人子：子女。储君：已确定继承皇位的人，亦即王粲诗中的"我君"。从文意分析，当指曹丕。"其乐洩洩"为姜氏形容自己与儿子郑庄公相见之乐的诗句，今王粲施之于储君，故颜氏非之。

【今译】

凡是代替别人写文章，都使用对方的语气，从道理上讲应该如此。至于涉及哀悼伤痛、死亡灾祸一类的文章，就不可随便代庖了。蔡邕替胡金盈写的《母灵表颂》说："悲母氏之不永，胡委我而凤丧。"又替胡颢写他父亲的铭文说："葬我考议郎君。"还有《袁三公颂》说："猗欤我祖，出自有妫。"王粲替潘文则写的《思亲诗》说："躬此劳悴，鞠予小人；庶我显妣，克保遐年。"这些文章都刊载在蔡邕、王粲的文集中，这类例子很多。古人是这样写的，今天就被认为是犯讳了。曹植在《武帝诔》中用"永蛰"表示对父亲的思念；潘岳在《悼亡赋》中用"手泽"抒发看见亡妻遗物而引起的悲伤：前者是把父亲当成了昆虫，后者是把妻子等同于亡父。蔡邕的《杨秉碑》说："统大麓之重。"潘尼的《赠卢景宣诗》说："九五思龙飞。"孙楚的《王骠骑诔》说："奄忽登遐。"陆机的《父诔》说："亿兆宅心，敦叙百揆。"《姊诔》说："倪天之妹。"今天谁写这些话，就是朝廷的罪人了。王粲的《赠杨德祖诗》说："我君饯之，其乐洩洩。"这种话是不可以胡乱用于别人的孩子的，何况是太子呢？

【原文】

挽歌辞者，或云古者《虞殡》之歌①，或云出自田横之客②，皆为生者悼往告哀之意。陆平原多为死人自叹之言③，诗格既无此例，又乖制作本意。

【注释】

①《虞殡》：挽歌名。《左传·哀公十一年》："公孙夏命其徒歌《虞殡》。"

《注》:"《虞殡》,送葬歌曲。"

②田横:秦末狄县人。本齐国贵族。楚汉战争中自立为齐王,后为汉军所破。率徒党五百余人逃亡海岛。汉高祖命他前往洛阳,他不愿称臣于汉,于途中自杀。留居海岛的徒党闻田横死讯,也全部自杀。崔豹《古今注》:"《薤露》《蒿里》,并挽歌也。田横自杀,门人伤之,为作悲歌,言人命如薤上之露,易晞灭也;亦谓人死魂魄归乎蒿里,故有二章。"

③陆平原:即陆机,曾任平原内史。陆机《挽歌诗》三首,其一曰:"广宵何廖廓,大暮安可晨?人往有反岁,我行无归年!"即自叹之辞。

【今译】

挽歌辞,有人说是古代的《虞殡》之歌,有人说出自田横的门客,都是活着的人用来追悼死者表达哀痛之意的。陆机写的《挽歌诗》大多是死者自叹之言,诗的体例中既没有这样的例子,又违背了作诗的本意。

【原文】

凡诗人之作,刺箴美颂,各有源流,未尝混杂,善恶同篇也。陆机为《齐讴篇》①,前叙山川物产风教之盛,后章忽鄙山川之情②,殊失厥体。其为《吴趋行》③,何不陈子光④、夫差乎⑤?《京洛行》,胡不述赧王⑥、灵帝乎⑦?

注释

①《齐讴篇》:即《齐讴行》,乐府杂曲歌辞名。见《乐府诗集》卷六十四。

②陆机《齐讴行》"惟师"以下,有指责齐景公的诗句,故颜氏谓其"后章忽鄙山川之情,殊失厥体。"王利器曰:"《齐讴行》云:'鄙哉牛山叹,未及至人情。'此鄙景公耳,非鄙山川也。齐景公登牛山,悲去其国而死,见《韩诗外传》卷十、《晏子春秋·内篇·谏上》及《外篇》《列子·力命》篇及《御览》四二八引《新序》。"

③《吴趋行》:吴地歌曲名。陆机所作《吴趋行》篇,见《乐府诗集》卷六十四。

④子光:即春秋时吴王阖庐。他以专诸刺杀吴王僚而自立。又用楚亡臣伍子胥,屡败楚兵。后在与越王勾践的战争中兵败负伤而死。

⑤夫差:阖庐之子。继位后兴兵攻破越都,迫使越国屈服。后又大败齐兵,与晋国争霸,越国乘机起兵攻灭吴国,夫差自杀。

⑥赧王:即周赧王。为周朝的亡国之君。

⑦灵帝:即汉灵帝刘宏。在位期间,宦官专政,党锢之祸复起。又公开标价卖官,增加田亩税,大修宫室等,阶级矛盾进一步激化,终于导致黄巾起义爆发。

【今译】

　　凡诗人的作品,指责的、规谏的、赞美的、歌颂的,各有其源流,不会混杂,使善和恶同处一篇之中。陆机作《齐讴行》,前面部分叙述山川、物产、风俗、教化的兴盛,后面部分突然轻视山川之情,太背离此诗的风格了。他写《吴趋行》,为什么又不陈述阖庐、夫差的事呢?他写《京洛行》,为什么又不陈述周赧王、汉灵帝的事呢?

【原文】

　　自古宏才博学,用事误者有矣;百家杂说,或有不同,书傥湮灭,后人不见,故未敢轻议之。今指知决纰缪者,略举一两端以为诫。《诗》云:"有鷕雉鸣。"又曰:"雉鸣求其牡①。"毛《传》亦曰②:"鷕,雌雉声。"又云:"雉之朝雊,尚求其雌③。"郑玄注《月令》亦云④:"雊,雄雉鸣⑤。"潘岳赋曰:"雉鷕鷕以朝雊。"是则混杂其雄雌矣⑥。《诗》云:"孔怀兄弟⑦。"孔,甚也;怀,思也,言甚可思也。陆机《与长沙顾母书》,述从祖弟士璜死,乃言:"痛心拔脑,有如孔怀。"心既痛矣,即为甚思,何故方言有如也?观其此意,当谓亲兄弟为孔怀。《诗》云:"父母孔迩⑧。"而呼二亲为孔迩,于义通乎?《异物志》云⑨:"拥剑状如蟹⑩,但一螯偏大尔⑪。"何逊诗云⑫:"跃鱼如拥剑⑬。"是不分鱼蟹也。《汉书》:"御史府中列柏树,常有野鸟数千,栖宿其上,晨去暮来,号朝夕鸟⑭。"而文士往往误作乌鸢用之⑮。《抱朴子》说项曼都诈称得仙,自云:"仙人以流霞一杯与我饮之,辄不饥渴⑯。"而简文诗云:"霞流抱朴碗。"亦犹郭象以惠施之辨为庄周言也⑰。《后汉书》:"囚司徒崔烈以银铛镴⑱。"银铛,大镴也;世间多误作金银字。武烈太子亦是数千卷学士⑲,尝作诗云:"银镴三公脚,刀撞仆射头。"为俗所误。

注释

　　①此句及上句所引《诗经》,见《邶风·匏有苦叶》。鷕:雌野鸡的叫声。牡:雄性。这里指雄野鸡。

　　②毛《传》:即《毛诗故训传》的简称。《汉书·艺文志》著录三十卷。东汉郑玄以为鲁人大毛公所作。其诂训大抵以先秦学者为依据,保存了很多古义,为研究《诗经》的重要文献。

　　③见《诗经·小雅·小弁》。雊:雄野鸡叫。《说文·隹部》:"雊,雄雌鸣也。"

姚文田、严可均校议:"当作雄雉鸣也。"

④郑玄:东汉经学家。字康成,北海高密人。其注经以古文经说为主,兼采今文经说,为汉代经学的集大成者。今通行本的《十三经注疏》中的《毛诗》《三礼》注,即采用郑注。《月令》:《礼记》中的篇名。

⑤郝懿行曰:"郑注《月令》,今本无'雄'字,而云:'雊,雉鸣也。'《说文》亦云:'雊,雄雉鸣。'疑颜氏所见古本有'雄'字,而今本脱之欤?"

⑥赵曦明曰:"徐爱注此赋云:'延年以潘为误用。案:《诗》'有鹭雉鸣',则云'求牡',及其'朝雊',则云'求雌',今'鹭鹭朝雊'者,互文以举,雄雌皆鸣也。'案:徐说甚是,古人行文,多有似此者。"段玉裁曰:"徐子玉与延年皆宋人也,黄门年代在后,其所作《家训》,当是袭延年说耳。"

⑦见《诗经·小雅·常棣》,作"兄弟孔怀"。孔怀:本为极其思念之意,后以孔怀指兄弟。

⑧见《诗经·周南·汝坟》。迩:近。

⑨《隋书·经籍志》:"《异物志》一卷,汉议郎杨孚撰。"

⑩《古今注》中《鱼虫》第五:"蟛蜞,小蟹也,生海边,食土,一名长卿。其有一螯偏大,谓之拥剑。"

⑪螯:同螯。蟹的大足。

⑫何逊:南朝梁诗人。字仲言,东海郯人。见《梁书·文学传》。

⑬何逊《渡连圻》二首作"鱼游若拥剑,猿挂似悬瓜。"

⑭见《汉书·朱博传》。

⑮王利器《集解》引宋祁、方以智、周寿昌诸人语,以为作"乌"不误。

⑯此段引文见《抱朴子·祛惑》,而本之王充《论衡·道虚》,其文述项曼都遇仙人事。《抱朴子》:东晋葛洪著。分内外篇。内篇二十卷,谈"神仙方药,鬼怪变化,养生延年,禳邪却祸之事。"外篇五十卷,详论"人间得失,世事臧否。"

⑰此三句说:简文帝不知"霞流"的典故本于《论衡》,写出不通的诗来,就好像郭象把惠施的话当成庄子的话一样。郭象:西晋哲学家。字子玄,河南人。好老庄,曾把向秀《庄子注》述而广之,别为一书。后向本佚失,仅郭注存。惠施:战国时哲学家,名家的代表人物。

⑱见《后汉书·崔骃传》附崔烈。锒铛:刑具,铁锁链。镶:同"锁"。

⑲武烈太子:姓萧,名方等,字实相。梁元帝长子。《南史·忠壮世子方等传》云:"少聪敏,有俊才,南讨军败溺死,谥忠壮,元帝即位,改谥武烈太子。"

【今译】

自古以来,那些宏才博学,而引用典故发生错误的人是有的;诸子百家杂说,意见或许不同,倘若那些书籍已经湮灭,则后人就不能见到,所以我也不敢随便谈论它们。现在我且说说那已经肯定是绝对错谬的事例,略举一两例让你们引以为诫。《诗经》上说:"有鹙雉鸣。"又说:"雉鸣求其牡。"《毛诗诂训传》也说:"鹙,雌雉声。"《诗经》上又说:"雉之朝雊,尚求其雌。"郑玄所注解的《月令》也说:"雊,雄雉鸣。"潘岳的赋却说:"雉鹙鹙以朝雊。"这就混淆雌雄二者的区别了。《诗经》上说:"孔怀兄弟。"孔,很的意思;怀,思念的意思,孔怀,意思是十分想念。陆机《与长沙顾母书》,叙述从祖弟士璜之死,却说:"痛心拔脑,有如孔怀。"心里既然感到伤痛,就表示十分思念,为什么才说有如呢?看他这句话的意思,应该是说亲兄弟就是"孔怀"。《诗经》说:"父母孔迩",如果按照上面的用法把父母亲叫做"孔迩",意思上说得通吗?《异物志》上说:"拥剑状如蟹,但一螯偏大尔。"何逊的诗说:"跃鱼如拥剑。"这是没有分辨鱼和螃蟹的区别。《汉书》上说:"御史府中列柏树,常有野鸟数千,栖宿其上,晨去暮来,号朝夕鸟。"而文人们往往误作"乌鸢"来使用。《抱朴子》说项曼都诈称遇见了仙人,自言:"仙人以流霞一杯与我饮之,辄不饥渴。"而梁简文帝的诗说:"霞流抱朴碗。"就好像郭象把庄周辩说惠施的话当成庄周的话了。《后汉书》说:"囚司徒崔烈以银铛锁。"银铛,指铁锁链,世上的人大多把它误写作金银的银字。武烈太子也是饱读数千卷书的学者了,他曾经作诗说:"银锁三公脚,刀撞仆射头。"这就是被世俗的写法贻误了。

【原文】

　　文章地理,必须惬当。〔梁〕简文《雁门太守行》乃云①:"鹅军攻日逐②,燕骑荡康居③,大宛归善马④,小月送降书⑤。"肖子晖《陇头水》云⑥:"天寒陇水急,散漫俱分泻,北注徂黄龙⑦,东流会白马⑧。"此亦明珠之颣⑨,美玉之瑕,宜慎之。

【注释】

　　①雁门:郡名。战国赵地,秦置郡。今山西北部皆其地。
　　②鹅:古阵名。《左传·昭公二一年》:"郑翩愿为鹳,其御愿为鹅。"《注》:"鹳、鹅皆阵名。"日逐:匈奴王号,地位低于左贤王。
　　③康居:古西域城国名。东临乌孙、大宛,南接大月氏、安息,西与奄蔡交界。
　　④大宛:古西域三十六城国之一。北通康居,西南邻大月氏。盛产名马。

⑤小月：即小月氏。古西域国名。王利器案："此乃梁褚翔诗，非简文诗也。〔梁〕简文《从军行》云：'先平小月阵，却灭大宛城，善马还长乐，黄金付水衡。'见《乐府诗集》卷三十二，此盖相涉而误。又《乐府诗集》卷三十九载褚翔《雁门太守行》云：'戎军攻日逐，燕骑荡康居，大宛归善马，小月送降书。'"

⑥肖子晖：《梁书·肖子恪传》："弟子晖，字景光。少涉书史，亦有文才。'陇：即陇山。六盘山南段的别称。又名陇坻、陇坂。在今陕西陇县至甘肃平凉一带。

⑦黄龙：指黄龙城。又名龙城、和龙城、龙都。故地在辽宁朝阳。

⑧白马：赵曦明谓指汉代西南夷之白马氐。王利器按："此及《雁门太守行》所侈陈之地理，皆以夸张手法出之，颜氏以为文章瑕颣，未当。"又案："《史记·荆燕世家》：'汉四年，使刘贾将二万人，骑数百，渡白马津，入楚地。'《正义》：'《括地志》云："黎阳，一名白马津，在滑州白马县北三十里。"'则此处白马，正当以白马津释之，始与'东流'义会，不必远摭西南之白马氐以实之，且白马氐何得言'东流会'也。"王说是。

⑨颣(lèi 类)：原指丝上的疙瘩。引伸为毛病、缺点。

【今译】

诗文中涉及到有关地理的内容，必须恰当。〔梁〕简文帝的《雁门太守行》却说："鹅军攻日逐，燕骑荡康居，大宛归善马，小月送降书。"肖子晖的《陇头水》说："天寒陇水急，散漫俱分泻，北注徂黄龙，东流会白马。"这些地方也可算是明珠中的毛病，美玉中的瑕疵，这些地方就应该慎重对待。

【原文】

王籍《入若耶溪》诗云①："蝉噪林逾静，鸟鸣山更幽。"江南以为文外断绝，物无异议。简文吟咏，不能忘之，孝元讽味，以为不可复得，至《怀旧志》载于《籍传》。范阳卢询祖②，邺下才俊，乃言："此不成语，何事于能③？"魏收亦然其论④。《诗》云："萧萧马鸣，悠悠旆旌⑤。"毛《传》曰⑥："言不喧哗也。"吾每叹此解有情致，籍诗生于此耳。

注释

①王籍：《梁书·文学传》："王籍，字文海，琅邪临沂人。七岁能属文。及长，好学博涉，有才气。……至若邪溪，赋诗云云，当时以为文外独绝。"赵曦明按：

"此书作'断绝',疑误。"又《太平御览》五八六引"文外"作"文章"。

②卢询祖:北齐人。袭祖爵大夏男。有术学,文章华美。

③《苕溪渔隐丛话》前一引蔡居厚《宽夫诗话》:"晋、宋间诗人,造语虽秀拔,然大抵上下句多出一意,如'鱼戏新荷动,鸟散馀花落'、'蝉噪林逾静,鸟鸣山更幽'之类,非不工矣,终不免此病。"亦言及王籍此诗之病累。

④魏收:见《勉学》篇"俗间儒士"段注。

⑤见《诗经·小雅·车攻》。萧萧:马鸣声。

⑥毛《传》:见《文章》篇"自古宏才"段注。

【今译】

王籍的《入若耶溪》诗说:"蝉噪林逾静,鸟鸣山更幽。"江南文人认为此二句在诗句中无与伦比,没人对此持有异议。梁简方帝咏吟这两句诗后,就不能忘掉它了;梁孝元帝讽读玩味之后,也认为再无人能够写得出来,以至在《怀旧志》中把它记载在《王籍传》中。范阳人卢询祖,是邺下才俊之士,却说:"这两句诗不像样子,为什么认为他有才能呢?"魏收也同意他的意见。《诗经》说:"萧萧马鸣,悠悠旆旌。"《毛诗故训传》说:"意思是安静而不嘈杂。"我时常赞叹这个解释有情致,王籍的诗句就是由此产生的。

【原文】

兰陵萧悫①,梁室上黄侯之子,工于篇什。尝有《秋诗》云:"芙蓉露下落,杨柳月中疏。"时人未之赏也。吾爱其萧散,宛然在目②。颍川荀仲举③、琅邪诸葛汉④,亦以为尔。而卢思道之徒⑤,雅所不惬。

注释

①兰陵:故址在今山东峄县东五十里。萧悫:北齐人。字仁祖。曾任太子洗马。

②此二句后人多有称道者。《苕溪渔隐丛话》后九:"皮日休云:'北齐美萧悫"芙蓉露下落,杨柳月中疏";孟先生(浩然)有"微云淡河汉,疏雨滴梧桐",……此与古人争胜于毫厘也。"许顗《许彦周诗话》云:"六朝诗人之诗,不可不熟读,如'芙蓉露下落,杨柳月中疏',锻炼至此,自唐以来,无人能及也。退之云:'齐、梁及陈、隋,众作等蝉噪。'此语,吾不敢议,亦不敢从。"《朱子语类》一四〇:"或问:'李白"清水出芙蓉,天然去雕饰",前辈多称此语,如何?'曰:'自然之好。又如

"芙蓉露下落,杨柳月中疏",则尤佳。'"李东阳《麓堂诗话》:"'芙蓉露下落,杨柳月中疏',有何深意,却自是诗家语。"

③荀仲举:北齐颍川人,字士高。仕梁为南沙令,从萧明于寒山,被执。入馆除符玺郎。后以年老家贫,出为义宁太守。见《北齐书·文苑传》。

④诸葛汉:即诸葛颍,字汉,丹阳建康人。有集二十卷。见《北史·文苑传》。此言琅邪,盖举郡望。

⑤卢思道:隋诗人。字子行,范阳人。少时从邢邵学。曾仕北齐为给事黄门侍郎。北周时授仪同三司,后为武阳太守。隋初官至散骑侍郎。其诗纤艳,多游宴酬赠之作。

【今译】

兰陵萧悫,是梁朝上黄侯萧晔的儿子,擅长写诗。他曾经写了一首《秋诗》,有两句说:"芙蓉露下落,杨柳月中疏。"当时的人都不欣赏它。我则喜爱这两句诗的空远闲散,宛然如在眼前。颍川荀仲举、琅邪诸葛汉也认为是这样的。而卢思道那一帮人,却很不满意这两句诗。

【原文】

何逊诗实为清巧①,多形似之言②;扬都论者③,恨其每病苦辛,饶贫寒气,不及刘孝绰之雍容也④。虽然,刘甚忌之,平生诵何诗,常云:"'蓬车响北阙'懵懵不道车⑤。"又撰《诗苑》⑥,止取何两篇,时人讥其不广。刘孝绰当时既有重名,无所与让;唯服谢朓⑦,常以谢诗置几案间,动静辄讽味。简文爱陶渊明文⑧,亦复如此。江南语曰:"梁有三何,子朗最多。"三何者,逊及思澄、子朗也⑨。子朗信饶清巧。思澄游庐山,每有佳篇,亦为冠绝。

注释

①何逊:南朝梁诗人。字仲言,东海郯人。任安城王参军事,兼尚书水部郎,后为庐陵王记室。其诗长于写景及炼字,为杜甫所推重。事见《梁书·何逊传》。

②形似:这里是形象的意思,指描绘或表达具体生动。

③扬都:即建业,古县名。治所在今南京市。

④刘孝绰:南朝梁文学家。原名冉,小字阿士。彭城人。曾任秘书丞等职。能诗文,颇为萧统(昭明太子)所重。见《梁书·刘孝绰传》。

⑤蓬车:抱经堂本作"蓬居",王利器据孙祖志说校改。孙氏《读书脞录》七

曰:"案:'蘧居','居'字误,当作'车',盖用蘧伯玉事。何逊《早朝》诗云:'蘧车响北阙,郑履入南宫。'见《艺文类聚·朝会类》《文苑英华》,彭叔夏辨证云:'《集》本题作《早朝车中听望》,是也。''懂懂不道车',是讥何诗语,然不得其解,岂以'蘧车'二字音韵不谐亮耶?"洪业曰:案《烈女传·仁智》篇:'卫灵公与夫人夜坐,闻车声辚辚,至阙而止。过阙复有声。公问夫人曰:知此谓谁? 夫人曰:此蘧伯玉也。公曰:何以知之? 夫人曰:妾闻礼下公门,式路马,所以广敬也。……蘧伯玉,卫之贤大夫也;仁而有智,敬于事上。此其人必不以闇昧废礼;是以知之。公使视之,果伯玉也。"夫伯玉之车,至阙而无声。何仲言《早朝》诗中之车乃响于北阙,是乖戾貌。无礼之车也。故孝焯讥之为懂懂不道之车,不得称蘧车也。"懂懂,乖戾貌。

⑥此书未见著录,盖已亡佚。

⑦谢朓:《南齐书·谢朓传》:"朓善草隶,长五言诗,沈约常云:'二百年来无此诗也。'"《梁书·庾肩吾传》:"梁简文《与湘东王书》:'至如近世谢朓、沈约之诗,任昉、陆倕之笔,斯实文章之冠冕,述作之楷模。'"参见本篇。"夫文章者"段注。

⑧陶渊明:东晋诗人。一名潜,字元亮,浔阳柴桑人。曾任江州祭酒、镇军参军、彭泽令等职。其诗兼有平淡与爽朗之胜,语言质朴自然,而又极为精炼。散文以《桃花源记》最有名。有《陶渊明集》。

⑨何思澄:南明梁人。字元静。少勤学,工文辞,起家为南康王侍郎,迁治书侍御使,终武陵王录事参军。何子朗:何思澄宗人。字世明。早有才思,工清言。历官员外散骑侍郎,卒年二十四。《梁书·文苑传》:"初,思澄与宗人逊及子郎俱擅文名,时人语曰:'东海三何,子朗最多。'思澄闻之曰:'此言误耳。如其不然,故当归逊。'意谓宜在己也。"

【今译】

何逊的诗歌确实清新奇巧,颇多生动形象的语句,邺下那些论诗者,却不满他的诗往往有苦辛之病,多贫寒之气,不及刘孝绰诗歌的雍容华贵。虽然这样,刘孝绰仍很忌讳何逊的诗,平时诵读何逊的诗,常常讥讽地说:"'蘧居响北阙',懂懂不道车。"他又撰写了《诗苑》一书,只选取了何逊的两篇,当时人都非难他收得太少。刘孝绰当时已经有大名,没有什么谦让可言,只是佩服谢朓,常常把谢朓的诗放在几案上,起居作息之时,就拿来讽诵玩味。简文帝喜欢陶渊明的诗文,也和刘孝绰的作法一个样。江南俗语说:"梁朝有三何,子朗诗最好。"三何,指何逊、何思澄及何子朗。何子朗的诗歌确实多清新奇巧之句。何思澄游览庐山时,常常有佳作产生,在当时也是超群绝伦的。

名实第十

【题解】

　　此篇谈"名"与"实"的关系。作者首先用形和影的关系作譬,说明"实"是根本的,而"名"是外在的。"不修身而求令名于世者,犹貌甚恶而责妍影于镜也。"作者又认为,崇实求名,均需留有余地,"至诚之言"、"至洁之行",人们反而不易相信。作者特别强调,人贵名实相符、言行一致,"巧伪不如拙诚",作者举许多事例说明,如果表里不一,沽名钓誉,终究会露出马脚。比如,有一位"以孝著称"的贵人,在服丧期间用巴豆涂脸,使脸上长疮,表示自己悲伤哭泣的厉害程度。结果事情泄露出去,弄得声名狼籍。作者最后指出树立样板的重要性,他认为人都有慕名向善之心,以圣人的言行声名作号召,可以勉励众人,树立起良好的社会风气。作者在开篇即谈到对于"名"的三种不同境界,即"上士忘名,中士立名,下士窃名"。纵观全篇,可以看出作者所寄望于子孙的,乃是"中士立名"一途。

【原文】

　　名之与实①,犹形之与影也②。德艺周厚,则名必善焉;容色姝丽,则影必美焉。今不修身而求令名于世者,犹貌甚恶而责妍影于镜也。上士忘名,中士立名,下士窃名。忘名者,体道合德③,享鬼神之福佑,非所以求名也;立名者,修身慎行,惧荣观之不显,非所以让名也;窃名者,厚貌深奸,干浮华之虚称,非所以得名也。

注释

①名:名声。实:实质,实际。
②影:指从镜子等反射物中反映出来的物体的形象。
③道:事理,规律。

【今译】

名声与实际的关系,就好像形体与影象的关系一样。一个人的德行才干全面深厚,则名声必然美好;一个人的容貌颜色漂亮,则影象也必然美丽。现在某些人不注重修养身心,却企求美好的名声传扬于社会,就好比相貌很丑陋却要求漂亮的影象出现在镜子中一样。上等德行的人已经忘掉了名声,中等德行的人努力树立名声,下等德行的人竭力窃取名声。忘掉名声的人,能够体察事物的规律,使言行符合道德的规范,因而享受鬼神的赐福、保佑,所以他们用不着去求取名声;树立名声的人,努力提高品德修养,慎重对待自己的行动,时时担心自己的荣誉不能显扬,所以他们对名声是不会谦让的;窃取名声的人,貌似忠厚而心怀大奸,求取浮华的虚名,所以他们是不会得到好名声的。

【原文】

人足所履,不过数寸,然而咫尺之途,必颠蹶于崖岸①,拱把之梁②,每沉溺于川谷者,何哉?为其旁无馀地故也。君子之立己,抑亦如之。至诚之言,人未能信,至洁之行,物或致疑③,皆由言行声名,无馀地也。吾每为人所毁,常以此自责。若能开方轨之路④,广造舟之航⑤,则仲由之言信,重于登坛之盟⑥,赵憙之降城,贤于折冲之将矣⑦。

注释

①颠蹶(jué决):颠仆、跌倒。
②拱把之梁:两手合围曰拱,只手所握曰把。拱把之梁,即很小的独木桥。
③物:即人。
④方轨:车辆并行。这里指平坦的大道。
⑤造舟:连船为桥,即今之浮桥。
⑥《左传·哀公十四年》:"小邾射以句绎来奔,曰:'使季路要我,吾无盟矣。'使子路,子路辞。季康子使冉有谓之曰:'千乘之国,不信其盟,而信子之言,子何辱焉?'对曰:'鲁有事于小邾,不敢问故,死其城下可也。彼不臣而济其言,是义之也。由弗能。'"仲由:即子路,孔子学生。性直爽勇敢。登坛:指诸侯会盟。
⑦《后汉书·赵憙传》:"舞阴大姓李氏拥城不下,更始遣柱天将军李宝降之,不肯,云:'闻宛之赵氏有孤孙憙,信义著名,愿得降之。'使诣舞阴,而李氏遂降。"折冲:使敌人战车后撤。即制敌取胜。冲:冲车。战车的一种。

【今译】

　　人的脚所踩踏的地方，面积不过几寸，然而在咫尺宽的山路上行走，一定会从山崖上摔下去；从碗口粗细的独木桥上过河，也往往淹死在河中，这是为什么呢？是因为人的脚旁边没有余地的缘故。君子要在社会上立足，也是这个道理。最诚实的话，别人不会相信；最高洁的行为，别人往往产生怀疑，都是因为这类言论、行动的名声太好，没有留余地造成的。我每当被别人诋毁的时候，就常常以此自责。你们如果能开辟平坦的大道，加宽渡河的浮桥，那么你们就能像子路那样，说话真实可信，胜似诸侯登坛结盟的誓约；像赵熹那样，招降对方盘踞的城池，赛过却敌致胜的将军。

【原文】

　　吾见世人，清名登而金贝入①，信誉显而然诺亏，不知后之矛戟，毁前之干橹也②。宓子贱云③："诚于此者形于彼④。"人之虚实真伪在乎心，无不见乎迹，但察之未熟耳。一为察之所鉴，巧伪不如拙诚，承之以羞大矣。伯石让卿⑤，王莽辞政⑥，当于尔时，自以巧密；后人书之，留传万代，可为骨寒毛竖也。近有大贵，以孝著声，前后居丧，哀毁逾制⑦，亦足以高于人矣。而尝于苦块之中⑧，以巴豆涂脸⑨，遂使成疮，表哭泣之过。左右童竖，不能掩之，益使外人谓其居处饮食，皆为不信。以一伪丧百诚者，乃贪名不已故也。

注释

①金贝：指货币。《汉书·食货志》："金刀龟贝，所以通有无也。"

②《韩非子·难一》："楚人有鬻楯与矛者，誉之曰：'吾楯之坚，物莫能陷也。'又誉其矛曰：'吾矛之利，于物无不陷也。'或曰：'以子之矛，陷子之楯，何如？'其人弗能应也。"此二句本此。干橹：指盾牌。

③宓（fú伏）子贱：一作宓子贱。春秋末期鲁国人，名不齐。孔子学生。曾为单父宰。王利器注语谓："罗本、傅本、颜本、程本、胡本、何本、黄本、文津本、朱本、《通录》二"宓"作"宓"，宋本作'宓'。赵曦明曰：'案颜氏有辨，在《书证》篇。宋本作'宓'，信颜氏元本，今从之'"

④卢文绍曰："《家语·屈节解》：'巫马期入单父界，见夜鱼者，得鱼则舍之，巫马期问焉。鱼者曰："鱼之大者，吾大夫爱之，其小者，吾大夫欲长之，是以得二者辄舍之。"巫马期返以告孔子，曰：'宓子之德至矣，使民闇行，若有严刑于旁。敢

问宓子何行而得于是?"孔子曰:"吾尝与之言曰:'诚于此者刑于彼。'宓子行此术于单父也。'"案:刑、形古通。据《家语》乃孔子告子贱之言。"诚于此者形于彼:意思是在这件事上态度诚实,就给另一件事树立了榜样。

⑤伯石让卿:指春秋时郑国的伯石假意推辞对自己的任命一事。《左传·襄公三十年》:"伯有既死,使太史命伯石为卿,辞。太史退,则请命焉。复命之,又辞。如是三,乃受策入拜。子产是以恶其为人也,使次已位。"

⑥王莽辞政:指东汉末王莽假意推辞不当大司马事。《汉书·王莽传》:"大司马王根,荐莽自代,上遂擢莽为大司马。哀帝即位,莽上疏乞骸骨。哀帝曰:'先帝委政于君而弃群臣,朕得奉宗庙,嘉与君同心合意。今君移病求退,朕甚伤焉。已诏尚书待君奏事。'又遣丞相孔光等白太后:'大司马即不起,皇帝不敢听政。'太后复令莽视事。又因傅太后怒,复乞骸骨。'"

⑦哀毁:居丧时因悲伤过度而损害身体。后常用作居丧尽礼之辞。

⑧苫(shān 山)块:"寝苫枕块"的略称。古人居父母之丧,以草垫为席,土块为枕。《仪礼·既夕礼》:"居倚庐,寝苫枕块。"贾公彦疏:"孝子寝卧之时,寝于苫以块枕头,必寝苫者,哀亲之在草;枕块者,哀亲之在土云。"

⑨巴豆:植物名。因产于巴蜀而形如菽豆,故名。一名巴菽。果实阴干后,可供药用。

【今译】

我看世上有些人,在清白的名声树立之后,就把金钱财宝弄来装入腰包,在信誉显扬之后,就不再信守诺言,不知道自己说的话自相矛盾。虑子贱说:"诚于此者形于彼。"人的虚实真伪本于内心,但不会不从他的形迹中显露出来,只是人们没有深入考察罢了。一旦通过考察来鉴别,那么,巧伪的人就不如拙诚的人,他蒙受的羞辱就大了。春秋时代的伯石曾经三次推却卿的册封,汉朝的王莽也曾一再辞谢大司马的任命,在那个时候,他们都自以为事情做得机巧缜密。后人把他俩的言行记载下来,留传万代,让人读后为之毛骨悚然。最近有位大官,以孝顺闻名,在居丧期间,他悲伤异常超过了丧礼的要求,其孝心可说是超乎常人了。但他曾经在居丧期间,用巴豆涂在脸上,从而使脸上长出了疮疤,以此表示他哭泣得多么厉害。他身边的童仆,却未能替他遮盖此事,事情传扬出去,更使得外人对他在居处饮食诸方面所表露的孝心,都不相信了。因为一件事情作假而使得一百件诚实的事情也失去别人信任,就是因为贪求名声不知满足的缘故啊!

【原文】

　　有一士族,读书不过二三百卷,天才钝拙,而家世殷厚,雅自矜持,多以酒犊珍玩,交诸名士,甘其饵者①,递共吹嘘。朝廷以为文华,亦尝出境聘②。东莱王韩晋明笃好文学③,疑彼制作,多非机杼④,遂设讌言⑤,面相讨试。竟日欢谐,辞人满席,属音赋韵,命笔为诗,彼造次即成⑥,了非向韵⑦。众客各自沉吟,遂无觉者。韩退叹曰:"果如所量!"韩又尝问曰:"玉珽杼上终葵首⑧,当作何形?"乃答云:"斑头曲圜,势如葵叶耳⑨。"韩既有学,忍笑为吾说之。

注释

①饵:以利诱人。

②聘:古代国与国之间通问修好。

③韩晋明:北齐人。袭父爵。后改封东莱王。《北齐书·韩轨传》谓"诸勋贵子孙中,晋明最留心学问"。

④机杼:织布机,用以比喻诗文创作中构思和布局的新巧。

⑤讌言:指宴饮言谈。

⑥造次:仓卒,急遽。

⑦韵:这里指文学作品的风格。

⑧玉珽:即玉笏,为古代天子所持的玉制手板。《说文·玉部》:"珽,大圭,长三尺,杼上,终葵首。"杼:削薄的意思。《周礼·考工记·玉人》:"大圭长三尺,杼上终葵首,天子服之。"郑玄注:"杼,剡也。"贾公彦疏:"谓于三尺圭上除六寸之下两畔杀去之,使已上为椎头。"终葵:《说文》及《考工记》郑玄注均云齐人谓椎曰终葵。综上所述,可知韩晋明此问的意思是:把玉珽从下往上削刮到椎头为止(留六寸为椎头)。

⑨葵叶:指终葵的叶子。此处之终葵为草名。《尔雅·释草》:"莃葵,繁露。"郝懿行《义疏》:"此草叶圆而刺上,如椎之形,故曰终葵。"此二句说该世族因不理解韩晋明所问何意,也不知齐人把椎叫做终葵,故想当然地以"葵叶"答之。

【今译】

　　有一位士家子弟,读的书不过二三百卷,又天性迟钝笨拙,但他家世殷实富有,很有些骄矜自负。他经常拿出美酒、牛肉及珍贵的玩赏物来结交名士,得到他好处的人,就争相吹捧他。朝廷也认为他才华过人,曾经派他作为使节出国访问。东莱王韩晋明,非常爱好文学,怀疑这位士族写的东西大都不是出自他自己的命意构思,就设宴与他交谈,想当面试试他。宴会那天,气氛欢乐和谐,文人才子们聚集一堂,大家挥毫弄墨,赋诗唱和。这位世族也是拿起笔来一挥而就,但那诗歌却完全不是过去的风格韵味。众宾客都各自在专心地低声吟味,就没有一个发现这篇诗歌有什么异常的。韩晋明退席后感叹道:"果然如我猜想的那样!"韩又曾经问他说"玉斑杓上终葵首,那应该是什么样子?"他却回答说:"玉斑的头部弯曲圆转,那样子就像葵叶一样。"韩晋明是有学问的人,忍着笑给我说了这件事。

【原文】

治点①子弟文章,以为声价,大弊事也。一则不可常继,终露其情;二则学者有凭,益不精励。

注释

①治点:修改润色。

【今译】

帮助子弟修改润饰文章,以此抬高他们的声价,这是最糟糕的事,一则因为你不可能持续不断地替他们修改润饰文章,终归有露出真情的时候;二则因为初学者一见有了依靠,就越发不去努力勤奋钻研了。

【原文】

邺下有一少年,出为襄国令①,颇为勉笃。公事经怀②,每加抚恤,以求声誉。凡遣兵役,握手送离,或赍梨枣饼饵③,人人赠别,云:"上命相烦,情所不忍;道路饥渴,以此见思。"民庶称之,不容于口。及迁为泗州别驾④,此费日广,不可常周,一有伪情,触涂难继,功绩遂损败矣。

注释

①襄国:古县名。公元前206年,项羽改信都县置,以赵襄子谥为名。治所在今河北邢台西南。

②经怀:经心。

③赍(jī 机):以物送人。

④泗州：《隋书·地理志》："下邳郡，后魏置南徐州，后周改为泗州。"别驾：官名。汉置别驾从事史，为刺史的佐吏，刺史巡视辖境时，别驾乘驿车随行，故名。魏晋以后承汉制，诸州置别驾，总理众务，职权甚重。

【今译】

邺下有一位年轻人，外放任襄国县令，他十分勤勉踏实，办公事尽心尽意，对下属体恤爱护，希望以此博取好名声。凡碰上派遣本地男丁去服兵役，他都要亲自去握手送别，又向服役的人赠送梨子、枣子、饼干等食品，并对每个人发表临别赠言说："上级的命令，有劳各位了，心中实在不忍心。你们路上饥渴，特以这点薄礼略表思念之情。"百姓们因此很称颂他，对他赞不绝口。等到他升任泗州别驾，这类费用就一天多似一天，他不可能事事都做得面面俱到，一旦表现出虚情假意，就处处难以继续下去，过去建树的功业、劳绩也随之被抹杀了。

【原文】

或问曰："夫神灭形消，遗声馀价，亦犹蝉壳蛇皮，兽迒鸟迹耳①，何预于死者，而圣人以为名教乎②？"对曰："劝也，劝其立名，则获其实。且劝一伯夷③，而千万人立清风矣；劝一季札④，而千万人立仁风矣；劝一柳下惠⑤，而千万人立贞风矣；劝一史鱼⑥，而千万人立直风矣。故圣人欲其鱼鳞凤翼，杂沓参差⑦，不绝于世，岂不弘哉？四海悠悠，皆慕名者，盖因其情而致其善耳。抑又论之，祖考之嘉名美誉⑧，亦子孙之冕服墙宇也⑨，自古及今，获其庇荫者亦众矣。夫修善立名者，亦犹筑室树果，生则获其利，死则遗其泽。世之汲汲者⑩，不达此意，若其与魂爽俱升⑪、松柏偕茂者⑫，惑矣哉！"

注释

①迒（háng 杭）：兽迹。
②名教：指以正定名分为主的封建礼教。
③伯夷：商末孤竹君长子。孤竹君死，他与弟叔齐争让王位。后二人投奔到周，又反对周武王伐商，逃至首阳山，不食周粟而死。《孟子·万章》下："故闻伯夷之风者，顽夫廉，懦夫有立志。"
④季札：又称公子札。春秋时吴国贵族。多次推让君位。事见《史记·吴太伯世家》。

⑤柳下惠:即展禽。春秋时鲁国大夫。展氏,名获,字禽。食邑在柳下,谥惠。以善讲礼节著称。《孟子·万章》下:"故闻柳下惠之风者,鄙夫宽,薄夫敦。"

⑥史鱼:一作史鳅。春秋时卫国大夫,以正直敢谏著名。《论语·卫灵公》:"子曰:'直哉史鱼,邦有道如矢,邦无道如矢。'"

⑦鱼鳞:鱼的鳞片。这里形容密集相从。《史记·淮阴侯列传》:"天下之士,云合雾集,鱼鳞杂遝。"杂遝:众多杂乱貌。参差:不齐貌。此二句意思是:圣人希望天下之民,不论其天资禀赋的差异,都纷纷起而仿效伯夷诸人。

⑧祖考:祖先。生曰父,死曰考。

⑨冕服:古代统治者举行吉礼时所用的礼服。冕指冕冠,服指服饰。冕同而服异,有大裘冕、衮冕、鷩冕、毳冕、希冕、玄冕之别,通称冕服。

⑩汲汲:心情急切的样子。

⑪魂爽:即魂魄。《左传·昭公二十五年》:"心之精爽,是谓魂魄。"

⑫《诗经·小雅·天保》:"如松柏之茂。"

【今译】

有人问道:"一个人的灵魂湮灭,形体消失之后,他遗留在世上的名声,也就像蝉蜕下的壳、蛇蜕掉的皮以及鸟兽留下的足迹一样了,那名声与死者有什么关系,而圣人要把它作为教化的内容来对待呢?"我回答他说:"那是为了勉励大家啊,勉励一个人去树立好的名声,就可以指望他的实际行动能与名声相符。况且我们勉励人们向伯夷学习,成千上万的人就可以树立起清白的风气了;勉励人们向季札学习,成千上万的人就可以树立起仁爱的风气了;勉励人们向柳下惠学习,成千上万的人就可以树立起坚贞的风气了;勉励人们向史鱼学习,成千上万的人就可以树立起刚直的风气了。所以圣人希望世上芸芸众生,不论其天资禀赋的差异,都纷纷起而仿效伯夷等人,使这种风气连绵不绝,这难道不是一件大事吗?这世界上众多的庶民,都是爱慕名声的,应该根据他们的这种感情而引导他们达到美好的境界。或许还可以这样说:祖父辈的美好名声和荣誉,也好比是子孙们的礼冠服饰和高墙大厦,从古到今,得到它的庇荫的人也够多了。那些广修善事以树立名声的人,就好比是建筑房屋栽种果树,活着时能得到好处,死后也可把恩泽施及子孙。那些急急忙忙只知道追逐实利的人,就不明白这个道理。他们死后,如果他们的名声能够与魂魄一道升天,能够同松柏一样长青不衰的话,那就是怪事了!

涉务第十一①

【题解】

本篇的主旨,在于教导儿孙要接触实际,做于国于民有用的人,而不要做只知高谈阔论,而不涉世务的人。作者尖锐批判梁朝士大夫养尊处优、脱离实际的作风。他们"出则车舆,入则扶侍",弄到"肤脆骨柔,不堪行步"的地步,故一旦战乱发生,往往"坐死仓猝";他们不事生产劳动,严重脱离社会现实,故"治官则不了,营家则不办";由于他们地位高贵,虽然不会办事,但有了过失也不好处罚。相比之下,那些出身低微的人讲究实干,熟悉吏道,能够履行职责,有过错能加以处罚,所以他们"纵有小人之态",也仍然多被任用。作者这种鲜明的崇实思想,与他饱经人事变迁、宦海浮沉的经历是分不开的。

【原文】

士君子之处世,贵能有益于物耳②,不徒高谈虚论,左琴右书,以费人君禄位也。国之用材,大较不过六事:一则朝廷之臣,取其鉴达治体③,经纶博雅④;二则文史之臣⑤,取其著述宪章⑥,不忘前古;三则军旅之臣,取其断绝有谋,强干习事;四则藩屏之臣⑦,取其明练风俗,清白爱民;五则使命之臣⑧,取其识变从宜,不辱君命⑨;六则兴造之臣⑩,取其程功节费,开略有术,此则皆勤学守行者所能办也。人性有长短,岂责具美于六涂哉⑪?但当皆晓指趣⑫,能守一职,便无愧耳。

注释

①涉务二字义同,都是专心致力于某事的意思。《勉学》篇"耻涉农商,羞务工技",即以涉务对文成义。

②物:这里是人的意思。见《风操》篇"见似目瞿"段注。

③治体:指政治法度。〔南朝·梁〕刘勰《文心雕龙·诏策》:"孔融之守北海,文教丽而罕于理,乃治体乖也。"

④经纶:原指整理丝缕,引申为规划处理国家大事。博雅:学识渊博纯正。

⑤文史之臣:指在中央负责主管文书档案、起草诏令典章以及修撰国史的官员。

⑥宪章：《礼记·中庸》："仲尼祖述尧舜，宪章文武。"《正义》："宪，法也；章，明也。言夫子法明文武之德。"
⑦藩屏之臣：指地方上的高级长官，可为中央藩屏。
⑧使命之臣：指奉朝廷之命办理内政外交的官员。
⑨不辱君命：不使君命受辱，即完成使命之意。《论语·子路》："使于四方，不辱君命。"
⑩兴造之臣：指负责土木建筑的官员。
⑪涂：通"途"。六途：指上文所指的"六事"。
⑫指：通"旨"。

【今译】

　　君子立身处世，贵在能对旁人有益处，不能光是高谈空论，弹琴练字，以此耗费君主的俸禄官爵。国家使用的人材，大概不外六种：第一种是朝廷之臣，为他们能通晓政治法度，规划处理国家大事，学问广博，品德高尚；第二种是文史之臣，为他们能撰述典章，阐释彰明前人治乱兴革之由，使今人不忘前代的经验教训；第三种是军旅之臣，为他们能多谋善断，强悍干练，熟悉战阵之事；第四种是藩屏之臣，为他们能通晓当地民风民俗，为政清廉，爱护百姓；第五种是使命之臣，为他们能洞察情况变化，择善而从，不辜负国君交付的外交使命；另六种是兴造之臣，为他们能计量功效，节约费用，开创筹划很有办法。以上种种，都是勤于学习、保持操行的人所能办到的。人的资质各有高下，哪能要求一个人把以上"六事"都办得完美呢？只不过人人都应该明白其要旨，能够在某个职位上尽自己的责任，也就可以无愧于心了。

【原文】

　　吾见世中文学之士，品藻古今①，若指诸掌②，及有试用，多无所堪。居承平之世，不知有丧乱之祸；处庙堂之下③，不知有战陈之急④；保俸禄之资，不知有耕稼之苦；肆吏民之上⑤，不知有劳役之勤，故难可以应世经务也。晋朝南渡⑥，优借士族；故江南冠带⑦，有才干者，擢为令仆已下尚书郎中书舍人已上⑧，典章机要。其余文义之士，多迂诞浮华，不涉世务；纤微过失，又惜行捶楚，所以处于清高，盖护其短也。至于台阁令史⑨，主书监帅⑩，诸王签省⑪，并晓习吏用，济办时须，纵有小人之态，皆可鞭杖肃督，故多见委使，盖用其长也。人每不自量，举世怨梁武帝父子爱小人而疏士大丈⑫,此亦眼不能见其睫耳⑬。

注释

①品藻:鉴定等级。

②若指诸掌:像指示掌中之物一样,比喻事理浅近易明。语出《论语·八佾》:"子曰:'知其说者之于天下也,其如示诸乎!'指其掌。"

③庙堂:宗庙明堂,古代帝王议事之处,故也以庙堂指朝廷。

④战陈:作战的阵法。陈,"阵"的本字。

⑤肆:踞。《玉篇·长部》:"肆,踞也。"

⑥晋朝南渡:指西晋被灭后,晋元帝于建武元年(公元317年)南渡,在建康(今南京)建立东晋事。

⑦冠带:官吏或士大夫的代称,以其带冠束带,故称。

⑧令:即尚书令,为尚书省的长官。仆:即尚书仆射,为尚书省的副长官。尚书郎:尚书省属官,掌管文书起草之事。中书舍人:中书省属官,掌管进呈奏案之事。以上详见《晋书·职官志》。

⑨台阁:指尚书省。令史:尚书省属下的官员。

⑩主书:尚书省属下官员。监帅:监督军务的官员。

⑪签:指典签,南朝以诸王出镇,由朝廷派典签佐之,本为处理文书的小吏,但实际起监视诸王的作用,权力甚大,遂有签帅之称。省:指省事、尚书省属官。以上所言令史、主书、监帅、典签、省事等均属低级官员。

⑫梁武帝父子:指南朝梁的君主梁武帝萧衍和他的儿子梁简文帝萧纲、梁元帝萧绎。

⑬《韩非子·喻老》:"杜子谏楚庄王曰:'臣患王之智如目也,能见百步之外,而不能自见其睫。'"

【今译】

我看世上那些弄文学的书生,品评古今,倒像指点掌中之物一般明白,等到要用他们去干实事,却大都胜任不了。他们生活在社会安定的时代,不知道会有丧国乱民的灾祸;在朝中做官,不懂得战争攻伐的急迫;有可靠的俸禄收入,不了解耕种庄稼的辛苦;高踞于吏民之上,不明白劳役的艰辛,所以难得用他们去顺应时世,处理公务。晋朝南渡后,朝廷优待世族,所以江南的官吏,凡有才干的,都提拔他们担任尚书令、尚书仆射以下,尚书郎、中书舍人以上的官职,掌管机要大事,剩下那些空谈文章的书生,大都迂阔傲慢、华而不实,不接触实际事务；纵然有一些小小过失，也不好对他们施以杖责，所以只能给他们名声清高的职位，以此来掩饰他们的弱点。至于尚书省的令史、主书、监帅，诸王身边的签帅、省事，担任这类职务的都是熟悉官吏事务，能够履行职责的人，其中有些人纵有不良表现，都可施以鞭打杖击的处罚，严加监督，所以这些人多被任用，大略是用其所长吧。人往往不自量，当时大家都埋怨梁武帝父子亲近小人而疏远士大夫，这也就如自己的眼珠子看不见自己的眼睫毛一样，是没有自知之明的表现。

【原文】

梁世士大夫，皆尚褒衣博带①，大冠高履②，出则车舆，入则扶侍，郊郭之内，无乘马者。周弘正为宣城王所爱③，给一果下马④，常服御之，举朝以为放达⑤。至乃尚书郎乘马，则纠劾之。及侯景之乱⑥，肤脆骨柔，不堪行步，体羸气弱，不耐寒暑，坐死仓猝者，往往而然。建康令王复性既儒雅⑦，未尝乘骑，见马嘶喷陆梁⑧，莫不震慑，乃谓人曰："正是虎，何故名为马乎？"其风俗至此。

注释

①褒衣博带：宽大的袍子和衣带。

②高履：即高齿屐。见《勉学》篇"梁朝全盛"段注。

③周弘正：字思行，南朝学者，在梁、陈都做过官。见《勉学》篇"学之兴废"段注。宣城王：简文帝的儿子萧大器。

④果下马：在当时视为珍品的一种小马，只有三尺高，能在果树下行走，故名。见《魏志·东夷传》。

⑤放达：这里是放纵不拘礼法的意思。

⑥侯景之乱：梁武帝太清二年（公元548年）北朝降将侯景叛乱，攻破建康，梁武帝被困而死。史称"侯景之乱"。

⑦建康：即今南京。本名金陵，吴为建业，晋避愍帝讳，改为建康。

⑧陆梁：跳跃。

【今译】

梁朝的士大夫，都爱好宽袍大带、大帽高履，外出乘车舆，回家靠僮仆服侍，在城郊以内，就没见有哪个士大夫骑马的。周弘正这人被宣城王宠爱，得到一匹果下马，经常骑着它外出，满朝官员都认为他过于放纵。至于像尚书郎这样的官员骑马，就会被人检举弹劾。到侯景之乱发生时，这些士大夫肌肤脆弱、筋骨柔嫩，受不了步行；身体瘦弱、气血不足，耐不得寒暑，在仓猝变乱中坐以待毙的，往往是这些人。建康令王复，性格既温文尔雅，又从未骑过马，一看到马嘶叫腾跃，总是感到震惊害怕，对别人说："这正是老虎，为什么要把它叫做马呢？"那时的风气竟到了这一步。

【原文】

古人欲知稼穑之艰难[1]，斯盖贵谷务本之道也[2]。夫食为民天，民非食不生矣，三日不粒[3]，父子不能相存[4]。耕种之，茠鉏之[5]，刈获之，载积之，打拂之，簸扬之，凡几涉手，而入仓廪，安可轻农事而贵末业哉？江南朝士，因晋中兴[6]，南渡江，卒为羁旅，至今八九世，未有力田，悉资俸禄而食耳。假令有者，皆信僮仆为之[7]，未尝目观起一埭土[8]，耕一株苗；不知几月当下，几月当收，安识世间馀务乎？故治官则不了，营家则不办[9]，皆优闲之过也。

【注释】

①《尚书·无逸》："先知稼穑之艰难。"稼穑：指农事。
②本：与下文之"末业"相对，本指农业，末指商业。
③粒：以谷米为食。
④存：想念、省问。曹操《短歌行》："越陌度阡，枉用相存。"
⑤茠：同"薅"，除草。
⑥中兴：西晋亡后，东晋又建国于江南，故称中兴。
⑦信：依靠。
⑧埭（bá 拔）：耕地时一耦所翻起的土。
⑨办：治理。

【今译】

古人想了解农事的艰难，这大约体现了重视粮食、以农为本的思想。吃饭是民生第一大事，老百姓没有粮食就不能生存，三天不吃饭，恐怕父子之间也顾不上互相问候了。种一季庄稼，要耕地、播种、薅草、松土、收割、运载、脱粒、簸扬，经过多次工序，粮食才能入仓，怎么可以轻视农业而看重商业呢？江南朝廷的士大夫们，是因为晋朝的中兴,渡江南来,最后客居异乡的,到现在已过了八九代了,还从来没有下力气种过田,全靠俸禄生活。即使有点田地的,都是靠僮仆们耕种,自己从未亲眼看见翻一尺土,薅一株苗;不知道哪个月该播种,哪个月该收割,这样哪能懂得社会上的其他事务呢?所以他们做官不明吏道,理家不会经营,这都是生活优闲造成的过错啊。

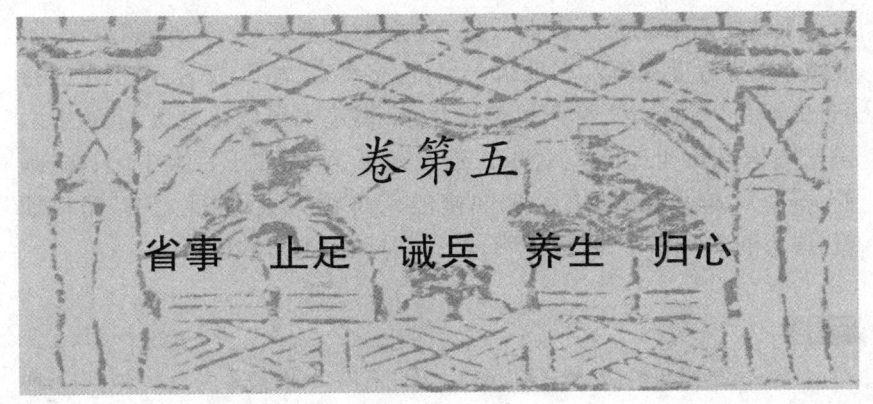

卷第五

省事 止足 诫兵 养生 归心

省事第十二

【题解】

本篇所说的"省事",实际上是颜之推从人生经验中总结出来的一种处世哲学。它的意思是干什么事都应把握好一定的尺度,不可逾矩。从学问来说,应有所专精,不可涉猎过广,所谓"多为少善,不如执一",与其样样通,样样松,不如集中精力研习一门,这样方可达到精妙的程度。从为官任事来说,应该忠于本职工作,在自己的职责范围内行事,所谓"就养有方,思不出位"。基于这个观点,他对越职向皇帝上书陈事的行为痛加指斥,认为不过是"贾诚以求位,鬻言以干禄",最终是没有好下场的。对爵禄这类东西,应当采取"信由天命"的态度,不可刻意追求。"时运之来,不求亦至","风云不与,徒求无益"。对北齐末年那些以钱财女宠通关节谋取爵禄的人,表现了极大的蔑视。同时,颜氏认为人应该富有同情心,乐于助人,但不可无原则地去帮助别人,一切应该以是否符合"仁义"而定。他又认为对自己不熟悉的事,不可妄下评语,否则会遭致羞辱。以上要儿孙"省事"的告诫,反映出颜氏对乱世中人情险恶的一种本能防范。是有其深刻的社会历史背景的。

【原文】

铭金人云:"无多言,多言多败;无多事,多事多患①。"至哉斯戒也!能走者夺其翼,善飞者减其指②,有角者无上齿,丰后者无前足,盖天道不使物有兼焉也。古人云："多为少善，不如执一③；鼫鼠五能，不成伎术④。"近世有两人⑤，朗悟士也，性多营综，略无成名，经不足以待问，史不足以讨论，文章无可传于集录，书迹未堪以留爱玩，卜筮射六得三⑥，医药治十差五⑦，音乐在数十人下，弓矢在千百人中，天文、画绘、棊博⑧、鲜卑语、胡书⑨、煎胡桃油⑩、炼锡为银，如此之类，略得梗概，皆不通熟。惜乎，以彼神明，若省其异端，当精妙也。

注释

①《说苑·敬慎》："孔子之周，观于太庙，右陛之前，有金人焉，三缄其口，而铭其背曰：'古之慎言人也，戒之哉！戒之哉！无多言，多言多败；无多事，多事多患。'"

②郝懿行曰："'指'当为'趾'字之讹。"

③执一：专一。《吕氏春秋》有《执一》篇，云："王者执一而为万物正。"

④《说文》："鼫，五伎鼠也，能飞不能过屋，能缘不能穷木，能游不能度谷，能穴不能掩身，能走不能先人。"鼫（shí）鼠：一种危害农作物的鼠。见《尔雅·释兽》。

⑤郝懿行、李详俱引杭世骏《诸史然疑》，指为祖珽、徐之才二人。洪业谓杭世骏说不可从，因徐、祖二人，不可谓"略无成名"者也。

⑥卜筮：古时预测吉凶，用龟甲称卜，用蓍草称筮，合称卜筮。

⑦差（chài 柴去）：病愈。

⑧棊博：棊，同棋，指围棋。博，指六博，为古代的一种博戏。共十二棋，六黑六白，两人相博，每人六棋，故名。

⑨胡书：胡人的文字。这里当指鲜卑文字。

⑩胡桃油：胡人用以作画的一种材料。《北齐书·祖珽传》："珽善为胡桃油以涂画。"

【今译】

孔子在周朝的太庙里看见一个铜人，背上刻着几行字，说："不要多说话，多说话多受损；不要多管事，多管事多遭灾。"这个训诫说得太好了。对于动物来说，善于奔跑的就不让它长上翅膀，善于飞行的就不让它长出前肢，头上长角的嘴里就没有上齿，后肢发达的前肢就退化，大概大自然的法则就是不让它们兼有各种优点吧。古人说："干得多而干好的少，那就不如专心干好一件事；鼫鼠有五种本领，却都难派用场。"近世有两个人，都是聪明颖悟之辈，兴趣广泛，却没有一样专长能帮助他们树立名声，他们的经学知识经不起别人提问，史学知识不足以同别人探讨评论，他们的文章水准够不上编集传世，书法作品不值得保存赏玩，他们为人卜筮六次里面只对三次，替人看病治十个只有五个痊愈，他们的音乐水准在数十人之下，射箭本领也不出众，天文、绘画、棋艺、鲜卑话、胡人文字、煎胡桃油、炼锡成银，像这一类的技艺，他们也能略微了解一个大概，却都不精通熟悉。可惜啊，以他们这样的绝顶聪明，如果能割舍其他爱好，专心研习一种，那一定会达到精妙的地步。

【原文】

上书陈事，起自战国，逮于两汉，风流弥广①。原其体度：攻人主之长短，谏诤之徒也；诋群臣之得失，讼诉之类也；陈国家之利害，对策之伍也；带私情之与夺，游说之俦也。总此四涂②，贾诚以求位③，鬻言以干禄。或无丝毫之益，而有不省之困，幸而感悟人主，为时所纳，初获不赀之赏，终陷不测之诛，则严助④、朱买臣⑤、吾丘寿王⑥、主父偃之类甚众⑦。良史所书，盖取其狂狷一介⑧，论政得失耳，非士君子守法度者所为也。今世所睹，怀瑾瑜而握兰桂者⑨，悉耻为之。守门诣阙，献书言计，率多空薄，高自矜夸，无经略之大体，咸粃糠之微事，十条之中，一不足采，纵合时务，已漏先觉，非谓不知，但患知而不行耳。或被发奸私，面相酬证，事途迴穴⑩，翻惧悢尤⑪；人主外护声教，脱加含养⑫，此乃侥幸之徒，不足与比肩也⑬。

注释

①风流：遗风。《汉书·赵充国辛庆忌传赞》："今之歌谣慷慨，风流犹存耳。"
②涂：道路。四涂：这里指以上四种情况。涂也作途。
③贾(gǔ)诚：即贾忠，避隋文帝父杨忠讳改。贾：卖。
④严助：西汉辞赋家。会稽人。武帝初即位，郡举贤良对策，擢为中大夫，后迁会稽太守。后因与淮安王刘安谋反事有牵连，被杀。
⑤朱买臣：西汉吴县人，字翁子。武帝时，为会稽太守、主爵都尉等。后被杀。
⑥吾丘寿王：西汉赵人，字子赣。为侍中中郎，坐法免，上书愿击匈奴，拜东郡都尉，征入为光禄大夫侍中。后坐事诛。
⑦主父偃：西汉临淄人，主父为复姓。任中大夫，主张进一步削弱割据势力，

武帝采其建议,下"推恩令"。后为齐相,以迫齐王自杀,被诛。

⑧狂狷:指志向高远的人与拘谨自守的人。《论语·子路》:"子曰:'不得中行而与之,必也狂狷乎!狂者进取,狷者有所不为也。'"何晏集解引包咸曰:"狂者进取于善道,狷者守节无为。"一介:这里是耿介的意思。

⑨瑾瑜:美玉。兰桂:兰草与桂花。皆有异香。此用以比喻怀才抱德之士。

⑩迥穴:纡曲、变化无定的意思。

⑪愆尤:愆同愆。愆尤:指罪过。

⑫脱:或者。这里用作表推度的副词。含养:包容养育。形容帝德博厚。

⑬比肩:并肩。这里指与之为伍。

【今译】

　　向君主上书陈述意见,这种事起自战国时代,到了两汉,这种风气更加流行。推究它的体度,有四种情况:指责国君长短的,属于谏诤一类;攻讦群臣得失的,属于讼诉一类;陈述国家利害的,属于对策一类;抓住对方私人情感来打动他的,属于游说一类。总括这四类人之所为,都是靠贩卖忠心来求取地位,靠出售言论来谋取利禄。他们陈述的意见可能没有丝毫益处,反而可能导致不被国君理解的困扰,即使有幸能感悟国君,被及时采纳,起初他们也能得到不可比量的奖赏,但最终还是遭致了无法预测的诛杀,就如像严助、朱买臣、吾丘寿王、主父偃这类人,那是很多的。优秀的史官所记载的,只是选取了其中那些狂狷耿介,评论时政得失的人罢了,但这些都不是世家君子谨守法度的人所能干的。就我们现在所看到的,那些德才兼备的人都耻于干这种事。守候于国君出入的门户,或趋赴朝廷的殿堂,向国君献书言计,那些东西大多是空疏浅薄,自吹自擂的,内中没有治理国家的纲领,都是些鸡毛蒜皮的小事,十条意见里面,没有一条值得采纳,纵然其中所言也有合乎实际情况的,但上书者却忘了那是别人早就认识到的,并不是大家不知道,可忧的是知道了却不去实行。有时上书者被人揭发出奸诈营私的事,当面与人应答对证,事情的发展反复变化,当事人此时反而是时时担惊受怕,纵然国君出于对外维护朝廷声誉教化的考虑,或许能对他们加以包涵,那他们也只能算是侥幸获免之辈,正人君子是不值得与他们为伍的。

【原文】

　　谏诤之徒,以正人君之失尔,必在得言之地①,当尽匡赞之规,不容苟免偷安,垂头塞耳;至于就养有方②,思不出位③,干非其任,斯则罪人。故《表记》云④:"事君,远而谏,则谄也;近而不谏,则尸利也⑤。"《论语》曰:"未信而谏,人以为谤己也⑥。"

注释

①得言:犹当言。
②就养:这里指侍奉国君。《礼记·檀弓上》:"事君有犯而无隐,左右就养有方。"郑玄注曰:"不可侵官。"意思是说作为臣子应在自己的职权范围内侍奉国君,不可侵权。
③《论语·宪问》:"君子思不出其位。"此句意思是说思考问题不超出自己的职务范围。
④表记:《礼记》篇名。
⑤尸利:如尸之只受享祭而无所事事,比喻受禄而不尽职责。
⑥此段引语见《论语·子张》。

【今译】

　　从事谏诤的人,是要去纠正国君的过失的,他一定要处在能够讲话的位置,尽其匡正辅佐之责,不容许苟且偷安,装聋作哑。至于古人所说侍奉国君应各司其职,考虑问题不要超出自己的职务范围,这是应该注意的,如果超越自己的职位去冒犯国君,那就会成为朝廷的罪人。所以《礼记·表记》上说:"侍奉国君,关系疏远却去进谏,那就形同谄媚了;关系密切却不去进谏,那就是尸位素餐了。"《论语·子张》上说:"没有取得国君的信任就去进谏,国君就会以为你在诽谤他。"

【原文】

　　君子当守道崇德,蓄价待时①,爵禄不登,信由天命。须求趋竞,不顾羞惭,比较材能,斟量功伐②,厉色扬声,东怨西怒;或有劫持宰相瑕疵,而获酬谢,或有喧聒时人视听,求见发遣;以此得官,谓为才力,何异盗食致饱,窃衣取温哉!世见躁竞得官者③,便谓"弗索何获";不知时运之来,不求亦至也。见静退未遇者,便谓"弗为胡成";不知风云不与④,徒求无益也。凡不求而自得,求而不得者,焉可胜算乎!

注释

①价:指声望。
②功伐:指功劳。伐也是功的意思。
③躁竞:急于与人比高下,争权势。
④风云:指人的际遇。

【今译】

　　君子应该谨守正道、推崇德行,蓄养声望以待时机。一个人如果官职俸禄不能往上升,那实在是因为天命的缘故。自己去索求奔走,不顾羞耻,与别人比较才能大小,计量功劳高低,声色俱厉,怨这怨那,甚至有人以宰相的毛病进行要挟,以此获得酬谢;有人大声吵嚷,混淆视听,以此求得早日被安排任用。靠这些手段得到官职,说这就是他们的才干能力,这与偷盗食物来填饱肚皮,窃取衣服来求得温暖有什么区别呢!一般人看见那些奔走钻营而获得官位的人,就说:"不去索取怎么能获得呢?"他们不明白时运到来时,你不求取也会来的;他们看见那些恬静谦让却没有得到赏识的人,就说:"不去争取怎么能成功呢?"他们不明白时机未至,徒然去追求也是没有好处的。世上那些不去索求却获得了,以及索求了却没有获得的人,哪能计算得清呢!

【原文】

　　齐之季世①,多以财货托附外家②,喧动女谒③。拜守宰者④,印组光华⑤,车骑辉赫,荣兼九族⑥,取贵一时。而为执政所患,随而伺察,既以利得,必以利殆,微染风尘⑦,便乖肃正,坑阱殊深⑧,疮痏未复⑨,纵得免死,莫不破家,然后噬脐⑩,亦复何及。吾自南及北,未尝一言与时人论身分也⑪,不能通达,亦无尤焉。

注释

①季:末的意思。季世,指末世、衰世。齐:当指北齐。
②外家:指母亲和妻子的娘家。
③女谒:也称妇谒。指通过宫中嬖宠的女子干求请托。
④守宰:指地方长官。
⑤印组:即印绶。绶为系印的丝带。
⑥九族:见《兄弟》篇首段注。

⑦风尘:风起尘扬,天地昏浊。此比喻上述靠钱财女谒得官之事。
⑧坑阱:陷阱。
⑨疮痏:创伤、瘢痕。
⑩噬脐:自啮腹脐。喻后悔不及。
⑪身分:指人在社会上的地位、资历等。

【今译】
　　北齐的末年,那些想当官的人,大多把钱财托附给外家,通过得宠女子去拜求请托。那被任命为地方长官的人,他们的官印绶带,真个是光艳华丽;他们的高车大马,够得上辉煌显赫,那荣耀兼及九族,富贵取于一时。但一旦遭到执政者的怨恨,执政者就会立即对他们的所作所为进行侦探调查,那因利而来的,必定因利而致危,稍微沾染上世俗的不良风气,就背离了为官应有的严肃公正,那陷阱很深很深,那创痛难能平复,纵然能够免掉一死,家庭却没有不因此而败损的,那时再后悔就来不及了。我从南方到了北方,从来没有对别人谈过一句有关自己过去的地位、资历的话,即使不能富贵显达,也不因此而怨天尤人。

【原文】
　　王子晋云:"佐饔得尝,佐斗得伤①。"此言为善则预,为恶则去,不欲党人非义之事也②。凡损于物③,皆无与焉。然而穷鸟入怀,仁人所悯;况死士归我,当弃之乎?伍员之托渔舟④,季布之入广柳⑤,孔融之藏张俭⑥,孙嵩之匿赵岐⑦,前代之所贵,而吾之所行也,以此得罪,甘心瞑目。至如郭解之代人报仇⑧,灌夫之横怒求地⑨,游侠之徒⑩,非君子之所为也。如有逆乱之行,得罪于君亲者,又不足恤焉。亲友之迫危难也,家财己力,当无所吝;若横生图计,无理请谒,非吾教也。墨翟之徒⑪,世谓热腹,杨朱之侣⑫,世谓冷肠;肠不可冷,腹不可热,当以仁义为节文尔⑬。

注释
　　①此二句出《国语·周语下》:"佐雝者尝焉,佐斗者伤焉。"韦昭注:"雝,烹煎之官也。"徐元诰注:"雝即饔。"王子晋:周灵王太子。

②党:朋党。指为私利结成一伙的人。

③物:指人。见《风操》篇"见似目瞿"段注。

④伍员:春秋时吴国大夫。字子胥。楚大夫伍奢次子。伍奢被杀,他由楚国逃奔到吴国,帮助吴王阖闾夺取王位,后率吴军攻破楚国。《史记·伍子胥列传》:"伍子胥……奔吴,追者在后;有一渔父乘船,知伍胥之急,乃渡伍胥。"

⑤季布:汉初楚人,楚汉战争中,为项羽部将。《史记·季布列传》:"季布者,楚人也。为气任侠,有名于楚。项籍使将兵,数窘汉王。及项羽灭,高祖购布千金。布匿濮阳周氏,周氏献计,髡钳布,衣褐衣,置广柳车中,之鲁朱家所卖之。朱家心知是季布,买而置之田,诫其子,与同食。"广柳:即广柳车,一种载运棺柩的大车。

⑥《后汉书·党锢传》:"张俭,字元节,山阳高平人。"《后汉书·孔融传》:"融,字文举,鲁国人,孔子二十世孙也。山阳张俭为中常侍侯览所恶,刊章捕俭。俭与融兄褒有旧,亡抵褒,不遇。时融年十六,见其有窘色,谓曰:'吾独不能君主邪?'因留舍之。后事泄,俭得脱,兄弟争死,诏书竟坐褒焉。"

⑦《后汉书·赵岐传》:"岐,字邠卿,京兆长陵人。耻疾宦官,中常侍唐衡兄玹为京兆尹,收其家属尽杀之。岐逃难,自匿姓名,卖饼北海中。时安丘孙嵩游市,察非常人,呼与共载。岐惧失色。嵩屏人语曰:'我北海孙宾石,阖门百口,势能相济。'遂与俱归,藏复壁中。"

⑧《史记·游侠传》:"郭解,轵人也,字翁伯。为人短小精悍,以躯借交报仇。"

⑨《史记·魏其武安侯列传》:"武安侯田蚡为丞相,使籍福请魏其城南田,不许。灌夫闻,怒骂籍福,福恶两人有郄,乃谩自好,谢丞相。已而武安闻魏其、灌夫实怒不与田,亦怒曰:'蚡事魏其,无所不可,何爱数顷田?且灌夫何与也?'由此大怨灌夫、魏其。"横怒:暴怒,震怒。

⑩游侠:古指敢于反抗,不顾社会秩序,救人急难的人。

⑪墨翟:即墨子。春秋战国之际思想家、政治家,墨家的创始人。主张"兼爱"、"非攻",其本人更有"摩顶放踵,利天下为之"的实践精神。

⑫杨朱:战国初哲学家。魏国人。孟子说他"拔一毛而利天下不为也",极力抨击他的"为我"思想。

⑬节文:节制修饰的意思。

【今译】

王子晋说:"帮助厨官做菜,可得美味品尝;帮助别人争斗,难免要被殴伤。"这话是说看见别人做好事就应该参加进去,看见别人做坏事则应该尽量避开,不要拉帮结伙去做不义之事。凡是对人有害的事,都不应该去参与。但是一只走投无路的小鸟投入人的怀抱,仁慈的人总会去怜悯它的;何况敢死的勇士来归依于我,我应当抛弃他吗?伍员托渔夫摆渡相救,季布被藏身在广柳车中,孔融掩救张俭,孙嵩藏匿赵岐,这些事例都被前代所看重,也是我所奉行的,就算因此得罪权贵,也心甘情愿。至于像郭解代人报仇,灌夫为朋友怒责丞相田蚡索取田地,那是游侠一类人的行为,不是君子应该干的。如果有大逆不道,犯上作乱的行为,因此而得罪君王与父母,那就更不值得同情了。亲友被危难所迫,自家的钱财精力,是不应该吝惜的;但如果有人不怀好心,无理请求,那就不是我们应该效法的了。墨子的门徒,大家都称他们为热腹,杨朱的同道,大家都称他们为冷肠;肠不可冷,腹不可热,应当用仁义来节制修饰自己的言行,那就对了。

【原文】

　　前在修文令曹①,有山东学士与关中太史竞历②,凡十馀人,纷纭累岁,内史牒付议官平之③。吾执论曰:"大抵诸儒所争,四分并减分两家尔④。历象之要,可以晷景测之⑤;今验其分至薄蚀⑥,则四分疏而减分密。疏者则称政令有宽猛,运行致盈缩⑦,非算之失也;密者则云日月有迟速,以术求之,预知其度⑧,无灾祥也。用疏则藏奸而不信,用密则任数而违经⑨。且议官所知,不能精于讼者,以浅裁深,安有肯服?既非格令所司⑩,幸勿当也⑪。"举曹贵贱,咸以为然。有一礼官,耻为此让,苦欲留连⑫,强加考核。机杼既薄⑬,无以测量,还复采访讼人,窥望长短,朝夕聚议,寒暑烦劳,背春涉冬,竟无予夺,怨诮滋生,赧然而退,终为内史所迫:此好名之辱也。

【注释】

　　①刘盼遂认为此指北齐后主武平三年时,颜氏在修文殿撰御览之事。引证《北齐书·颜之推传》中《观我生赋》自注:"齐武平中,署文林馆,待诏者仆射阳休之、祖孝徵以下三十馀人,之推专掌,其撰《修文殿御览》《续文章流别》皆诣进贤门奏之。"又缪钺《颜之推年谱》认为竞历之事约在隋开皇十年。修文令曹:洪业以为"疑是开皇中所设修订法令之局,故后文以'格令所司'为说也。"

　　②关中:地名。指今陕西一带。太史:官名,掌历法。见《隋书·百官志》。竞历:指争论历法。

③内史：官名，掌民政。《隋书·百官志》："内史置令二人，侍郎四人。"牒：公文。平：平议，即公正地论定是非曲直。

④四分：指四分历。减分：指减分历。《后汉书·律历志中》："今改行〈四分〉，以遵于尧，顺孔圣奉天之文。"

⑤晷：指日晷，测度日影以确定时刻的仪器。亦指兼测日月星等天象的仪器。晷景：日晷上晷表的投影。景，古影字。

⑥分至：指春分、秋分和夏至、冬至。薄蚀：日月相掩食。

⑦盈缩：也称赢缩，《汉书·天文志》："岁星超舍而前为赢，退舍为缩。"

⑧度：躔度。日月星辰运行的度次。

⑨任数：指顺应天数。

⑩格令：律令。

⑪当：判罪。《字汇·田部》："当，断罪曰当，言使罪法相当。"

⑫留连：舍不得离开。

⑬机杼：胸臆。机杼既薄：指有关的知识能力欠缺。

【今译】

　　从前我在修文令曹时，有山东学士与关中太史争论历法，共有十几个人，乱哄哄争了好几年也没有结果，内史下公文交付议官来评定是非。我发表自己的看法说："大抵各位先生所争论的，可分为四分律和减分律两家。历象的要点，是可以用日晷仪的影子来测量的。现在以此来检验两种历法的春分、秋分、夏至、冬至四个节气以及日食月食等现象，可以看出四分律比较疏略而减分律比较细密。疏略者就声称政令有宽大与严厉之别，天体的运行也相应会产生超前与不足，这并不是历法计算的失误；细密者则说日月的运行虽然有快有慢，用正确的方法来推求，可以预先知道它们运行的躔度，并不存在什么灾祥之说。如果采用疏略的四分律，就可能隐藏奸邪而失却真实，如果采用细密的减分律，就可能顺应天数而违背经义。况且议官所懂得的知识，不可能精于论争的双方，以学识浅薄的人去裁判学问深厚的人，哪里能让人服气呢？既然这事不属于法律条令所掌管，就希望不要让我们来判决此事吧。"整个议曹的人不分地位高低，都认为我说得对。有一位礼官，却以表现这种谦让态度为耻辱，苦苦地舍不得放手，想方设法去对两种历法进行考核。他的有关知识修养又不足，无法实地进行测量，就反反复复地去采访论争的双方，想借此看出其中的优劣。他们从早到晚地聚会评议，暑往寒来，不胜烦劳，由春至冬，竟然无法裁决，抱怨责难之声四起，这位礼官才红着脸告退了，最后还被内史搞得下不了台，这就是好名出风头所招来的耻辱啊。

止足第十三

【题解】

本篇宣传"少欲知足"的思想。但据文中所言，作者的物质标准订得也不算太低：除了房屋、车马之外，奴婢以二十人为限，良田十顷，余钱数万，为官则希望"处在中品，前望五十人，后望五十人"。看来，作者在物质享受方面是抱一种不超前、不落后的中庸态度，企望的是一种富足宽裕而又不过分华奢的生活，比起那些穷奢极欲的豪门权贵来说，也可算是"少欲知足"了吧。作者之所以不希望孩子们在物质欲望上有过高要求，是因为他饱经乱世，见惯了那些乘时而起、侥幸富贵的人，"旦执机权，夜填坑谷，朔欢卓、郑，晦泣颜、原"，而寄希望于"谦虚冲损，可以免害"。这种全身免祸的思想，是作者饱经祸乱后的经验总结，在本书的一些篇章中有鲜明的体现。

【原文】

《礼》云："欲不可纵，志不可满①。"宇宙可臻其极，情性不知其穷，唯在少欲知足，为立涯限尔。先祖靖侯戒子侄曰②："汝家书生门户，世无富贵；自今仕宦不可过二千石③，婚姻勿贪势家④。"吾终身服膺，以为名言也。

注释

①二句见《礼记·曲礼上》。

②靖侯：指之推九世祖含，字宏都，谥号"靖侯"。见《治家篇》"婚姻素对"段注。

③二千石：汉制，郡守俸禄为二千石。盖自汉、魏以来，因仕途凶险，一般浮沉宦海者多以俸禄二千石的官职为限。《世说新语·贤媛》："王经少贫苦，仕至二千石，母语之曰：'汝本寒家子，仕至二千石，此可以止乎！'"与之推先祖所戒同。

④据《景定建康志》卷四三引〔晋〕李阐《右光禄大夫西平靖侯颜府君碑》所

载,大司马桓温求与颜含联姻,颜不许,并以"婚嫁不须贪世位家"之语为戒。势家:王利器谓"势"字疑出妄改,原当作"世"。

【今译】

《礼记》上说:"欲望不可放纵,志向不可满足。"天地之大,也可到达它的极限,而人的天性却不知道穷止,只有寡欲而知足,才可划定一个界限。先祖靖侯曾告戒子侄们说:"你们家是书生门户,世世代代没有富贵过;从现在起,你们为官,不可担任年俸超过二千石的官职;你们成婚,不可贪图高攀世家豪门。"我对这些话终生信奉,牢记心间,把它当成至理名言。

【原文】

天地鬼神之道,皆恶满盈①。谦虚冲损,可以免害。人生衣趣以覆寒露②,食趣以塞饥乏耳。形骸之内,尚不得奢靡,己身之外,而欲穷骄泰邪?周穆王、秦始皇、汉武帝③,富有四海,贵为天子,不知纪极④,犹自败累,况士庶乎?常以二十口家,奴婢盛多,不可出二十人,良田十顷,堂室才蔽风雨,车马仅代杖策,蓄财数万,以拟吉凶急速⑤,不啻此者⑥,以义散之;不至此者,勿非道求之。

注释

①《易·谦彖》:"天道亏盈而益谦,地道变盈而流谦,鬼神害盈而福谦,人道恶盈而好谦。"此二句本此。天地鬼神之道:即今天所谓自然法则之意。

②趣:仅够的意思。卢文弨曰:"趣者,仅足之意,与《孟子》'杨子取为我'之取同。"

③周穆王:西周国王。姬姓,名满。昭王之子。传说他曾周游天下,《穆天子传》即写其西游故事。秦始皇:即嬴政。秦王朝的建立者。在位期间实行严刑苛法,租役繁重,加之连年用兵,使社会矛盾激化。死后不久即爆发大规模农民起义。汉武帝:西汉皇帝。名刘彻。汉景帝子。在位期间是西汉军事、政治、文化的极盛时期。但由于连年用兵等,使海内虚耗,人口减半,人民不断起义反抗。

④纪极:终极,限度。

⑤吉凶:婚事丧事。急速:指仓卒间发生的事。

⑥不啻:不但,不止。不啻此,即过于此。与下文不至此相对。

【今译】

大自然的法则,都是憎恶满溢。谦虚淡泊,可以免除祸患。人生在世,衣服只要能够御寒,饮食只要能够充饥,也就行了。在衣、食这两件与人本身密切相关的事情上,尚且不应该奢侈浪费,何况在那些非身体所急需的事情上,又何必要穷奢极欲呢?周穆王、秦始皇、汉武帝,他们都富有四海,贵为天子,不知满足,到头来尚且会遭到败损,何况一般人呢?我一直认为,一个二十口的家庭,奴婢盛多,也不可超出二十人,良田只须十顷,房屋只求能遮挡风雨,车马只求可以代步,钱财可积蓄几万,以备婚丧急用,超过这个数量,就该仗义疏财;达不到这个数量,也不可用不正当的手段去索求。

【原文】

仕宦称泰①,不过处在中品,前望五十人,后顾五十人,足以免耻辱,无倾危也。高此者,便当罢谢,偃仰私庭②。吾近为黄门郎③,已可收退;当时羁旅④,惧罹谤讟⑤,思为此计,仅未暇尔。自丧乱已来,见因托风云,侥幸富贵,旦执机权,夜填坑谷,朔欢卓、郑⑥,晦泣颜、原者⑦,非十人五人也。慎之哉!慎之哉!

注释

①泰:太极,过甚。

②偃仰:安居的意思。私庭:指自己的家庭。

③黄门郎:即黄门侍郎。职官名。属门下省。东汉始设专官,其职为侍从皇帝,传达诏命。南朝以后因掌管机密文件,备皇帝顾问,职位日渐重要。

④羁旅:作客他乡。

⑤讟(dú 毒):诽谤;怨言。

⑥卓:指卓氏。战国时秦、汉间大商人,祖先为赵国人。秦破赵时,被迁到蜀,居于临邛(今四川邛崃),冶铁成巨富,有家僮千人。郑:指程郑。汉初大工商主。本战国时关东人,其祖先于秦始皇时被迁至蜀郡临邛。他冶铸铁器,卖与西南少数民族,以此致富。

⑦颜:指颜渊。春秋末鲁国人。名回,字子渊。孔子学生。原:指原宪,春秋时鲁国人,一说宋国人。字子思,亦称原思。孔子学生。以上二人均以安贫乐道著称,故亦用来泛指贫士。

【今译】

我认为做官做到最高位置,不过是处于中等品级就足够了,向前看有五十人在前面,向后望有五十人在后面,这就足以免去耻辱,又不担风险了。高于中品的官职,就应该婉言谢绝,闭门安居。我近来担任黄门侍郎的官职,已经可以告退了,只是客居异乡,怕遭人攻击诽谤,虽有这个打算,只是找不到机会。自从丧乱发生以来,我看见那些乘时而起,侥幸富贵的人,白天还在执掌大权,晚上就尸填坑谷,月初还作为富豪在欢乐,月底就成为贫士而悲泣,有这种遭际的富贵者,并不止十个五个。要当心啊!要当心啊!

诫兵第十四

【题解】

本篇告诫子孙不要以习武从戎为事。作者遭逢乱世,对兵祸之害看得很清楚,因此,他反对士大夫"违弃素业,侥幸战功",反对他们以武力自炫,认为这样做的结果"大则陷危亡,小则贻耻辱"。他更指出,文士们读一点兵书,懂一点用兵之道,就心怀不轨,拥兵作乱,这是"陷身灭族之本",是极端危险的。作者在本篇中体现的全身自保的思想,在《省事》《止足》《养生》诸篇中也多有反映。

【原文】

颜氏之先,本乎邹、鲁①,或分入齐,世以儒雅为业,遍在书记。仲尼门徒,升堂者七十有二②,颜氏居八人焉③。秦、汉、魏、晋,下逮齐、梁,未有用兵以取达者。春秋世,颜高、颜鸣、颜息、颜羽之徒④,皆一斗夫耳。齐有颜涿聚⑤,赵有颜取⑥,汉末有颜良⑦,宋有颜延之⑧,并处将军之任,竟以颠覆。汉郎颜驷,自称好武,更无事迹。颜忠以党楚王受诛⑨,颜俊以据武威见杀⑩,得姓已来,无清操者,唯此二人,皆罹祸败。顷世乱离,衣冠之士⑪,虽无身手,或聚徒众,违弃素业,侥幸战功。吾既羸薄,仰惟前代⑫,故置心于此⑬,子孙志之。孔子力翘门关⑭,不以力闻,此圣证也⑮。吾见今世士大夫,才有气干⑯,便倚赖之,不能被甲执兵,以卫社稷;但微行险服⑰,逞弄拳腕,大则陷危亡,小则贻耻辱,遂无免者。

【注释】

①邹:古国名。有今山东费、邹、滕、济宁、金乡等县地。战国时为楚所灭。

②升堂:升堂入室的略语。《论语·先进》:"由也升堂矣,未入于室也。"后称人学问造诣精深为升堂入室。

③据《史记·仲尼弟子列传》,此八人为颜回、颜无繇、颜幸、颜高、颜祖、颜之仆、颜哙、颜何。

④以上四人均为鲁国人,事分见《左传》定公八年、昭公二十六年、哀公十一年。

⑤颜涿聚:春秋末齐国人。事见《韩非子·十过》。

⑥颜冣:战国时赵国将领,为秦所俘,见《史记·赵世家》。段玉裁曰:"冣,才句切,上多一点,是俗最字。"《战国策·赵策下》即作颜最。

⑦颜良:三国时袁绍大将,与曹操作战时被杀,见《三国志·袁绍传》。

⑧颜延之:南朝宋临沂人。字延年,历官至金紫光禄大夫。文章冠绝当时,与谢灵运齐名。这里说颜延之以将兵颠覆,与史实不符。当衍一"之"字,作"颜延"。颜延为东晋末年王恭的将领,为刘牢之所杀,见《宋书·刘敬宣传》。"宋有"应作"晋有"。

⑨见《后汉书·楚王英传》。

⑩见《资治通鉴》汉献帝建安二十四年。

⑪衣冠:士大夫,官绅。

⑫仰惟前代:想起过去时代姓颜的人以好兵致祸之事。惟,思。

⑬置心于此:把心放在读书仕宦这上面。

⑭《列子·说符》:"孔子之劲,能招国门之关,而不肯以力闻。"翘:同招,举的意思。

⑮圣证:语本〔三国·魏〕王肃《圣证论》。王肃撰《圣证论》,并伪造《孔子家语》等书作为论据。后因以"圣证"谓取证于圣人之言。此句不便直译,故意译。

⑯气干:气血和躯体。

⑰微行:指隐匿身份,易服出行。险服:武士或剑客所穿的上衣,后幅较短,便于活动。

【今译】

颜氏的先辈,祖居春秋时期的邹国、鲁国,有的又分散到春秋时的齐国,世世代代都是以儒雅为业,这在书籍中随处可见记载。孔子的门徒,学问精深的七十二人中,颜氏家族占了八人。从秦、汉、魏、晋,往下数到南朝的齐、梁,颜氏家族中没有靠用兵而得志扬名的。春秋时期,有颜高、颜鸣、颜息、颜羽等人。都是一些武夫。齐国有颜涿聚,赵国有颜冣,汉朝末年有颜良,东晋末年有颜延,都处在将军的位置上,最终却因此而倾败。汉朝的郎官颜驷,自称好武,更未见他有事迹流传。还有颜忠因党附楚王受诛,颜俊因割据武威被杀,从有颜姓以来,没有高尚节操的,只有这两个人,都遭致了灾祸败亡。近世以来,国家遭逢乱离,士大夫们虽然没有武艺,但有的也聚集徒众,放弃了一贯的诗书儒业,去碰运气求取战功。我的身体既如此单薄,又想到前人好兵致祸的教训,所以把心思放在读书仕宦这上面,希望子子孙孙都记住这一点。孔子的力气可举起城门,却不以武力闻名于世,这是圣人为我们树立的榜样啊。我看见当今的士大夫们,才血气方刚,就以此自恃,又不能披戴铠甲手执兵器去保卫国家;只知穿上剑客的服装,行踪诡秘,到处逗弄拳术,大则身陷危亡,小则自讨耻辱,竟没有一个能幸免的。

【原文】

国之兴亡,兵之胜败,博学所至,幸讨论之。入帷幄之中①,参庙堂之上②,不能为主尽规以谋社稷,君子所耻也。然而每见文士,颇读兵书③,微有经略。若居承平之世,睥睨宫阃④,幸灾乐祸,首为逆乱,诖误善良⑤;如在兵革之时,构扇反覆⑥,纵横说诱⑦,不识存亡,强相扶戴:此皆陷身灭族之本也。诫之哉!诫之哉!

注释

①《史记·太史公自序》:"运筹帷幄之中,制胜于无形。"帷幄:此指天子决策之处。

②庙堂:朝廷。指人君接受朝见、议论政事的殿堂。

③颇:这里是略微的意思。

④睥睨(pì nì 僻腻):窥视;侦伺。宫阃(kǔn 捆):帝王后宫。

⑤诖(guà 挂)误:贻误;连累。

⑥构扇:也作"构煽"。挑拨煽动。

⑦纵横:即合纵连横的简称。战国时,苏秦游说六国诸侯联合拒秦,称合纵;张仪游说诸侯共同事秦,称连横(也叫连衡)。此指在各个势力之间进行游说煽动,使之互相攻伐。

【今译】

　　国家的兴亡,战争的胜败,对此如果已具有广博的学识,也是可以讨论这个问题的。一个人进入国家决策机关,在朝廷的殿堂上参预国政,却不能为君主尽谋划之责以求得国家的安定富足,这是君子所引以为耻的。但我常常看见一些文士,兵书既读得很少,兵法也只是略知概要。如果处在太平盛世,他们会热心于侦伺后宫动静,为每一点动乱而幸灾乐祸,领头犯上作乱,以致牵连善良之辈;如果处在战乱时期,他们会到处挑拨煽动,八方游说,翻手为云,覆手为雨,看不清存亡的趋向,却竭力扶持拥戴别人称王:这些行为都是招致丧身灭族的祸根,对此要警惕!千万要警惕!

【原文】

　　习五兵①,便乘骑,正可称武夫尔。今世士大夫,但不读书,即称武夫儿,乃饭囊酒瓮也②。

注释

　　①五兵:五种兵器。所指不一。《周礼·夏官·司兵》:"掌五兵五盾。"郑玄注引郑司农云:"五兵者,戈、殳、戟、酋矛、夷矛也。"此指车之五兵。步卒之五兵,则无夷矛而有弓矢。见《司兵》郑玄注。
　　②瓮:一种陶制盛器。饭囊酒瓮:即现在俗称酒囊饭袋之意。

【今译】

　　熟悉五种兵器,擅长骑马,方可称作武夫。现在的士大夫,只要不读书,就称作武夫,实在是酒囊饭袋一个。

养生第十五

【题解】

　　本篇谈养生之术。作者对道家修道成仙之说虽未断然否定,但认为世人受种种限制,是难以如愿的。"华山之下,白骨如莽"是他对求仙悲剧的形象描述。他对养生之术的看法比较实际,主张从"爱养神明,调护气息,慎节起卧,均适寒暄,禁忌饮食,将饵药物"这些方面着手,但又特别强调服药不可轻率,以免为药所误。作者认为,养生的前提条件在于"全身保性",避免祸患加身。他举嵇康、石崇为例,说二人均重视养生,然而嵇康"以傲物受刑",石崇"以贪溺取祸",均不可取。作者认为,对于生命的正确态度应该是"不可不惜,不可苟惜",冒无谓之险,行贪欲之事,为此丢掉性命是不值得的,但为忠孝仁义而捐躯,则是君子所心甘情愿的。以上观点,在今天也多有可取之处。

【原文】

神仙之事,未可全诬;但性命在天①,或难钟值②。人生居世,触途牵絷③;幼少之日,既有供养之勤;成立之年,便增妻孥之累。衣食资须,公私驱役;而望遁迹山林,超然尘滓,千万不遇一尔。加以金玉之费④,炉器所须⑤,益非贫士所办。学如牛毛,成如麟角⑥。华山之下⑦,白骨如莽,何有可遂之理?考之内教⑧,纵使得仙,终当有死,不能出世⑨,不愿议曹专精于此。若其爱养神明⑩,调护气息,慎节起卧,均适寒暄,禁忌食饮,将饵药物,遂其所禀⑪,不为夭折者,吾无间然⑫。诸药饵法,不废世务也。庾肩吾常服槐实⑬,年七十馀,目看细字,须发犹黑。邺中朝士,有单服杏仁、枸杞、黄精、术、车前得益者甚多⑭,不能一一说尔。吾尝患齿,摇动欲落,饮食热冷,皆苦疼痛。见《抱朴子》牢齿之法,早朝叩齿三百下为良⑮;行之数日,即便平愈,今恒持之。此辈小术,无损于事,亦可修也。凡欲饵药,陶隐居《太清方》中总录甚备⑯,但须精审,不可轻脱。近有王爱州在邺学服松脂⑰,不得节度,肠塞而死,为药所误者甚多。

【注释】

①性命:这里指万物的天赋和禀受。《易·乾》:"乾道变化,各正性命。"孔颖达疏:"性者,天生之质,若刚柔迟速之别;命者,人所禀受,若贵贱夭寿之属也。"

②钟:适逢。值:相遇。

③触途:见《风操》篇"人有忧疾"段注。

④金玉之费:炼丹药时耗费的金、玉。《抱朴子·金丹》:"朱草喜生岩石之下,刻之,汁流如血。以玉及八石金银投其中,便可丸如泥,久则成水;以金投之,名为金浆;以玉投之,名为玉醴。"这里泛指炼制丹药的费用。

⑤炉器：指炼丹炉。
⑥麟角：麒麟的角，比喻珍贵稀少。
⑦华山：在陕西省东部。古代传说为仙人居住之处。
⑧内教：指佛教。
⑨出世：宗教徒以人间世为俗世；脱离人世的束缚，称出世。
⑩神明：指人的精神，心思。
⑪禀：赐与，赋与。遂其所禀：指达到上天所赋与的自然年限。
⑫间然：找空子。这里指批评。
⑬庾肩吾：字子慎。南朝梁人。曾任度支尚书、江州刺史。槐实：槐的果实。可入药。《名医别录》："槐实味酸咸，久服，明目益气，头不白，延年。"
⑭杏仁、枸杞、黄精、术、车前均为中药名。
⑮《抱朴子·应难》："或问坚齿之道，抱朴子曰：'能养以华池，浸以醴液，清晨建齿三百过者，永不动摇。'"
⑯陶隐居：即陶弘景。南朝时丹阳秣陵人，字通明。初为齐诸王侍读，后隐居于句容句曲山，自号华阳隐居。《太清方》：《隋书·经籍志》："《太清草木集要》二卷，陶隐居撰。"
⑰松脂：松树树干所分泌的树脂。《本草纲目》："松脂，一名松膏，久服，轻身，不老延年。"

【今译】

有关修道成仙的事，并非全是假的；只是人的秉赋命运乃由上天决定，一般人大概难得遇到这种机会。人活在世界上，处处要受牵绊：青少年时代，有供养父母的辛劳，成年以后，又增加了妻子儿女的拖累。再加上人得解决穿衣吃饭的费用，要为公事私事而四处奔忙，在这种情况下，却希望藏身于山林之中，超脱于尘世之外，这在千万人中也难找到一个。加上炼制丹药所需各种耗费，更非一般穷人所能办到的。所以历来学道求仙者多如牛毛，而成功者却像凤毛麟角一般稀少。华山之下，那些求仙者的白骨真是累累如野草，哪有轻易让人称心如愿的道理？考察佛教典籍，说人纵然能够成仙，最终还是会死去的，并不能摆脱尘世的束缚，因此，我不希望你们把精力集中在这上面。如果你们追求的是爱惜保养精神，调理卫护气息，小心节制起卧，适应寒暖变化，注意饮食禁忌，服用药物以养身，能达到上天赋与一般人的自然年限，不致中途夭折，那我就没有什么可说的了。学习各种服药之法,并不会因此而荒废人世上的各种事务。庾肩吾经常服用槐实,他年纪七十多岁时,眼睛还能看清细小的字,头发胡须都还是黑的。邺中的朝臣,有很多人单服杏仁、枸杞、黄精、术、车前而获得好的效果,在此不能一一陈说。我曾经牙齿患病,摇动欲落,饮食冷热都会引起疼痛。后来看见《抱朴子》所记载的牢齿之法,说早上叩齿三百下可获良效;我实行了几天,牙病就痊愈了,到现在还一直坚持早上叩齿。这种小小的治病方法,对我们的行事并无妨害,也是可以学习一下的。你们如果想服药健身,那么陶隐居的《太清方》一书中收录的药方十分完备,但要选取那些精当确实的方子使用,不可轻率从事。最近有位叫王爱州的在邺城学服松脂,因为不能节制,导致肠梗阻而死亡,这种被药物贻误的例子是很多的。

【原文】

夫养生者先须虑祸①,全身保性,有此生然后养之,勿徒养其无生也②。单豹养于内而丧外,张毅养于外而丧内③,前贤所戒也。嵇康著《养生》之论,而以慠物受刑④;石崇冀服饵之征,而以贪溺取祸⑤,往世之所迷也。

注释

①养生:摄养身心,以期保健延年。
②无生:指不生存在世上。
③单豹、张毅,均为人名。《庄子·达生》:"鲁有单豹者,岩居而水饮,不与民共利,行年七十,而犹有婴儿之色;不幸遇饿虎,饿虎杀而食之。有张毅者,高门县薄,无不走也,行年四十,而有内热之病以死。豹养其内而虎食其外,毅养其外而病攻其内:此二子者,皆不鞭其后者也。"内:内心。身:指身体。外:指外部灾祸。
④见《文章》篇首段注。
⑤石崇:西晋渤海南皮人,字季伦。历任散骑常侍、荆州刺史等职。以劫掠客商致富。于河阳置金谷园,奢靡成风,与贵戚王恺、羊琇等以豪侈相尚。后为赵王伦所杀。《晋书·石苞传》:"(石崇)有妓曰绿珠,孙秀使人求之,崇尽出数十人以示之,曰:'任所择。'使者曰:'本受命索绿珠。'崇曰:'吾所爱,不可得也。'秀怒,乃矫诏收崇。绿珠自投楼下而死。崇母兄妻子,无少长,皆被杀害。"

【今译】

善于摄养身心的人首先应该忧虑祸患加身,保全身心性命,有了这个生命，然后再去保养它，不要白白地保养那不存在的生命。单豹这个人善于保养身心，却因外部发生的灾祸而送命；张毅善于避免外部灾祸的伤害，却因体内发病而丧生，这些是前代贤人引以为戒的。嵇康著有《养生论》一书，却因为人傲慢而遭刑戮；石崇希望通过服药获取良效，却因贪恋钱财美女而取杀身之祸，这些都是前代人不明事理的例子。

【原文】

　　夫生不可不惜，不可苟惜。涉险畏之途，干祸难之事，贪欲以伤生，谗慝而致死，此君子之所惜哉；行诚孝而见贼①，履仁义而得罪，丧身以全家，泯躯而济国，君子不咎也②。自乱离已来，吾见名臣贤士，临难求生，终为不救，徒取窘辱，令人愤懑。侯景之乱，王公将相，多被戮辱，妃主姬妾③，略无全者。唯吴郡太守张嵊④，建义不捷⑤，为贼所害，辞色不挠；及鄱阳王世子谢夫人⑥，登屋诟怒，见射而毙。夫人，谢遵女也。何贤智操行若此之难？婢妾引决若此之易⑦？悲夫！

注释

　　①诚孝：即忠孝，避隋讳改。贼：杀害。
　　②咎：抱怨。
　　③妃：皇帝的妾，太子、王的妻。主：公主。姬：皇宫中女官。妾：指大臣的小老婆。
　　④张嵊：南朝梁人。字四山。少有志操。累官吴兴太守。举兵讨侯景，兵败被执。遇害。事见《梁书·张嵊传》。
　　⑤建义：此指发动义军讨伐侯景。
　　⑥世子：帝王及诸侯的正妻所生的长子。此指萧嗣。谢夫人：萧嗣的妻子。
　　⑦引决：自杀。

【今译】

　　人的生命不可以不爱惜，也不可以无原则地吝惜。踏上那危险可怕的道路，做下那招灾蒙难的事情，贪图肉欲而损伤身体，遭受谗言而枉送性命，在这些事情上君子是爱惜他的生命的；如果是奉行忠孝而被杀害，施行仁义而获罪责，舍身以保全家庭，捐躯以拯救祖国，那么，君子是不会抱怨的。自从乱离以来，我看见那些名臣贤士，临难求生，终未获救，白白地自找羞辱，真是令人愤懑。侯景之乱时，王公将相，大都受辱被杀，妃主姬妾，几乎没有得以保全的。只有吴郡太守张嵊，兴师讨贼未能取胜，被贼军杀害，当他兵败被俘之时，言辞神色毫无屈服的表现；还有鄱阳王世子萧嗣之妻谢夫人，登上房屋怒骂群贼，被箭射死。谢夫人是谢遵的女儿。为什么那些贤德智慧的官绅们坚守操行是如此困难，而那些婢女妻妾自杀成仁却是如此容易？真是可悲啊！

归心第十六

【题解】

本篇谈对佛教的认识。作者极力推崇佛教，认为它的博大精深非儒教可及；佛、儒作为内、外两教，道理是相通的，人们不应该"归周、孔而背释宗"。作者列举世人攻击佛教的五种意见，逐一加以批驳。比如，他认为儒家对有关天、地、日、月、星辰等自然现象的看法就有许多不甚了了或不能自圆其说的地方，何以人们就能欣然接受，而对佛教关于空间、时间的无限性的说法（恒沙世界、微尘数劫）则持否定态度呢？人们对佛教的许多观点之所以不能接受，是因为他们所处的环境限制了他们的眼界。以今天的认识水准来衡量，作者的看法自然是幼稚荒谬的，但就当时的历史条件而言，其不囿于儒家成说的探索精神还是值得肯定的。总的说来，作者在本篇中为佛教所作的种种辨解无甚价值可言，甚至显得荒唐可笑，如他说只要人人皈依佛教，就会有自然稻米、无尽宝藏。连清代的卢文弨也认为"此理之所必无者，只可以诳诱贪痴惛窳之庸夫耳"。透过作者的说教，我们可以窥见南北朝时期佛教对士大夫阶层的深刻影响，就这一点来说，此篇具有较大的认识价值。

【原文】

三世之事①，信而有征，家世归心②，勿轻慢也。其间妙旨，具诸经论③，不复于此，少能赞述；但惧汝曹犹未牢固，略重劝诱尔。

注释

①三世：佛教以过去、未来、现在为三世。

②归心：从心里归附。这里是归心佛教之意。语本《论语·尧曰》："兴灭国，继绝世，举逸民，天下之民归心焉"。

③经论：佛教以经、律、论为三藏。经为佛所自说，论是经义的解释，律记戒规。

【今译】

佛家所说的过去、未来、现在"三世"的事情，是可靠而有根据的，我们家世代归心佛教，不能对此抱无所谓的态度。这佛教中的精妙的内容，都见于佛教的经、论中，我不用再在这里称美转述了；只是怕你们对佛教的信念尚不坚定，所以再对你们稍加劝勉诱导一下。

【原文】

原夫四尘五荫①，剖析形有；六舟三驾②，运载群生；万行归空，千门入善③，辩才智惠④，岂徒《七经》⑤、百氏之博哉？明非尧、舜、周、孔所及也。内外两教⑥，本为一体，渐极为异⑦，深浅不同。内典初门，设五种禁⑧；外典仁义礼智信，皆与之符。仁者，不杀之禁也；义者，不盗之禁也；礼者，不邪之禁也；智者，不酒之禁也；信者，不妄之禁也。至如畋狩军旅，燕享刑罚，因民之性，不可卒除，就为之节，使不淫滥尔。归周、孔而背释宗⑨，何其迷也！

注释

①四尘：佛教称色、香、味、触为四尘。《楞严经》卷一："我今观此，浮根四尘，祇在我面；如是识心，实居身内"。五荫：即"五阴"，佛教"五蕴"的旧译，指色（形相）、受（情欲）、想（意念）、行（行为）、识（心灵）。识为认识的主观要素，色、受、想、行为认识的客观要素。唐玄奘译《般若波罗蜜多心经》："照见五蕴皆空，度一切苦厄"。

②六舟：即六度。"度"是梵文 pāramitā（波罗密多）的意译。指使人由生死之此岸度到涅槃（寂灭）之彼岸的六种法门：布施、持戒、忍辱、精进、静虑（禅定）、智慧（般若）。三驾：即三乘，见《法华经》。佛教以羊车喻声闻乘，鹿车喻缘觉乘，牛车喻菩萨乘。《火宅经》："羊车、鹿车、牛车，竞共驰走，争出火宅。"

③千门：佛教语。谓种种修行的法门。《仁王经》："修千法名门，说十善道，

化一切众毕。"

④惠：同慧。

⑤七经：指《诗》《书》《礼》《乐》《易》《春秋》及《论语》。

⑥内教指佛教，外教指儒学。下文所说内典指佛书，外典指儒书。

⑦渐：指佛理；极，指儒学。渐极为异，是说中土之民与天竺之民因所处地域不同，其悟道的过程、方式也有所不同。

⑧五禁：即五戒。《魏书·释老志》："又有五戒：去杀、盗、淫、妄言、饮酒。大意与仁、义、礼、智、信同，名为异耳。"

⑨释宗：佛教，因佛教创始者汉译为释迦牟尼，故以"释"指佛教。

【今译】

推究四尘（色、香、味、触）和五荫（色、受、想、行、识）的道理，剖析世间万物的奥秘，借助六舟（布施、持戒、忍辱、精进、静虑、智慧）和三驾（声闻、缘觉、菩萨），去普度众生：让众生通过种种戒行，归依于"空"；通过种种法门，渐臻于善。其中的辩才和智慧，难道只能与儒家的"七经"及诸子百家的广博相提并论吗？佛教的境界，显然不是尧、舜、周公、孔子之道所能赶得上的。佛学作为内教，儒学作为外教，本来同为一体。两者教义有别，深浅程度不同。佛教经典的初级阶段，设有五种禁戒，而儒家经典所讲的仁、义、礼、智、信，都与它们相合。仁就是不杀生的禁戒，义就是不偷盗的禁戒，礼就是不淫乱的禁戒，智就是不酗酒的禁戒，信就是不虚妄的禁戒。至于像狩猎、征战、饮宴、刑罚等行为，我们还得顺随着老百姓的天性，不能把它们一下子都根除掉，只能让它们存在而有所节制，不致于过分发展。由此看来，那些归依周公、孔子之道却违背佛教宗旨的人，是多么糊涂啊！

【原文】

俗之谤者，大抵有五：其一，以世界外事及神化无方为迂诞也，其二，以吉凶祸福或未报应为欺诳也，其三，以僧尼行业多不精纯为奸慝也，其四，以糜费金宝减耗课役为损国也，其五，以纵有因缘如报善恶①，安能辛苦今日之甲，利益后世之乙乎？为异人也。今并释之于下云。

注释

①因缘:佛教语。梵语尼陀那。指产生结果的直接原因及促成这种结果的条件。

【今译】

世俗诽谤佛教的说法,大致有以下五种:第一,认为佛教所说的现实世界之外的世界以及那些神奇诡异无法测定的事情是荒唐悖理的;第二,认为人的吉凶祸福未必就有相应的报应,佛教因果报应之说只是一种欺诈蒙骗的伎俩;第三,认为和尚、尼姑这个行当里的人多不清白,佛院寺庙乃藏奸纳垢之所;第四,认为佛教耗费金银财宝,和尚、尼姑们不纳税,不服役,这是对国家利益的一种损害;第五,认为即使有因缘之事,也是善有善报,恶有恶报,怎么能够让今天的某甲含辛茹苦,以便让后世的某乙得到好处呢?这是不同的两个人啊。现在,我对上述五种指责一并解释于下。

【原文】

释一曰:夫遥大之物,宁可度量?今人所知,莫若天地。天为积气,地为积块,日为阳精,月为阴精,星为万物之精,儒家所安也。星有坠落,乃为石矣:精若是石,不得有光,性又质重,何所系属?一星之径,大者百里,一宿首尾,相去数万;百里之物,数万相连,阔狭从斜,常不盈缩。又星与日月,形色同尔,但以大小为其等差;然而日月又当石也?石既牢密,乌兔焉容①?石在气中,岂能独运?日月星辰,若皆是气,气体轻浮,当与天合,往来环转,不得错违,其间迟疾,理宜一等;何故日月五星二十八宿,各有度数,移动不均②?宁当气坠,忽变为石?地既滓浊,法应沉厚,凿土得泉,乃浮水上;积水之下,复有何物?江河百谷,从何处生?东流到海,何为不溢?归塘尾闾,渫何所到③?沃焦之石④,何气所然⑤?潮汐去还,谁所节度?天汉悬指⑥,那不散落?水性就下,何故上腾?天地初开,便有星宿;九州未划⑦,列国未分,翦疆区野,若为躔次⑧?封建已来,谁所制割?国有增减,星无进退,灾祥祸福,就中不差;乾象之大⑨,列星之伙,何为分野,止系中国?昴为旄头⑩,匈奴之次;西胡、东越、雕题、交阯⑪,独弃之乎?以此而求,迄无了者,岂得以人世寻常,抑必宇宙外也。

注释

①乌兔:古代神话传说日中有乌,月中有兔。《春秋元命苞》:"阳数起于一,成于三,故日中有三足乌。月两设以蟾蜍与兔者,阴阳双居,明阳之制阴,阴之制阳。"

②《尚书·尧典》正义:"《六历》诸纬与《周髀》皆云:'日行一度,月行十三度十九分度之七。'《汉书·律历志》,金、水皆日行一度,木日行千七百二十八分度之百四十五,土日行四千三百二十分度之百四十五,火日行万三千八百二十四分度之七千三百五十五。又二十八宿所载黄赤道度各不同。"五星:指金、木、水、火、土五大行星。二十八宿:我国古代天文学家为了观测天象及日、月、五星在天空中的运行,在黄道带与赤道带的两侧绕天一周,选取了二十八个星官作为观察时的标志,称为"二十八宿"。

③归塘:即归墟,传说为海中无底之谷。《列子·汤问》:"渤海之东,不知几亿万里,有大壑焉,实惟无底之谷,其下无底,名曰归墟。"尾闾:古代传说中泄海水之处。《庄子·秋水》:"天下之水,莫大于海,万川归之,不知何时止而不盈;尾闾泄之,不知何时已而不虚。"渫:同泄。

④沃焦:古代传说中东海南部的大石山。《文选·嵇康〈养生论〉》:"泄之以尾闾。"李善注引晋司马彪曰:"一名沃焦……在扶桑之东,有一石,方圆四万里,厚四万里,海水注者无不焦尽,故名沃焦。"

⑤然:"燃"的本字。

⑥天汉:即银河。

⑦九州:传说中的我国中原上古行政区划。按《尚书·禹贡》,为冀、兖、青、徐、扬、荆、豫、梁、雍。

⑧躔次:日月星辰运行的轨迹。古代认为地上各州郡邦国与天上一定的区域相对应,谓之分野,故作者有此问。

⑨乾象:天象。

⑩昴:星名,二十八宿之一。《史记·天官书》:"昴曰髦头,胡星也。"

⑪《后汉书·南蛮传》:"《礼记》称南方曰蛮、雕题、交阯,其俗男女同川而浴,故曰交阯。"

【今译】

我对第一种指责的解释是:对那极远极大的东西,难道可以测量出来吗?现在人们所知道的最大的东西,没有超过天地的。天是云气堆积而成,地是土块堆积而成,太阳是阳刚之气的精华,月亮是阴柔之气的精华,星星是宇宙万物的精华,这是儒家所喜欢的说法。星星有时会坠落下来,到地上就成了石头。但是,这万物的精华如果是石头,就不应该有光亮,而且石头的特性又很沉重,靠什么把它们系挂在天上呢?一颗星星的直径,大的有一百里,一个星座从头到尾,相隔数万里,直径一百里的物体,在天空数万里相连,它们形状的宽窄、排列的纵横,竟然都保持一定而没有盈缩的变化。再说,星星与太阳、月亮相比,它们的形状、色泽都相同,只是大小有差别,既然如此,那么太阳、月亮也应当是石头吗?石头的特性既然是那样坚固,那三足乌和蟾蜍、玉兔,又如何在石头中间存身呢?而且,石头在大气中,难道能够自行运转吗?如果太阳、月亮和星星都是气体,那么气体很轻浮,它们就应当与天空合而为一,它们围绕大地来回环绕转动,就不应该相互错位,这运行中间速度的快慢,按理应该是一样的,但为什么太阳、月亮、五星、二十八宿,它们运行时各有各的度数,速度并不一致?难道它们作为气体。坠落的时候,就突然变成石头了吗?大地既然是浊气下降凝集成的物质,按理应该是沉重而厚实的了,但如果往地下挖土,却能够挖出泉水来,说明大地是浮在水上的;那么,积水之下,又有些什么东西呢?长江、大河及众多的山泉,它们都是从哪里发源的?它们向东流入大海,那海水为什么不见满出来?据说海水是通过归塘、尾闾排泄出去的,那它们最终又到何处去了呢?如果说海水是被东海沃焦山的石头烧掉的,那沃焦山的石头又是由什么点燃的呢?那潮汐的涨落,是靠谁来节制调度?那银河悬挂在天空,为什么不会散落下来?水的特性是往低处流的,为什么又会上升到天空中去?天地初开的时候,就有星宿了,那时九州尚未划分,列国也尚未出现,那么,当时天上的星宿又是如何运行的呢?封邦建国以来,到底是谁在对它们进行分封割据呢?地上的国家有增有减,天上的星宿却没见什么改变,这中间人世的吉凶祸福,照样不断发生。天空如此之大,星宿如此之多,为什么以天上星宿的位置,来划分地上州郡的区域只限于中国一地呢?被称作旄头的昴星是代表胡人的,其位置对应着匈奴的疆域,那么,像西胡、东越、雕题、交阯这些地区,就该被上天所抛弃吗?对上述种种问题进行探求,至今无人能弄明白,是否因为这些问题按人世间的寻常道理解释不了,而必须到宇宙之外寻求答案呢?

【原文】

　　凡人之信,唯耳与目;耳目之外,咸致疑焉。儒家说天,自有数义:或浑或盖,乍宣乍安①。斗极所周②,管维所属③,若所亲见,不容不同;若所测量,宁足依据?何故信凡人之臆说,迷大圣之妙旨④,而欲必无恒沙世界⑤、微尘数劫也⑥?而邹衍亦有九州之谈⑦。山中人不信有鱼大如木,海上人不信有木大如鱼;汉武不信弦胶⑧,魏文不信火布⑨;胡人见锦,不信有虫食树吐丝所成⑩;昔在江南,不信有千人毡帐,及来河北,不信有二万斛船⑪。皆实验也。

注释

　　①浑:浑天。盖:盖天。宣:宣夜。以上为我国古代关于天体的三种学说。《晋书·天文志》:"古言天者有三家:一曰盖天,二曰宣夜,三曰浑天。"浑天说认为:天地的形状浑圆如鸟卵,天包地外,就像壳裹卵黄一样。盖天说认为:天像盖着的斗笠,地像覆盖的盘子,天和地都是中高外低。宣夜说认为:日月星辰自然飘浮在无边的虚空之中,气体构成无限的宇宙。安:指《安天论》,为汉代虞喜根据宣夜说写成。

　　②斗:指北斗七星。极:指北极星。

　　③管维:又作斡维。转运的枢纽,指斗枢。《楚辞·天问》:"斡维焉系"。王逸注:"斡,转也。维,纲也。言天昼夜转旋,宁有维纲系缀其间?"

　　④大圣:佛家称佛或菩萨为大圣。

　　⑤恒沙:"恒河沙数"的省称。《金刚经》:"是诸恒河所有沙数,佛世界如是,宁为多不?"恒河为流经今印度、孟加拉国的大河。此言其多至不可胜数。

　　⑥微尘:佛教语。指极细小的物质。《法华经》:"如人以力磨三千大千土,复尽末为尘,一尘为一劫,如此诸微尘数,其劫复过是。"劫:佛教以天地的形成到毁灭为一劫。

　　⑦《史记·孟子荀卿列传》:"驺衍著书十余万言,以为……中国名曰赤县神州,赤县神州,内自有九州……中国外,如赤县神州者九,乃所谓九州也。"驺同邹。

　　⑧《云笈七籤》卷二六引《十洲记》凤麟洲云:"仙家煮凤喙及麟角,合煎作胶,名之为续弦胶,或名连金泥。此胶能续弓弩已断之弦,连刀剑已断之金,更以胶连续之处,使力士掣之,他处乃断,所续之际,终无所损也。"

　　⑨《抱朴子·内篇·论仙》:"魏文帝穷览洽闻,自呼于物无所不经,谓天下无切玉之刀,火浣之布。及著《典论》,尝据言此事。其间未期,二物毕至。帝乃叹息,遽毁斯论。"又《搜神记》亦载此事。火布:即火浣之布。《列子·汤问》:"火浣之布,浣之必没于火,布则火色,垢则布色,出火而振之,皓然疑乎雪。"

⑩见《太平御览》八二五、《艺文类聚》六五引《玄中记》。又《金楼子·志怪》亦载此事。

⑪王利器《集解》谓《太平御览》引"二万斛船"作"万石舟舡",与上"千人毡帐"对文,较今本为胜。

【今译】
　　一般人只相信自己耳闻目睹的事物,除此之外的一概加以怀疑。儒家对天的看法就有好几种:有的认为天包着地,如同蛋壳包着蛋黄一样;有的认为天盖着地,就像斗笠盖着盘子;有的认为日月众星自然飘浮于虚空之中,有的认为天际与海水相接,地就在海水之中;此外,认为北斗七星绕着北极星转动,是靠那斗枢作为转动轴。以上种种说法,如果是人们亲眼所见,就不应该如此不同;如果是凭推测度量,那怎么能以此为据呢?我们为什么偏偏相信这凡人的臆测之说,而怀疑佛门学说的精深含义呢?为什么就认定世上绝不可能有佛经中所说的像恒河中的沙粒那么众多的世界,就怀疑世间一粒微小的尘埃也要经历好几个劫的说法呢?驺衍也认为除了作为赤县神州的中国之外,世上还有其他九州哩。山里的人是不相信世上有像树木那般大的鱼的,海上的人也不相信世上有像鱼那般大的树木;汉武帝不相信世上有一种叫续弦胶的,可以粘合断了的弓弦和刀剑;魏文帝不相信世上有一种火烷布,可以放在火上烧以此去掉污垢。胡人看见锦缎,不相信这是一种叫蚕的小虫吃了桑叶后所吐的丝造成的。从前我在江南的时候,不相信世上有能够容纳一千人的毡帐,等到了河北,才发现这里有人不相信世上有能装载万斛货物的大船:这两件事都是我亲身经历的啊。

【原文】
　　世有祝师及诸幻术①,犹能履火蹈刃,种瓜移井,倏忽之间,十变五化。人力所为,尚能如此;何况神通感应,不可思量,千里宝幢②,百由旬座③,化成净土④,踊出妙塔乎⑤?

注释
　　①祝:男巫。

②宝幢：佛寺中悬挂的幢旗。

③由旬：古代印度计长度的单位。也译作"俞旬"、"由延"、"踰缮那"。军行一日的行程。或言四十里，或言三十里，或言十六里。

④净土：佛教谓庄严洁净，没有五浊（劫浊、见浊、烦恼浊、众生浊、命浊）的极乐世界。

⑤《妙法莲华经见宝塔品》第十云："尔时，佛前有七宝塔，高五百由旬，纵广二百五十由旬，从地涌出，住在空中，种种宝物而庄校之。"涌出妙塔事出于此。

【今译】

世间有巫师及懂得各种法术的人，他们能够穿行火焰，脚踩刀刃，种下一粒瓜籽可立马采摘果实，连水井也可随意移动，眨眼间的功夫，生出各种变化。人的力量，尚能达到如此地步，何况神佛施展他们的本领，其神奇变幻真是不可思议：那高达千里的幢旗，广达数千里的莲座，变化出佛教的极乐世界，刹时间，那高达两万里的七宝塔会从地下冒出来哩。

【原文】

释二曰：夫信谤之征，有如影响①；耳闻目见，其事已多，或乃精诚不深，业缘未感②，时傥差阑，终当获报耳。善恶之行，祸福所归。九流百氏③，皆同此论，岂独释典为虚妄乎？项橐、颜回之短折④，伯夷、原宪之冻馁⑤，盗跖、庄跻之福寿⑥，齐景、桓魋之富强⑦，若引之先业⑧，冀以后生，更为通耳。如以行善而偶钟祸报，为恶而傥值福征，便生怨尤，即为欺诡；则亦尧、舜之云虚，周、孔之不实也，又欲安所依信而立身乎？

注释

①影响：影子与回声。

②业缘：佛教指善业生善果、恶业生恶果的因缘。谓一切众生的境遇、生死都由前世业缘所决定。

③九流：战国时的九个学术流派。即儒家、道家、阴阳家、法家、名家、墨家、纵横家、杂家、农家。又有小说家一派，合为十家。见《汉书·艺文志》。后又作为各种学术流派的泛称。百氏：指诸子百家。

④项橐：春秋时人。《战国策·秦策》："甘罗曰：'项橐生七岁而为孔子师。'"

颜回:孔子弟子。《孔子家语·弟子》:"颜回二十九而发白,三十一早死。"

⑤伯夷:商朝孤竹君之子。周武王灭商,他与弟弟叔齐耻食周粟,逃到首阳山,采薇而食,饿死在山里。见《史记·伯夷传》。原宪:春秋鲁人,一说宋人。字子思。又叫原思,孔子弟子。传说蓬户褐衣蔬食,不减其乐。事迹见《庄子·让王》《史记·仲尼弟子传》《新序·节士》。

⑥盗跖:相传为春秋末期人。《史记·伯夷列传》:"盗跖日杀不辜,肝人之肉,暴戾恣睢,聚党数千人,横行天下,竟以寿终。"《庄子》有《盗跖》篇。庄跻:战国人。楚庄王之后。顷襄王时使跻将兵循江上略巴、蜀、黔中以西,至滇池,以兵威定属楚。欲归报,会秦击夺楚巴、黔中郡,道塞,因还,以其众王滇。高诱注《淮南子·主术》篇云:"庄跻,楚威王之将军,能大为盗也。"

⑦齐景:"即齐景公。桓魋(tuī 颓):即向魋。春秋时宋大夫。

⑧业:即梵语"羯磨"。佛教谓在六道中生死轮回,是由业决定的。业包括行动、语言、思想意识三个方面,分别指身业、口业(或语业)、意业。

【今译】

我对第二种指责的解释是:我相信那些诽谤佛教因果报应之说的种种证据,就好像影之随形,响之应声一样可以明白无误地加以验证。这类事,我耳闻目睹是非常之多的。有时报应之所以未发生,或许是当事者的精诚还不够深厚,"业"与"果"尚未发生感应的缘故,倘如此,则报应就有早迟的区别,但或迟或早,终归会发生的。一个人的善与恶的行为,将分别招致福与祸的报应。中国的九流百家,都持有与此相同的观点,怎么能单单认为佛经所说是虚妄的呢?像项橐、颜回的短命而死,伯夷、原宪的挨饿受冻;盗跖、庄跻的有福长寿,齐景公、桓魋的富足强大,如果我们把这看成是他们的前辈的善业或恶业的报应,或者把他们从善或为恶的报应寄托在他们的后代身上,那就说得通了。如果因为有人行善而偶然遭祸,为恶却意外得福,你便产生怨尤之心,认为佛教所说的因果报应只是一种欺诈蒙骗,那就好比是说尧、舜之事是虚假的,周公、孔子也不可靠,那你又能相信什么,又凭什么去立身处世呢?

【原文】

释三曰:"开辟已来①,不善人多而善人少,何由悉责其精洁乎?见有名僧高行,弃而不说;若睹凡僧流俗,便生非毁。且学者之不勤,岂教者之为过？俗僧之学经律②，何异世人之学《诗》《礼》？以《诗》《礼》之教，格朝廷之人，略无全行者；以经律之禁，格出家之辈，而独责无犯哉？且阙行之臣，犹求禄位；毁禁之侣，何惭供养乎③？其于戒行④，自当有犯。一披法服，已堕僧数，岁中所计，斋讲诵持，比诸白衣⑤，犹不啻山海也。

注释

①开辟以来：相传盘古开天辟地。开辟以来，就是指有天地以来。
②经律：佛教徒称记述佛的言论的书叫经，记述戒律的书叫律。
③供养：佛教徒不事生产，靠人提供食物，称供养。
④戒行：佛教指恪守戒律的操行。
⑤白衣：佛教徒穿黑衣，故称世俗之人为白衣。

【今译】

我对于第三种指责的解释是：自开天辟地有了人类以来，不善良的人多而善良的人少，怎么能够要求每一位僧人都是清白高尚的呢？有些人明明看见了那些名僧们的高尚德行，却抛在一边不予称扬；但若是看到那些平庸的僧人的粗俗行为，就竭力指责诋毁。况且，受学的人不用功，难道是教育者的过错吗？那些平庸的僧人学习佛经、戒律，与世人学习《诗》《礼》有什么不同？如果用《诗》《礼》中的教义，来衡量朝廷中的官员，恐怕没有几个是完全够格的；同样地，用佛经、戒律中的禁条，来衡量这些出家僧人，怎么能够惟独要求他们不犯过错呢？而且，那些缺乏道德的臣子们，仍在那里追求高官厚禄；那些违犯禁条的僧侣们，又何必对自己接受供养感到惭愧呢？他们对于佛教的戒行，自然难免有违犯的时候。但他们一旦披上法衣，就算进入了僧侣的行业，一年到头所干的事，无非是吃斋念佛、讲经修行，比起世俗之人来说，其道德修养的差距又不止是山高海深那样巨大了。

【原文】

释四曰：内教多途，出家自是一法耳。若能诚孝在心，仁惠为本，须达①、流水②，不必剃落须发；岂令罄井田而起塔庙，穷编户以为僧尼也？皆由为政不能节之，遂使非法之寺，妨民稼穑，无业之僧，空国赋算,非大觉之本旨也③。抑又论之:求道者,身计也;惜费者,国谋也。身计国谋,不可两遂。诚臣徇主而弃亲,孝子安家而忘国,各有行也,儒有不屈王侯高尚其事,隐有让王辞相避世山林;安可计其赋役,以为罪人?若能偕化黔首④,悉入道场,如妙乐之世⑤,穰佉之国⑥,则有自然稻米,无尽宝藏,安求田蚕之利乎?

注释

①须达:为舍卫国给孤独长者的本名,是祇园精舍的施主。见《经律异相》《须达经》及《中阿含须达多经》。

②流水:《金光明经》:"流水长者见涸池中有十千鱼,遂将二十大象,载皮囊,盛河水置池中,又为称祝宝胜佛名。后十年,鱼同日升忉利天,是诸天子。"此举流水长者救鱼事,以为仁惠之证。

③大觉:佛教语。指佛的觉悟。《阿育王经》:"如来大觉于菩提树下觉诸法。"此用以指佛教。

④黔首:老百姓。《史记·秦始皇本纪》:"二十六年,更名民曰黔首。"

⑤妙乐:古印度俗语 Surattha 的意译。古代西印度国名。见〔唐〕玄奘《大唐西域记·苏剌侘国》。

⑥穰佉:即儴佉。印度古代神话中国王名,即转轮王。《佛说弥勒大成佛经》:"其国尔时有转轮圣王名儴佉,有四种兵,不以威武,治四天下。"佛书谓转轮王为最有势力的王。此王在世,有瑞轮旋转。

【今译】

　　我对第四种指责的解释是:佛教修持的方法有很多种,出家为僧只是其中的一种。如果一个人能够把忠、孝放在心上,以仁、惠为立身之本,像须达、流水两位长者所做的那样,也就不必非得剃掉头发胡须去当僧人不可了;又哪里用得着把所有的田地都拿去盖宝塔、寺庙,让所有的在册人口都去当和尚、尼姑呢? 那都是因为执政者不能够节制佛事,才使得那些非法而起的寺庙妨碍了百姓的耕作,使得那些不事生计的僧人耗空了国家的税收,这就不是佛教救世的本旨了。但我还是要强调一下,谈到追求真理,这是个人的打算,谈到珍惜费用,这是国家的谋划。个人的打算与国家的谋划,是不可能两全的。作为忠臣,就应该以身殉主,为此不惜放弃奉养双亲的责任;作为孝子,就应该使家庭安宁,为此不惜忘掉为国家服务的职责,因为两者各有各的行为准则啊。儒家中有不为王公贵族所屈、耿介独立、清高自许的人,隐士中有辞去王侯、丞相的地位到山林中远避尘世的人,我们又怎么能去算计这些人应承担的赋税,把他们当成逃避赋税的罪人呢?如果我们能够感化所有的老百姓,使他们统统皈依佛教,就像佛经中所说的妙乐、儴佉等国度的情况一样,那就会有自然生长的稻米,数不尽的宝藏,哪里用得着再去追求种田、养蚕的微利呢?

【原文】

释五曰:形体虽死,精神犹存。人生在世,望于后身似不相属①;及其殁后,则与前身似犹老少朝夕耳。世有魂神,示现梦想,或降童妾,或感妻孥,求索饮食,征须福祐,亦为不少矣。今人贫贱疾苦,莫不怨尤前世不修功业;以此而论,安可不为之作地乎②?夫有子孙,自是天地间一苍生耳,何预身事?而乃爱护,遗其基址,况于己之神爽③,顿欲弃之哉?凡夫蒙蔽,不见未来,故言彼生与今非一体耳;若有天眼④,鉴其念念随灭⑤,生生不断⑥,岂可不怖畏邪?又君子处世,贵能克己复礼⑦,济时益物。治家者欲一家之庆,治国者欲一国之良,仆妾臣民,与身竟何亲也,而为勤苦修德乎?亦是尧、舜、周、孔虚失愉乐耳。一人修道,济度几许苍生?免脱几身罪累?幸熟思之!汝曹若观俗计⑧,树立门户,不弃妻子,未能出家;但当兼修戒行,留心诵读,以为来世津梁⑨,人生难得,无虚过也。

注释

①后身:佛教认为人死要转生,故有前身、后身之说。
②为之作地:为他(后身)留余地。
③神爽:神魂,心神。
④天眼:佛教所说五眼之一。即天趣之眼,能透视六道、远近、上下、前后、内外及未来等。
⑤梵语刹那,译为念。念念:指极短的时间。此句是说生命在极短的时间内不断产生又不断消亡。
⑥生生:佛教指轮回。庾信《庾子山集》十三《陕州弘农郡五张寺经藏碑》:"盖闻如来说法,万万恒沙,菩萨转轮,生生世界。"
⑦《论语·颜渊》:"子曰:'克己复礼为仁,一日克己复礼,天下归仁焉。'"此句本此。

⑧傅太平本"观"作"顾",译文从之。
⑨来世:佛教谓人死后会重新投生,故称转生之事为"来世"。

【今译】
　　我对于第五种指责的答复是:人的形体虽然死去,精神仍旧存在。人生活在世上时,觉得自己与来世的后身似乎没有什么关系,等到他死了以后,才发现自己与前身的关系就好像老人与小孩、清晨与傍晚的关系那样密切。世界上有死人的魂灵向亲人托梦的事,或托梦于他的童仆侍妾,或托梦于他的妻子儿女,向他们索要饮食,求取福祐,这类事是不少的。现在的人若是处在贫贱疾苦的境地,没有不怨恨前世不修功业的,就这一点来说,怎么可以不早修功业,以便为来世留有余地呢?一个人有儿子、孙子,他与儿子、孙子各自都是天地间的黎民百姓,相互间有什么关系?而这个人尚且知道爱护他的儿孙们,把自己的房产基业留传给他们,何况对于自己本人的魂灵,怎可弃置不顾呢?那些凡夫俗子们冥顽不灵,看不见未来之事,所以他们说来生、前生与今生不是同一个人。如果能够有一双透视未来的天眼,让这些人通过它照见自己的生命在一瞬间由诞生到消亡,又由消亡到诞生,这样生死轮回,连绵不断,他难道不感到畏惧吗?再说,君子生活在这个世界上,贵在能够克制私欲,谨守礼仪,匡时救世,有益于人。作为管理家庭的人,就希望家庭幸福,作为治理国家的人,就希望国家昌盛,这些人与自己的仆人、侍妾、臣属、民众有什么亲密关系,值得这样卖力地为他们辛苦操持呢?也不过是像尧、舜、周公、孔子那样,是为了别人的幸福而牺牲个人的欢乐罢了。一个人修身求道,可以救济多少苍生?免掉多少人的罪累呢?希望你们仔细考虑一下这个问题。你们若是顾及世俗的责任,要建立家庭,不抛弃妻子儿女,以至不能出家为僧,也应当修养品性,恪守戒律,留心于佛经的诵读,把这些作为通往来世幸福的桥梁。人生是宝贵的,可不要虚度啊。

【原文】
　　儒家君子,尚离庖厨,见其生不忍其死,闻其声不食其肉①。高柴②、折像③,未知内教,皆能不杀,此乃仁者自然用心。含生之徒,莫不爱命;去杀之事,必勉行之。好杀之人,临死报验,子孙殃祸,其数甚多,不能悉录耳,且示数条于末。

【注释】

①以上四句本自《孟子·梁惠王上》:"君子之于禽兽也,见其生,不忍见其死;闻其声,不忍食其肉。是以君子远庖厨也。"
②高柴:孔子弟子。《孔子家语·弟子行》:"高柴启蛰不杀,方长不折。"
③折像:《后汉书·方术传》:"折像幼有仁心,不杀昆虫,不折萌芽。"

【今译】

儒家的君子,都远离厨房,因为他们若是看见那些禽兽活着时的样子,就不忍心它们被杀掉,他们若是听见禽兽的惨叫声,就吃不下它们的肉。像高柴、折像这两个人,他们并不了解佛教的教义,却都不愿杀生,这就是仁慈的人天生的善心。凡是有生命的东西,没有不爱惜它的生命的,关于不杀生的事,你们一定要努力做到。好杀生的人,临死会受到报应,子孙也跟着遭殃,这类事很多,我不能全部记录下来,现在姑且抄示几条于本章之末。

【原文】

梁世有人,常以鸡卵白和沐,云使发光,每沐辄二三十枚。临死,发中但闻啾啾数千鸡雏声。

【今译】

梁朝的时候有一个人,常常拿鸡蛋清合在水里洗头发,说这样可使头发光亮,每洗一次就要用去二三十枚鸡蛋。到他临死的时候,只听见头发中传出几千只雏鸡的啾啾叫声。

【原文】

江陵刘氏,以卖鳝羹为业①。后生一儿头是鳝,自颈以下,方为人耳。

【注释】

①鳝:通称"黄鳝"、"鳝鱼",体细长,黄色有黑斑,肉可食。

【今译】

　　江陵的刘氏,以卖鳝鱼羹为生。后来他有了一个小孩,长了一个鳝鱼头,从颈部以下,才是人形。

【原文】

　　王克为永嘉郡守①,有人饷羊,集宾欲醮。而羊绳解,来投一客,先跪两拜,便入衣中。此客竟不言之,固无救请。须臾,宰羊为羹,先行至客。一脔入口②,便下皮内,周行遍体,痛楚号叫;方复说之。遂作羊鸣而死。

注释

　　①《北周书·王褒传》:"江陵城陷,褒与王克等同至长安,俱受仪同大将军。"即此人。
　　②脔(luán 栾):切成块的肉。

【今译】

　　王克任永嘉太守的时候,有人送他一只羊,他就邀集宾客来打算举办一个宴会。等把羊牵出来时,那羊突然挣脱绳子,奔到一位客人面前,先跪下拜了两拜,便钻到客人衣服里去。这位客人竟然一言不发,坚持不为这只羊求情。一会儿,那只羊就被拉去宰杀后做成肉羹端了上来,那肉羹先送到这位客人面前。他挟起一块羊肉才送入口中,像是有种毒素便进了皮内,在全身运行,这位客人痛苦号叫,方才开口说此情况。却是发出阵阵羊叫声死去了。

【原文】

　　梁孝元在江州时,有人为望蔡县令,经刘敬躬乱①,县廨被焚,寄寺而住。民将牛酒作礼,县令以牛系刹柱②,屏除形象③,铺设床坐,于堂上接宾。未杀之顷,牛解,径来至阶而拜,县令大笑,命左右宰之。饮啖醉饱,便卧檐下。稍醒而觉体痒,爬搔隐疹④,因尔成癞,十许年死。

注释

　　①《梁书·武帝纪》下:"大同八年春正月,安城郡民刘敬躬挟左道以反,内史

萧诜委郡东奔。"即指此事。

②刹柱：即幡柱。佛塔顶上相轮等矗立部分。此文中刹柱似指刹竿，即寺庙中悬挂旗幡的高竿。

③形像：指佛的塑像。

④隐疹：指皮肤病。

【今译】

梁孝元帝在江州的时候，有个人在望蔡县当县令，当时刚经过刘敬躬的叛乱，县署被烧毁，县令就到一所寺庙去寄住。当地百姓送他一头牛、几缸酒作礼物。县令叫人把牛拴在刹柱上，拆掉佛像，准备坐席，在佛堂上接待宾客。还没开始杀牛的时候，那牛就挣脱绳子，径直跑到台阶前向县令跪拜求情，县令大笑，命左右把牛拉下去宰了。那县令饱餐了一顿牛肉美酒后，就在屋檐下睡觉，一会儿睡醒后觉得身上发痒，就到处抓痒，后来这皮肤病发展成恶疮，经过十来年便死了。

【原文】

杨思达为西阳郡守，值侯景乱①，时复旱俭，饥民盗田中麦。思达遣一部曲守视②，所得盗者，辄截手腕，凡戮十馀人。部曲后生一男，自然无手。

【注释】

①侯景之乱：见《慕贤》篇"侯景初入"段注。

②部曲：古时军队的编制单位。《后汉书·百官志》："大将军营五部，部校尉一人，……部下有曲，曲有军候一人。"此处是部下的意思。

【今译】

杨思达任西阳郡太守的时候，正碰上侯景之乱，又逢旱灾，饥民们便到田里来偷麦子。杨思达就派了一位部属去看守麦田，凡抓到偷麦子的，就砍掉手腕，共砍了十几个人。后来那部属的妻子生了一个男孩，生下来就没有手腕。

【原文】

齐有一奉朝请①，家甚豪侈，非手杀牛，噉之不美。年三十许，病笃,大见牛来,举体如被刀刺,叫呼而终。

注释

①奉朝请:古代诸侯春季朝见天子叫朝,秋季朝见叫请。后遂以奉朝请的名义,来安置闲散官员等。见《宋书·百官志》下。

【今译】

齐朝有一位担任奉朝请的人,家中非常豪华奢侈。他有一个怪癖:不是亲手宰杀的牛,吃起来就觉得味道不美。这位奉朝请到三十几岁时,病势沉重,看见许多牛朝他奔来,周身就像刀割般疼痛,最后叫呼着死去。

【原文】

江陵高伟,随吾入齐,凡数年,向幽州淀中捕鱼。后病,每见群鱼啮之而死。

【今译】

江陵的高伟,随我一同到齐国,有几年的时间,他都到幽州的湖泊中捕鱼吃。后来生了病,常常看见成群结队的鱼来咬他,最后也死去了。

【原文】

世有痴人,不识仁义,不知富贵并由天命。为子娶妇,恨其生资不足,倚作舅姑之尊①。蛇虺其性,毒口加诬,不识忌讳,骂辱妇之父母,却成教妇不孝己身,不顾他恨。但怜己之子女,不爱己之儿妇。如此之人,阴纪其过②,鬼夺其算③。慎不可与为邻,何况交结乎?避之哉④!

注释

①舅姑:丈夫的父母。
②纪:同记。记载。
③《抱朴子·微旨》:"按:《易内戒》及《赤松子经》及《河图记命符》皆云:'天

地有司过之神,随人所犯轻重,以夺其算,算减则人贫耗疾病,屡逢忧患,算尽则人死。'"算:寿命。

④王利器按语谓:《广弘明集》无此条,则所见本不在此篇,当从宋本入《涉务》篇为是。

【今译】

　　世间有一种痴人,不懂得仁义,也不知道富贵皆由天命。他为儿子娶媳妇,恨那媳妇的嫁妆太少,仗着自己当公公婆婆的尊贵身份,怀着毒蛇那样的心性,对媳妇恶意辱骂,一点不懂得忌讳,甚至谩骂侮辱媳妇的父母,其实,这反而是教媳妇不用孝顺自己,也不顾她的怨恨。这种人只知道疼爱自己的子女,却不知道爱护自己的儿媳。像这种人,阴曹会把它的罪过记载下来,鬼神也会减掉他的寿命。你们千万不可与这种人作邻居,更何况与这种人交朋友呢?还是躲他远点吧。

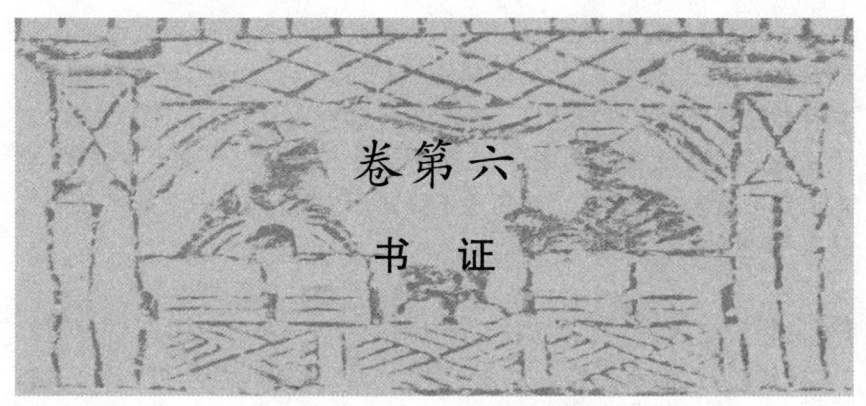

卷第六
书　证

书证第十七

【题解】

　　此篇是有关文字、训诂、校勘之学的专论,具有很高的学术价值。颜之推对文字书写的态度比较通达,他认为文字本身是随时代不同而变化发展的,因此,他反对那种凡写字"必依小篆"的做法,但也反对那种任意增减改换文字笔画的"鄙俗",认为正确的态度应该是把从正和随俗二者结合起来,"若文章著述,犹择微相影响者行之,官曹文书,世间尺牍,幸不违俗也"。就是说,在写学术性论著时,可参考《说文》,订正俗体;而对一般社会上的应用文章,则可用当时通行的字体。颜之推博览群书,见多识广,故于训诂方面,不仅能引证群书,而且能以方言口语或实物进行印证。比如《诗经》有"谁谓荼苦"之句,《尔雅》《毛诗传》都把"荼"解释为苦菜,也就是《礼记》所谓"苦菜秀"之苦菜。颜之推结合书本,考验实物,指出《诗经》《礼记》所说的是中原的苦菜。江南地区别有一种北方称之为龙葵的苦菜,而一些南方学者不明究里,把它当成《诗经》《礼记》中的苦菜,造成错误。颜之推在校勘方面同样如此。《史记》说:"祸之兴自爱姬,生于妒媚,以至灭国。"《汉书》说:"成结宠妾妒媚之诛。"颜之推以为"媚"当作"媢",这是根据其他书本及上下文义考证出来的。《史记·秦始皇本纪》中有"丞相隗林",颜之推认为"林"当作"状",这是利用出土的秦代铁称权上的铭文校正的。他通过读柏人城西门内的碑文,考证出柏人城东北的一座孤山叫"巏嵍山"①。凡此种种,都可看出颜之推学问通博之处。当然,他也有失误的地方,比如他解释"犹豫"一词,根据《说文》把"犹"解释为"犬",说,"人将犬行,犬好豫在人前,待人不得,又来迎候,至于终日,斯乃豫之所以为未定也,故称犹豫。"实际上犹豫为双声字,后人于颜氏此说多所驳正。然而瑕不掩瑜,此篇的考据成果是可供后人汲取、参考的。

【原文】

《诗》云:"参差荇菜②。"《尔雅》云:"荇,接余也。"字或为莕。先儒解释皆云:水草,圆叶细茎,随水浅深。今是水悉有之③,黄花似莼④,江南俗亦呼为猪莼,或呼为荇菜。刘芳具有注释⑤。而河北俗人多不识之,博士皆以参差者是苋菜⑥,呼人苋(xiàn)为人荇⑦,亦可笑之甚。

注释

①巏嵍(quán wù)山:即尧山。〔唐〕马戴《赠韩定辞》诗:"别后巏嵍山上望,羡君时复见王乔。"

②此句见《诗·周南·关雎》。参差:长短不齐的样子。荇菜:一种水生植物。即"莕菜"。孔颖达疏:"白茎,叶紫赤色,正圆,径寸余;浮在水上。"

③是水:犹言凡有水之处。

④莼:莼菜。见《勉学》篇"梁世"段注①。

⑤刘芳:字伯文,彭城人。《魏书》有传。《隋书·经籍志》:"《毛诗笺音义证》十卷,后魏太常卿刘芳撰。"

⑥博士:古代学官名。

⑦人苋:苋的一种。卢文弨补注引《本草图经》:"苋有六种:有人苋、赤苋、白苋、紫苋、马苋、五色苋。入药者人、白二苋,其实一也,但人苋小而白苋大耳。"

【今译】

《诗经》上说:"参差荇菜。"《尔雅》解释说:"荇菜,就是接余。"荇字有时也写作"莕",前代学者们的解释都说:荇菜是一种水草,圆叶细茎,其高低随水的深浅而定,现在凡是有水的地方都有它,它那黄色的花就像莼菜,江南民间也称它叫猪莼,也有人叫它作荇菜。后魏的刘芳对此都有注释。而河北地区的一般人大都不认识它,博士们都把《诗经》中所说的"参差荇菜"认作苋菜,把人苋叫作人荇,也确实太可笑了。

【原文】

　　《诗》云："谁谓荼苦①？"《尔雅》《毛诗传》并以荼(tú)，苦菜也。又《礼》云："苦菜秀②。"案：《易统通卦验玄图》曰③："苦菜生于寒秋，更冬历春，得夏乃成。"今中原苦菜则如此也。一名游冬，叶似苦苣而细，摘断有白汁，花黄似菊。江南别有苦菜，叶似酸浆④，其花或紫或白，子大如珠，熟时或赤或黑，此菜可以释劳。案：郭璞注《尔雅》⑤，此乃藏黄蒢也⑥。今河北谓之龙葵。梁世讲《礼》者，以此当苦菜；既无宿根，至春方生耳，亦大误也。又高诱注《吕氏春秋》曰⑦："荣而不实曰英⑧。"苦菜当言英，益知非龙葵也。

注释

①此句见《诗·邶风·谷风》。荼：《尔雅·释草》："荼，苦菜。"
②见《礼记·月令》。
③《易统通卦验玄图》：此书《隋书·经籍志》著录，未著撰人。
④酸浆：草名。《尔雅·释草》作"葴"。
⑤郭璞：字景纯，河东闻喜(今属山西)人。东晋文学家、训诂学家。《隋书·经籍志》："《尔雅》五卷，郭璞注。《图》十卷，郭璞撰"。
⑥藏(zhī 之)黄蒢：《尔雅·释草》："藏，黄蒢。"郭璞注："藏草，叶似酸浆，华小而白，中心黄，江东以作菹食。"
⑦高诱：东汉涿郡涿(今河北涿县)人。著有《吕氏春秋注》等。《吕氏春秋》：亦称《吕览》。战国末秦相吕不韦集合门客共同编写。全书二十六卷。内容以儒、道思想为主，兼及名、法、墨、农及阴阳家言。
⑧此注见《吕氏春秋·孟夏纪》，本《尔雅·释草》文。荣：开花。英：指花。

【今译】

　　《诗经》上说："谁谓荼苦?"《尔雅》《毛诗传》都以荼为苦菜。此外，《礼记》上说："苦菜秀。"按：《易统通卦验玄图》上说："苦菜生长于寒冷的秋天，经冬历春，到夏天就长成了。"现在中原一带的苦菜就是这样的。它又名游冬，叶子像苦苣而比苦苣细小，摘断后有白色的汁液，花黄色像菊花。江南一带另外有一种苦菜，叶子像酸浆草，它的花有的紫有的白，结的果实有珠子那么大，成熟时颜色有的红有的黑。这种菜可以消除疲劳。按：郭璞注的《尔雅》中，认为这种苦菜就是藏草，即黄蒢。现在河北一带把它叫作龙葵。梁朝讲解《礼记》的人，把它当作中原的苦菜,它既没有隔年的宿根,又是在春天才生长,这也是一个大的误释。另外高诱在《吕氏春秋》注文中说:"只开花不结实的叫英。"苦菜的花就应当叫作英,由此更说明它不是龙葵。

【原文】

《诗》云:"有杕之杜①。"江南本并木傍施大,《传》曰:"杕,独皃也②。"徐仙民音徒计反③。《说文》曰:"杕,树皃也。"在《木部》。《韵集》音次第之第,而河北本皆为夷狄之狄④,读亦如字,此大误也。

【注释】

①此句见《诗经·唐风》中《杕杜》《有杕之杜》两篇。杕(dì 弟):树木孤立貌。杜:木名,杜梨,即裳梨。

②皃:古貌字。《毛传》此句作"杕,特皃","特"训"独",颜氏改作"独"。

③徐仙民:名邈,见《勉学》篇"夫文字者"段注。《隋书·经籍志》:"《毛诗音》十六卷,徐邈等撰;《毛诗音》二卷,徐邈撰。"

④河北本:指河北一带流行的《诗经》版本,与"江南本"相对而言。文廷式《纯常子枝语》三九:"《颜氏家训·书证》篇每称江南、河北本异同……要以见唐以前传本之殊别耳。"

【今译】

《诗经》上说:"有杕之杜。"江南的版本"杕"字是木旁加一个"大"字,《毛诗传》说:"杕,孤立的样子。"徐仙民为它注的音是徒计反。《说文》上说:"杕,树木的模样。"字在木部。《韵集》为它注的音是次第的"第",而河北的版本都写作夷狄的狄字,读音也是这个"狄"字,这是一个大错误。

【原文】

《诗》云:"駉駉牡马①。"江南书皆作牝牡之牡②,河北本悉为放牧之牧。邺下博士见难云③:"《駉颂》既美僖公牧于坰野之事④,何限骐骓乎⑤?"余答曰:"案《毛传》云⑥:'駉駉,良马腹干肥张也⑦。'其下又云:'诸侯六闲四种⑧:有良马、戎马、田马、驽马。'若作放牧之意,通于牝牡⑨,则不容限在良马独得駉駉之称。良马,天子以驾玉辂⑩,诸侯以充朝聘郊祀⑪,必无骓也。《周礼·圉人职》:'良马,匹一人。驽马,丽一人⑫。'圉人所养⑬,亦非骓也;颂人举其强骏者言之,于义为得也。《易》曰:'良马逐逐⑭。'《左传》云:'以其良马二⑮。'亦精骏之称,非通语也。今以《诗传》良马,通于牧骓,恐失毛生之意⑯,且不见刘芳《义证》乎⑰?"

【注释】

①此句见《诗经·鲁颂·駉》。駉(jiōng扃)駉:马肥壮貌。牡(mǔ母):鸟兽的雄性。

②牝(pìn聘):鸟兽的雌性。

③见难:向我发出诘问。

④《诗序》:"駉,颂僖公也。公能遵伯禽之法,俭以足用,宽以爱民,务农重谷,牧于坰野,鲁人尊之。于是季孙行父请命于周,而史克作是颂。"坰(jiōng)远郊。

⑤骓(cǎo草):雌马。骘:雄马。邺下博士信河北本而非江南本,故发出诘问。

⑥《毛传》;见"文章"篇"自古宏才"段注。

⑦肥张(zhàng丈):肥壮貌。

⑧六闲:闲,古代宫廷养马的地方;马厩。《周礼·夏官·校人》:"天子十有二闲,马六种;邦国六闲,马四种。"

⑨通:互通。以下"通"字义亦同。

⑩玉辂:古代帝王所乘之车,以玉为饰。

⑪朝聘:古代诸侯亲自或派使臣按期朝见天子。郊祀:古于郊外祭祀天地。郊谓大祀,祀谓群祀。

⑫驽马:能力低下的马。丽:双的意思。《周礼》郑玄注:"丽,耦也。"

⑬圉人:养马的人。卢文弨曰:"'所养'下当有'良马,二字。"译文从卢说。

⑭《易·大畜》:"九三,良马逐,利艰贞。"郝懿行曰:"案:今《易》文云:'良马逐。'此衍一字者,盖从郑《易》,陆氏《释文》引之云:'良马逐逐,两马走也。'"

⑮见《左传·宣公十二年》。

⑯毛生:指毛苌。撰《诗传》十卷,今传。生:汉以来称儒者为生。

⑰《义证》:即《毛诗笺音义证》。《魏书·刘芳传》:"芳撰《毛诗笺音义证》十卷。"

【今译】

《诗经》上说:"駉駉牡马。"江南地区的版本都写作牝牡之"牡",

而河北地区的版本全部写作放牧的"牧"。邺下的博士向我发出诘问说:"《駉颂》既然是歌颂鲁僖公在郊外原野上放牧的事情,为什么要局限于雌马雄马呢?"我回答说:"按:《毛诗传》说:'駉駉,这是形容良马躯体肥壮的样子。'接下来又说:'诸侯六个马厩四种马:有良马,戎马,田马,驽马。'如果解释作放牧的意思,雌马雄马都说得通,那就不该只限于良马独自得到"駉駉"的赞颂。良马,天子用它来驾玉车,诸侯用它去朝见天子,去郊外祭祀天地,一定没有雌马。《周礼·圉人职》说:'良马,一个人驾一匹。驽马,一个人驾两匹。'圉人所养的良马,也不是雌马;歌颂人举他的强壮的骏马作为对象,从道理上说才相宜。《易经》说:'良马逐逐。'《左传》说:'以其良马二。'这也是对精壮骏马的称呼,不是通称一般的马。现在把《毛诗传》上说的良马等同于牧马和雌马,恐怕违背了毛苌的本意,况且你们难道没有看见刘芳《毛诗笺音义证》对这个问题的阐释吗?"

【原文】

《月令》云①:"荔挺出。"郑玄注云:"荔挺,马薤也②。"《说文》云:"荔,似蒲而小,根可为刷③。"《广雅》云④:"马薤,荔也。"《通俗文》亦云马蔺⑤。《易统通卦验玄图》云:"荔挺不出,则国多火灾⑥。"蔡邕《月令章句》云:"荔似挺⑦。"高诱注《吕氏春秋》云⑧:"荔草挺出也。"然则《月令注》荔挺为草名,误矣⑨。河北平泽率生之。江东颇有此物,人或种于阶庭,但呼为旱蒲,故不识马薤。讲《礼》者乃以为马苋;马苋堪食,亦名豚耳,俗名马齿。江陵尝有一僧,面形上广下狭;刘缓幼子民誉⑩,年始数岁,俊晤善体物⑪,见此僧云:"面似马苋。"其伯父绦因呼为荔挺法师。绦亲讲《礼》名儒⑫,尚误如此。

注释

①《月令》:《礼记》篇名。

②郑玄:东汉经学家。见《勉学》篇"俗间儒士"段注。按:郑玄此注将"荔挺"二字当作草名,故颜氏下文讥之。马薤:草本植物名。薤:音谢(xiè)。

③蒲:草本植物名。

④《广雅》:训诂书。见《勉学》篇"书曰好问则裕"段注。

⑤《通俗文》:书名。汉服虔撰。《隋书·经籍志》著录。

⑥此二句依颜氏文意当理解为:"荔草茎儿长不出,则国家多火灾。"但亦有不同理解者,见注⑨。下文中尚有此种情况,均依颜氏文意译出。

⑦蔡邕:东汉文学家、书法家。见《风操篇》"昔司马长卿"段注。荔似挺:《太平御览》引作"荔以挺出"。卢文弨曰:"荔似挺,语不明,据《本草图经》引作'荔以挺出',当是也。"依卢说,则此句意思当为:"荔草以它的茎冒出地面。"挺:通"莛",草茎。

⑧高诱:东汉人。见本篇"谁谓荼苦"段注。

⑨颜氏认为郑玄把"荔挺"二字作草名是错误的。但后人亦有不同意见。如王引之《经义述闻》卷十四"荔挺出"条云:"如高氏所说,则是荔草挺然而出也。检《月令》篇中:凡言'萍始生'、'王瓜生'、'半夏生'、'芸始生';草名二字者则但言生,一字者则言始生以足其文,未有状其生之貌者。倘经义专以荔之一字为草名,则但言荔始出可矣,何烦又言挺也?且据颜氏引《易通卦验》'荔挺不出',则以荔挺为草名者,自西汉时已然。《逸周书·时训篇》亦曰:'荔挺不生,卿士专权。'郑氏注殆相承旧说,非臆断也。挺之言莛也。《说文》曰:'莛,茎也。'荔草抽茎作华,因谓之荔挺矣。"此说可作参考。

⑩刘缓并下文之刘绍,均见《风操》"刘绍缓缓"段注。

⑪俊晤:亦作"俊悟"。聪明卓异。体物:铺陈描摹事物的形态。

⑫亲:犹言本人或本身。此句说刘绍本人是讲《礼》的名儒。

【今译】

《月令》说:"荔挺出。"郑玄作的注释说:"荔挺就是马薤。"《说文解字》说:"荔像蒲而较小,根可做刷子。"《广雅》说:"马薤就是荔。"《通俗文》也称它为马蔺。《易统通卦验玄图》说:"荔草茎儿长不出,则国家多火灾。"蔡邕的《月令章句》说:"荔草以它的茎儿冒出地面。"高诱注释《吕氏春秋》说:"荔草的茎儿冒出来。"这样看来,郑玄的《月令注》把"荔挺"作为草名是错误的了。这种草在河北地区的沼泽地带到处都生得有。江东地区则少有此物,有的人把它种在阶庭内,只不过是称它为旱蒲,所以就不知道马薤的名字。讲解《礼记》的人竟把它当成马苋;马苋是可以吃的,也叫做豚耳,俗名叫马齿。江陵曾经有一位僧人,脸形上宽下窄;刘缓的小儿子叫民誉,年龄才几岁,却异常聪明,善于描摹事物,他看见这位僧人就说:"他的脸像马苋。"民誉的伯父刘绍因此就称呼这位僧人叫荔挺法师。刘绍本人就是讲解《礼记》的有名学者,尚且会这样地误解。

【原文】

　　《诗》云:"将其来施施①。"《毛传》云:"施施,难进之意。"郑《笺》云:"施施,舒行儿也②。"《韩诗》亦重为施施③。河北《毛诗》皆云施施。江南旧本,悉单为施,俗遂是之,恐为少误。

注释

　　①此句见《诗经·王风·丘中有麻》。
　　②郑《笺》:郑玄对《毛诗》的注释。此句今本郑《笺》作:"施施,舒行伺间独来见己之貌。"
　　③《韩诗》:《诗》今文学派之一。汉初韩婴所传。《汉书·艺文志》著录《内传》四卷、《外传》六卷,另有《韩故》三十六卷、《韩说》四十一卷。南宋以后,仅存《外传》。清赵怀玉曾辑《内传》佚文,附于《外传》之后。

【今译】

　　《诗经》说:"将其来施施。"《毛传》说:"施施,难以前进的意思。"郑玄《笺》说:"施施,缓缓行走的样子。"《韩诗外传》也是重叠为"施施"二字。河北本《毛诗》都写作"施施"。江南的过去的《诗经》版本,全都单写作"施",众人就认可了它,这恐怕是个小小的错误。

【原文】

　　《诗》云:"有渰(yǎn)萋萋,兴雲祁祁①。"毛《传》云:"渰,阴云儿。萋萋,雲行儿。祁祁,徐儿也。"《笺》云②:"古者,阴阳和,风雨时,其来祁祁然,不暴疾也。"案:渰已是阴雲,何劳复云"兴雲祁祁"耶?"雲"当为"雨",俗写误耳。班固《灵台》诗云:"三光宣精,五行布序,习习祥风,祁祁甘雨③。"此其证也④。

注释

　　①此句见《诗经·小雅·大田》。
　　②《笺》:指郑玄《笺》,即郑玄对《诗经》的注解。
　　③三光:指日、月、星。精:日、月、星发出的光芒。五行:指水、火、木、金、土。古代认为它们是构成各种物质的五种元素。序:季节。此诗大意是:太阳、月亮和星星散发着光芒,水、火、木、金、土安排着大自然的节令,祥风习习吹拂,甘雨缓缓降临。

④颜氏此说,清人段玉裁、臧琳、顾宁人均有不同意见。详见王利器《集解》。

【今译】

《诗经》说:"有渰萋萋,兴雲祁祁。"《毛传》解释说:"渰,阴雲的样子。萋萋,阴雲运行的样子。祁祁,舒缓的样子。"郑玄的《笺》说:"古时候,阴阳调和,风雨及时,它们来时是缓缓地,不暴烈迅疾。"按:渰已经是阴雲的意思了,为什么又不厌其烦地说"兴雲祁祁"呢?"雲"字应当作"雨"字,是流行的写法造成了这个错误。班固的《灵台》诗说:"三光宣精,五行布序,习习祥风,祁祁甘雨。"这就是"雲"应当作"雨"的证据。

【原文】

《礼》云:"定犹豫,决嫌疑①。"《离骚》曰:"心犹豫而狐疑。"先儒未有释者。案:《尸子》曰②:"五尺大为犹"。《说文》云:"陇西谓犬子为犹"。吾以为人将犬行,犬好豫在人前,待人不得,又来迎候,如此返往,至于终日,斯乃豫之所以为未定也,故称犹豫。或以《尔雅》曰:"犹如麂,善登木③"。犹,兽名也,既闻人声,乃豫缘木,如此上下,故称犹豫④。狐之为兽,又多猜疑,故听河冰无流水声,然后敢渡⑤。今俗云:"狐疑,虎卜⑥。"则其义也。

注释

①《礼记·曲礼》:"决嫌疑,定犹与。"《经典释文》:"与音预,本亦作豫。"

②《尸子》:书名。《隋书·经籍志》:"《尸子》二十卷,秦相卫鞅上客尸佼撰。"

③此二句为《尔雅·释兽》文。麂(jǐ):一种小型鹿类动物。

④颜氏此说误。犹豫为双声连绵字,以声取义,本无定字,故亦作犹与、由与、尤与、犹夷等。参见宋人王观国《学林》九、清人黄生《义府》上。

⑤见晋郭缘生《述征记》。

⑥虎卜:卜筮的一种。传说虎能以爪画地,观奇偶以卜食,后人效之为一种卜术,称虎卜。见《太平御览》七二六、八九二引《博物志》。

【今译】

《礼经》说:"定犹豫,决嫌疑。"《离骚》说:"心犹豫而狐疑。"前代学者没有进行解释的。按：《尸子》说："五尺长的狗叫做犹。"《说文解字》说："陇西把犬子叫做犹。"我认为人带着狗行走，狗喜欢豫先走在人的前面，等人等不到，又返回来迎候，像这样来来去去，直到一天结束，这就是"豫"字具有游移不定的含义的原因，所以叫做犹豫。也有的人根据《尔雅》的说法："犹的样子像麂，善于攀登树木。"犹是一种野兽的名称，听到人声后，就预先攀援树木，像这样上上下下，所以叫做犹豫。狐狸作为一种野兽，又性多猜疑，所以要听到河面冰层下没有流水声，然后才敢渡河。今天的俗语说："狐疑，虎卜。"就是这个含义。

【原文】

　　《左传》曰："齐侯疥，遂痁①。"《说文》云："痎，二日一发之疟。痁，有热疟也。"案：齐侯之病，本是间日一发，渐加重乎故②，为诸侯忧也。今北方犹呼痎疟，音皆。而世间传本多以痎为疥，杜征南亦无解释③，徐仙民音介④，俗儒就为通云⑤："病疥⑥，令人恶寒，变而成疟。"此臆说也。疥癣小疾，何足可论，宁有患疥转作疟乎⑦？

注释

　　①见《左传·昭公二十年》："齐侯疥，遂痁。"孔颖达疏："疥当为痎，痎是小疟，痁是大疟。"齐侯：指齐景公。
　　②向宗鲁曰："'故'字疑当重，'乎故'句绝。"
　　③杜征南：即杜预，字元凯，西晋人，位征南大将军。自称有《左传》癖。撰有《春秋左氏经传集解》。
　　④徐仙民：即徐邈。见本篇"诗云有杕之杜"段注。
　　⑤俗儒：浅陋迂腐的儒士。就：从。通：贯通。
　　⑥疥：依颜氏此段文意，此"疥"字当理解为疥疮之意。
　　⑦颜氏此说，段玉裁、郝懿行诸人有文驳之，详见王利器《集解》所引。

【今译】

　　《左传》说："齐侯疥，遂痁。"《说文》说："痎是两天发作一次的疟疾。痁是有热度的疟疾。"按：齐侯的病，本来是两天发一次，较原来逐渐加重，所以成了诸侯忧虑的事。现在北方仍然叫做痎疟，发音为"皆"。而世间的传本大多把"痎"写作"疥"，杜预也没有作解释，徐仙民注音作"介",浅薄的学者依照这个说法为之疏通说:"患了疥疮,使人产生畏寒的症状,就转变成了疟疾。"这是一种想当然的说法。疥癣这种小毛病,有什么值得说的,难道会有生疥疮而转变成疟疾的吗?

【原文】

《尚书》曰:"惟影响①。"《周礼》云:"土圭测影,影朝影夕②。"《孟子》曰:"图影失形③。"《庄子》云:"罔两问影④。"如此等字,皆当为光景之景⑤。凡阴景者,因光而生,故即谓为景。《淮南子》呼为景柱⑥,《广雅》云:"晷柱挂景⑦。"并是也。至〔晋〕世葛洪《字苑》傍始加彡⑧,音於景反。而世间辄改治《尚书》《周礼》《庄》《孟》从葛洪字,甚为失矣。

注释

①影响:影子和回声。按:此句出《尚书·大禹谟》:"惠迪吉,从逆凶,惟影响。"孔传:"吉凶之报,若影之随形,响之应声,言不虚。"

②《周礼·地官·大司徒》:"以土圭之法测土深,正日景以求地中,日南则景短多暑,日北则景长多寒,日东则景夕多风,日西则景朝多阴。"土圭:古代用以测日影、正四时和测度土地的器具。

③此句见《孟子外书·孝经》第三:"传言失指,图景失形,言治者尚核实。"图影:画面上的景物。

④见《庄子·齐物论》。郭庆藩注:"罔两,景外之微阴也。"

⑤光景(yǐng 影):光和阴影。景,后作"影"。

⑥景柱:即影柱。古代测日影,定时刻的表柱。

⑦晷柱:即晷表,日晷上测量日影的标竿。

⑧段懋堂据惠定宇说,认为汉代张平子碑即有"影"字,不始于葛洪。《字苑》:《旧唐书·经籍志》和《新唐书·艺文志》均著录有葛洪《要用字苑》一卷,今有任大椿辑本。

【今译】

《尚书》说:"惟影响。"《周礼》说:"土圭测影,影朝影夕。"《孟子》说:"图影失形。"《庄子》说:"罔两问影。"像这些"影"字,都应当作"光景"的"景"。凡是阴景,都是因为有光才产生的,所以就叫做景。《淮南子》称为景柱,《广雅》说:"晷柱挂景。"都是这样的。到了晋代葛洪的《字苑》中，才开始在旁边加"彡"，注音为於景反。而世上的人就把《尚书》《周礼》《庄子》《孟子》中的"景"字改从葛洪《字苑》中的"影"字，这是十分错误的。

【原文】

太公《六韬》①，有天陈、地陈、人陈、云鸟之陈②。《论语》曰："卫灵公问陈于孔子③。"《左传》："为鱼丽之陈④。"俗本多作阜傍车乘之车⑤。案诸陈队，并作陈，郑之陈。夫行陈之义，取于陈列耳，此六书为假借也⑥，《苍》《雅》及近世字书⑦，皆无别字；唯王羲之《小学章》⑧，独阜傍作车，纵复俗行，不宜追改《六韬》《论语》《左传》也。

注释

①《六韬》：兵书名。《隋书·经籍志》："太公《六韬》五卷，《文韬》《武韬》《龙韬》《虎韬》《豹韬》《犬韬》。"太公：指姜太公，即吕尚。《六韬》，是战国时人依托于他的作品。

②《六韬》："周武王问太公曰：'凡用兵，为天阵、地阵、人阵，奈何？'太公曰：'日月星辰斗杓，一左一右，一迎一背，此谓天陈；丘陵水泉，亦有左右前后之利，此谓地阵；用马用人，用文用武，此谓人阵。'"又："武王问曰：'引兵入诸侯之地，高山磐石，其避无草木，四面受敌，士卒迷惑，为之奈何？'太公曰：'当为云鸟之阵。'"阵，原作"陈"。

③见《论语·卫灵公》。

④鱼丽之陈：军阵名。见《左传·桓公五年》文。《注》："司马法：车战二十五乘为偏，以车居前，以伍次之，承偏之隙，而弥缝缺漏也，五人为伍。此盖鱼丽之法。"

⑤阜傍：左偏旁是"阝"。

⑥六书：古人分析汉字造字的理论。即象形、指事、会意、形声、转注、假借。假借：六书之一。汉许慎《〈说文叙〉》："假借者，本无其字，依声托事，令、长是也。"段玉裁注："如汉人谓县令曰令、长……令之本义发号也；长之本义久远也。县令、县长本无字，而由发号久远之义，引申展转而为之，是谓假借。"

⑦《苍》：《苍颉篇》。《雅》：《尔雅》。

⑧抱经堂校定本"王羲之"作"王羲"，此仍从宋本。王羲之：东晋书法家。字逸少。琅邪临沂（今属山东）人。官至右军将军，会稽内史，人称"王右军"。《小学章》：书名。徐鲲引《魏书·任城王云传》《新唐书·艺文志》，孙志祖《读书脞录》均作《小学篇》。

【今译】

　　姜太公的《六韬》,有天陈、地陈、人陈、云鸟之陈。《论语》说:"卫灵公问陈于孔子。"《左传》说:"为鱼丽之陈。"俗本多写作"阜"字旁加车乘的"车"字。按:以上几个陈队,都写作陈国、郑国的"陈"。行陈的含义,是从"陈列"这个词中取用过来的,这在六书中就是假借,《苍颉篇》《尔雅》以及近世的字书,都没有写成别的字;只有王羲之的《小学章》中,唯独是"阜"旁加"车"字,即使俗体流行,也不应该追改《六韬》《论语》《左传》中的"陈"字作"阵"字。

【原文】

　　《诗》云:"黄鸟于飞,集于灌木①。"《传》云:"灌木,丛木也。"此乃《尔雅》之文,故李巡注曰②:"木丛生曰灌。"《尔雅》末章又云:"木族生为灌。"族亦丛聚也。所以江南《诗》古本皆为丛聚之丛,而古丛字似冣字,近世儒生,因改为冣③,解云:"木之冣高长者④。"案:众家《尔雅》及解《诗》无言此者,唯周续之《毛诗注》⑤,音为徂会反,刘昌宗《诗注》⑥,音为在公反,又祖会反:皆为穿凿,失《尔雅》训也。

注释

　　①见《诗·周南·葛覃》。黄鸟:黄鹂。一说黄雀。
　　②李巡:东汉汝南人。有《尔雅注》三卷。
　　③古丛字作"蕞",或作"藂",并似"冣"字,因此致误(据郝懿行说)。冣:同"最"。
　　④此句说"近世儒生"按"冣"(最)字义解释诗句,把"灌木"的含义说成"树木中最高大的"。
　　⑤周续之:南朝宋人,事见《宋书·隐逸传》。
　　⑥刘昌宗:晋人(依卢文弨说)。其《毛诗音》,《匡谬正俗》引有两条,但《隋书·经籍志》未见著录。

【今译】

　　《诗经》说:"黄鸟于飞,集于灌木。"《毛诗传》解释说:"灌木,就是丛木。"这是《尔雅》上面的解释文字,所以李巡的注释就是:"树木丛生叫灌。"《尔雅》的末章又说:"树木族生就是灌。""族"也是丛聚的意思。所以江南地区《诗经》古本中"灌"字都写作丛聚的"丛"字,而古丛字像"冣"字,近代的学者就将它改成了"冣"字,并解释说:"就是树木中最高大的。"按:各家研究《尔雅》和解释《诗经》的都没有这样说过,只有周续之的《毛诗注》,对这个字的注音是徂会反,刘昌宗《诗注》对这个字的注音是在公反,又注为祖会反:都是牵强附会的,违背了《尔雅》的解释。

【原文】

"也"是语已及助句之辞①,文籍备有之矣,河北经传②,悉略此字,其间字有不可得无者,至如"伯也执殳③","於旅也语④","回也屡空⑤","风,风也,教也⑥",及《诗传》云:"不戢,戢也;不傩,傩也⑦。""不多,多也⑧。"如斯之类,倪削此文,颇成废阙⑨。《诗》言:"青青子衿⑩。"《传》曰:"青衿,青领也,学子之服。"按:古者,斜领下连于衿,故谓领为衿。孙炎、郭璞注《尔雅》⑪,曹大家注《列女传》⑫,并云:"衿,交领也⑬。"邺下《诗》本,既无"也"字,群儒因谬说云:"青衿、青领,是衣两处之名,皆以青为饰。"用释"青青"二字,其失大矣!又有俗学⑭,闻经传中时须也字,辄以意加之,每不得所,益成可笑。

注释

①语已:即语尾。助句:即语助词。
②经传:儒家典籍经与传的统称。
③见《诗·卫风·伯兮》。伯:指兄弟排行,伯为老大。殳(shū 书):古兵器,杖类。《传》:"殳,长丈二而无刃。"此句说伯拿着殳。
④见《仪礼·乡射礼记》。此句说射礼完毕方可言语。
⑤见《论语·先进》,原文为:"回也其庶乎,屡空。"回:指颜回。孔子学生。庶:庶几,差不多。空(kòng 控):贫穷。
⑥见《诗大序》。第一个"风",指《诗经》的十五国风;第二个"风"读去声,通"讽",微言劝告的意思。
⑦此句释《诗·小雅·桑扈》"不戢不傩"句。不:语助词。《续家训》"傩"作"难"。马瑞辰云:"戢(jī 集)当读为濈,《说文》:'濈,和也。'……难当读为戁。《说文》:'戁,敬也。'不戢不难,言和且敬也。两'不'字皆语词。"
⑧此句释《诗·大雅·卷阿》"矢诗不多"句。不:语助词。
⑨废阙:缺漏。这里指句子不完整。
⑩见《诗·郑风·子衿》。衿:衣的交领。又指古代读书人穿的衣服。

⑪孙炎:三国魏人。字叔然。受学郑玄之门,称东州大儒。曾注《尔雅》,久已失传。郭璞:见本篇"诗云谁谓荼苦"段注。

⑫曹大家(gū 姑):即班昭。班固之妹。嫁曹世叔,世叔死后,汉和帝召她入宫,令皇后贵人师事之,号曹大家(家,通"姑")。《列女传》:书名。一名《古列女传》。《隋书·经籍志》:"《列女传》十五卷,刘向撰,曹大家注。"曹注今已佚。

⑬交领:古代交叠于胸前的衣领。

⑭俗学:世俗流行之学。这里指盲从世俗流行之学的人。

【今译】

"也"是语尾及语助词,文籍中都能见到它的。河北的经、传,全都删减了这个字,这中间有的也字是不能没有的,至于像"伯也执殳","於旅也语","回也屡空","风,风也,教也",以及《诗》毛传说的:"不戢,戢也;不傩,傩也。""不多,多也。"像这类例子,如果删去这个"也"字,就完全成了残缺的句子。《诗》说:"青青子衿。"毛传解释说:"青衿,青领也,学子之服。"按:古时候,斜领下连到衣衿,所以把领叫做衿。孙炎、郭璞注解的《尔雅》,曹大家注解的《列女传》,都说:"衿,交领也。"邺下的《诗》版本,既然没有"也"字,各位学者就荒谬地解释说:"青衿,青领,这是衣服中两处地方的名称,都用青色作装饰。"用来解释"青青"二字,这个差错就大了!还有那些盲从世俗流行之学的人,听说经传中常常须用"也"字,就按自己的意思加上去,往往加得不是地方,就更加可笑了。

【原文】

《易》有蜀才注①,江南学士,遂不知是何人。王俭《四部目录》②,不言姓名,题云:"王弼后人③。"谢炅、夏侯该④,并读数千卷书,皆疑是谯周⑤;而《李蜀书》一名《汉之书》⑥,云:"姓范名长生,自称蜀才⑦。"南方以晋家渡江后⑧,北间传记,皆名为伪书,不贵省读⑨,故不见也。

注释

①《隋书·经籍志》:"《周易》十卷,蜀才注。"

②王俭:南齐琅邪临沂人,字仲宝。曾任太子舍人,秘书丞等职。撰有《七志》《元徽四部书目》等书。见《南齐书》本传。《四部目录》:即《元徽四部书目》。王俭于南朝宋元徽元年据当时国家藏书撰成。

③王弼：三国魏山阳人，字辅嗣。曾任尚书郎。著有《道略论》，并注《易》《老子》。事见《三国志·魏志·钟会传》。

④谢炅(jiǒng 炯)：人名。其事不详。夏侯该：赵曦明、刘盼遂均谓"该"当作"詠"，此人应为撰《汉书音》《四声韵略》的夏侯詠，为南朝梁人。

⑤谯周：三国蜀巴西西充国人，字允南。在蜀，官至光禄大夫；入晋，拜骑都尉。著有《法训》《五经论》《古史考》等百余篇，皆佚。《三国志·蜀志》有传。

⑥严式诲曰："案：'一名《汉之书》'五字，颜氏自注语，当旁注。"译文从严说。《李蜀书》：《史通·古今正史》《经典释文叙录》均作《蜀李书》。《史通·古今正史》云："蜀初号成，后改成汉，李势散骑常侍常璩撰《汉书》十卷，后入晋秘阁，改为《蜀李书》。"

⑦《经典释文叙录》："蜀才注，十卷。《蜀李书》云：'姓范，名长生，一名贤，隐居青城北，自号蜀才。李雄以为丞相。'"

⑧晋家：指晋朝。晋家渡江：指西晋灭亡后，司马睿在长江以南的建康(今江苏南京)建立东晋王朝。

⑨省读：阅读。

【今译】

《易经》有蜀才作注的本子，江南的学士，竟然不知道蜀才是什么人。王俭的《四部目录》中，也不谈他的姓名，写作："王弼后人。"谢炅、夏侯该都是读了数千卷书的人，他俩都怀疑这人是谯周；而《蜀李书》(一名《汉之书》)上说："这人姓范，名长生，自称蜀才。"在南方，因为晋朝渡江之后，北方的传记，都被指为伪书，人们不重视阅读它们，所以没见到这段文字。

【原文】

《礼·王制》云："裸股肱①。"郑注云："谓揎衣出其臂胫②。"今书皆作擐甲之擐③。国子博士萧该云④："擐当作揎，音宣，擐是穿著之名，非出臂之义。"案《字林》⑤，萧读是，徐爰音患⑥，非也。

注释

①股肱：大腿和小臂。

②郑注：郑玄作的注。揎(xuān 宣)：同"揎"。挽起衣袖露出手臂。

③擐(huàn 患)：贯穿；穿着。

④萧该:南朝梁兰陵人。撰有《汉书音义》《文选音义》。
⑤《字林》:字书。晋吕忱撰。已亡佚。清任大椿有《字林考逸》八卷,陶方琦有《字林考逸》一卷。
⑥徐爰:南朝宋人,任中散大夫。撰有《礼记音》二卷。

【今译】

《礼记·王制》说:"裸股肱。"郑玄的注释说:"揎衣出其臂胫。"现在的人把"揎"字都写成摜甲的"摜"字。国子博士萧该说:"摜应当作揎,读音是'宣',摜是表示穿着的字,没有露出手臂的含义。"依照《字林》,萧该的读音是正确的,徐爰认为此字读音作"患",是不对的。

【原文】

《汉书》:"田肎贺上①。"江南本皆作"宵"字。沛国刘显②,博览经籍,偏精班《汉》,梁代谓之《汉》圣。显子臻③,不坠家业。读班史④,呼为田肎。梁元帝尝问之,答曰:"此无义可求,但臣家旧本,以雌黄改'宵'为'肎'⑤"。元帝无以难之。吾至江北,见本为"肎"。

注释

①王利器《集解》注:"《续家训》及各本'肎'作'肯',乃俗字,今从宋本。引《汉书》见《高纪》六年。"
②刘显:字嗣芳,沛国相人。以精研《汉书》著称。《梁书》有传。
③《梁书·刘显传》:"显有三子:莠、荏、臻。臻早著名。"又刘臻在《隋书·文学》有传。
④班史:指班固的《汉书》。
⑤雌黄:见《勉学》篇"校定书籍"段注。

【今译】

《汉书》说:"田肎贺上。"江南的版本都把"肎"写作"宵"字。沛国人刘显,博览经籍,特别精研班固的《汉书》,梁代称他为《汉》圣。刘显的儿子刘臻,不失家传儒业。他读班固的《汉书》时,读作"田肎"。梁元帝曾经就这个问题问过他,他回答说:"这没有什么含义可求,只是因为我家里传下的旧本中,用雌黄把'宵'字改成了'肎'字。"梁元帝也没办法难住他。我到江北时,看见那里的版本就写作"肎"。

【原文】

《汉书·王莽赞》云："紫色蛙声，馀分闰位①。"盖谓非玄黄之色②，不中律吕之音也③。近有学士，名问甚高④，遂云："王莽非直鸱膊虎视⑤，而复紫色蛙声。"亦为误也⑥。

【注释】

①紫色：不正之色。蛙（wā 蛙）声：不正之声。闰位：非正统的帝位。参见《勉学》篇"《书》曰：'好问则裕。'"段注。
②玄黄：指天地的颜色。玄为天色，黄为地色。《易·坤》："夫玄黄者，天地之杂也，天玄而地黄。"此处用以表示正色。
③律吕：古代校正乐律的器具。后亦用以指乐律或音律。此外用以表示正音。
④名问：名声，名望。
⑤鸱（yuān 冤）：老鹰。鸱膊：老鹰的肩膀。
⑥此段已见前《勉学》篇，而文有小异，可参看。

【今译】

《汉书·王莽赞》说："紫色蛙声，馀分闰位。"意思大致是说（王莽）不是玄黄正色，不合符律吕正音。最近有位学士，名声很高，竟然说："王莽的长相不但是老鹰的肩膀、老虎的目光，而且还是紫色的皮肤、青蛙的嗓音。"这可弄错了。

【原文】

简策字①，竹下施束②，末代隶书③，似杞、宋之宋④，亦有竹下遂为夹者；犹如刺字之傍应为束，今亦作夹。徐仙民《春秋·礼音》⑤，遂以笑为正字，以策为音，殊为颠倒。《史记》又作悉字，误而为述，作姤字，误而为姤，裴、徐、邹皆以悉字音述，以姤字音姤⑧。既尔，则亦可以亥为豕字音，以帝为虎字音乎⑦？

【注释】

①简策：编连成册的竹简。
②束：音次（cì）。
③隶书：字体名。由篆书简化演变而成。始于秦代，普遍使用于汉魏。

④杞、宋:春秋时的两个国名。

⑤徐仙民:即徐邈。见《勉学》篇"夫文字者"段注。《隋书·经籍志》:"《春秋左氏传音》三卷,《礼记音》三卷,并徐邈撰。"

⑥裴:即裴骃,字龙驹。徐:即徐广,字野民。邹:即邹诞生。《隋书·经籍志》:"《史记》八十卷,宋南中郎外兵参军裴骃注。《史记音义》十二卷,宋中散大夫徐野民撰。《史记音》三卷,梁轻车录事参军邹诞生撰。"述:音树(shù), 姤:音够(gòu)。

⑦《吕氏春秋·察传》:"子夏之晋,过卫,有读《史记》者曰:'晋师三豕涉河。'子夏曰:'非也,是己亥也。夫己与三相近,豕与亥相似。'至于晋而问之,则曰晋师己亥涉河也。"又《太平御览》卷六一八引〔晋〕葛洪《抱朴子·遐览》:"书三写,以鲁为鱼,以帝为虎。"以上均指书籍传写中文字因形近而误。

【今译】

简策的"策"字,是"竹"下面放一个"束",后代的隶书,写得就像杞国、宋国的"宋"字,也有在"竹"下竟放一个"夹"字的;就像刺字的偏旁应该是"束",现在也写成"夹"一样。徐仙民的《春秋左氏传音》《礼记音》就是以"筴"为正字,以"策"作读音,完全弄颠倒了。《史记》又在写"悉"字时,误写成"述",在写"姤"字时,误写成"姤",裴骃、徐邈、邹诞生都用"悉"字给"述"字注音,用"姤"字给"姤"字注音。既然这样,难道也可以用"亥"字为"豕"字注音,以"帝"字为"虎"字注音吗?

【原文】

张揖云①:"虙,今伏羲氏也②。"孟康《汉书》古文注亦云③:"虙,今伏。"而皇甫谧云④:"伏羲或谓之宓羲。"按诸经史纬候⑤,遂无宓羲之号。虙字从虍,宓字从宀,下俱为必,末世传写,遂误以虙为宓,而《帝王世纪》因更立名耳。何以验之?孔子弟子虙子贱为单父宰⑥,即虙羲之后,俗字亦为宓,或复加山。今兗州永昌郡城,旧单父地也,东门有"子贱碑",汉世所立,乃曰:"济南伏生⑦,即子贱之后。"是知虙之与伏,古来通字,误以为宓,较可知矣⑧。

注释

①张揖:字稚让,三国魏清河人,一云河间人,魏太中博士。撰有《广雅》

等书。

②伏羲氏:中国神话中人类的始祖,传说人类由他和女祸氏兄妹相婚而产生。

③孟康:字公休,三国魏安平人。曾任魏中书令等职。

④皇甫谧(mì密):字士安。魏晋间医学家。著有《甲乙经》。另著有《帝王世纪》《高士传》《列女传》《玄晏春秋》等。

⑤纬候:纬,指纬书。其书以儒家经义,附会人事吉凶祸福,预言治乱兴废,多迷信内容。候,指占验之书。

⑥单父:地名,在今山东单县南。

⑦伏生:济南人。秦代为博士。汉孝文帝时,求能治《尚书》者,时伏生已九十余岁,朝廷派晁错前往就学。事见《汉书·儒林传》。

⑧《史记正义》云:"虙字从虍,音呼,宓从宀,音緜,下俱为必,世传写误也。"《集韵》云:"虙与伏同。虙牺氏,亦姓也。宓与密同,亦姓,俗作密,非是。"

【今译】

张揖说:"虙,就是现在所说的伏羲氏。"孟康《汉书》古文注也说:"虙,就是现在的伏。"而皇甫谧却说:"伏羲,有人也称之为宓羲。"我查阅了各种经书、史书、纬书以及占验之书,就没有宓羲这个称号。虙字从"虍",宓字从"宀",下面部分都是"必",后代人传抄,就误把虙写成了宓,而皇甫谧的《帝王世纪》据此又另外立了一个名称。用什么来验证它呢?孔子的学生虙子贱担任单父的长官,他就是虙羲氏的后代,俗字也写作"宓",有的又在宓下加个"山"。现在兖州永昌郡城,就是过去单父的地盘,东门有一个"子贱碑",是汉代竖立的,那上面就说:"济南人伏生,就是子贱的后人。"由此可以知道"虙"与"伏",自古以来就是通用字,后人误把"虙"写作"宓"的事实,就明显可知了。

【原文】

《太史公记》曰①:"宁为鸡口,无为牛後②。"此是删《战国策》耳③。案:延笃《战国策音义》曰④:"尸,鸡中之主。従,牛子⑤。"然则,"口"当为"尸","後"当为"従",俗写误也。

注释

①《史太公记》:汉、魏、南北朝人称司马迁《史记》为《太史公记》。

②此二句谓宁做进食的鸡口,小而洁;不做出粪的牛后,大而臭。牛后:牛

肛门。

③删:节取,采取。

④延笃:字叔坚。汉南阳犨人。博通经传及百家之言,以文章名于时。《后汉书》有传,然未见言及《战国策音义》。

⑤《尔雅翼·释兽》引此二句即作"宁为鸡尸,无为牛從",并释云:"尸,主也,一群之主,所以将众者。從,從物者也,随群而往,制不在我也。"此二句比喻宁可在局面小的地方自主,不愿在局面大的地方听人支使。

【今译】

《史记》说:"宁为鸡口,无为牛後。"这是节取《战国策》中的文字。按:延笃的《战国策音义》说:"尸,鸡中之主。從,牛子。"这样看来,鸡口的"口"字应当作"尸"字,牛後的"後"字应当作"從"字,世俗流行的写法是错误的。

【原文】

应劭《风俗通》云①:"《太史公记》:'高渐离变名易姓②,为人庸保③,匿作于宋子④,久之作苦,闻其家堂上有客击筑⑤,伎痒⑥,不能无出言。'"案:伎痒者,怀其伎而腹痒也。是以潘岳《射雉赋》亦云:"徒心烦而伎痒⑦。"今《史记》并作"徘徊",或作"傍徨不能无出言⑧",是为俗传写误耳。

注释

①应劭:东汉汝南南顿(今河南项臣西南)人,字仲远,献帝时,任泰山太守。著有《汉官仪》十卷、《风俗通义》三十卷。《风俗通》:即《风俗通义》。内容以考释议论名物、时俗为主。

②高渐离:战国末年燕人,擅长击筑。燕太子丹派荆轲前往秦国刺杀秦始皇时,他曾在易水边击筑送行。秦朝建立后,他刺杀秦始皇未遂,被杀。事见《史记·刺客列传》。

③傭保:受雇而被役使的人。

④宋子:县名。

⑤筑:古代弦乐器名。形如琴,十三弦。

⑥伎痒:谓有所擅长,遇机会即欲表现,如痒难忍。伎,通技。

⑦潘岳赋见《文选》。

⑧《风俗通》引《史记》"伎痒"以下七字,今《史记》作"傍偟不能去,每出言曰。"

【今译】

应劭的《风俗通义》说:"《太史公记》:'高渐离变名易姓,为人庸保,匿作于宋子,久之作苦,闻其家堂上有客击筑,伎痒,不能无出言。'"按:所谓伎痒,就是怀有那种技艺很想表现,内心像痒一样难耐。因此,潘岳的《射雉赋》也说:"徒心烦而伎痒。"现在的《史记》"伎痒"二字都写作"徘徊",或者写作"傍徨不能无出言",这是因为世俗在传抄时致误了。

【原文】

《太史公》论英布曰①:"祸之兴自爱姬,生于妒媚,以至灭国②。"又《汉书·外戚传》亦云:"成结宠妾妒媚之诛③。"此二"媚"并当作"媢"④,媢亦妒䏿也,义见《礼记》《三苍》⑤。且《五宗世家》亦云:"常山宪王后妒媢⑥。"王充《论衡》云:"妒夫媢妇生,则忿怒斗讼⑦。"益知媢是妒之别名。原英布之诛为意贲赫耳⑧,不得言媢。

注释

①《太史公》:即《史记》。英布:汉初诸侯王,六县(今安徽六安东北)人。曾坐法黥面,故又称黥布。楚汉战争中,背楚归汉,立为淮南王。汉初,以彭越、韩信相继为刘邦所杀,举兵反叛,战败被杀。

②以上三句,盖言英布谋反被诛的起因。英布欲反之时,其爱姬生病,与中大夫贲赫饮于医家。英布怀疑二人有染,欲捕贲赫。赫至长安告发英布欲反之事。朝廷追查此事,英布遂反,终至兵败被诛。故《史记》谓"祸之兴自爱姬"。妒,同"妒"。

③此言赵飞燕事。赵飞燕为汉成帝皇后,与其妹赵昭仪专宠十余年,皆无子。成帝死后,司隶解光奏言赵氏杀后宫所产诸子,汉哀帝未予追究。平帝即位,赵被废为庶人,遂自杀。

④媢(mào冒):男子嫉妒妻妾。也泛指嫉妒。

⑤《礼记·大学》:"媢嫉以恶之。"郑玄注:"媢,妒也。"《史记·五宗世家》索隐:"郭璞注《三苍》云:'媢,丈夫妒也。'又云:'妒女为媢。'"《三苍》:古代字书名,见《勉学》篇"夫文字者"段注。

⑥常山宪王:即刘舜。汉景弟少子,立为常山王。卒谥宪。刘舜多幸姬,引起王后妒忌,故刘舜病时,王后不常侍病。及刘舜死,此事被告发,汉朝廷遂废王后。
⑦二句出《论衡·论死》:"妒夫媢妻,同室而处,淫乱失行,忿怒斗讼。"
⑨意:怀疑。《广雅·释言》:"意,疑也。"

【今译】

《史记》中太史公评论英布说:"祸之兴自爱姬,生于妒媢,以至灭国。"另外,《汉书·外戚传》也说:"成结宠妾妒媢之诛。"这两个"媚"字都应当作"媢"字,媢也就是妒,这个字的含义见于《礼记》《三苍》。况且《史记·五宗世家》也说:"常山宪王后妒媢。"王充《论衡》说:"妒夫媢妇生,则忿怒斗讼。"更可明白"媢"是"妒"的别名。推究英布被杀的原因,是因为他怀疑贲赫,所以不能说成"媚"。

【原文】

《史记·始皇本纪》:"二十八年①,丞相隗林、丞相王绾等,议于海上。"诸本皆作山林之"林"。开皇二年五月②,长安民掘得秦时铁称权③,旁有铜涂镌铭二所④。其一所曰:"廿六年,皇帝尽并兼天下诸侯,黔首大安⑤,立号为皇帝,乃诏丞相状、绾⑥,法度量则不壹歉疑者⑦,皆明壹之。"凡四十字。其一所曰:"元年,制诏丞相斯、去疾⑧,法度量,尽始皇帝为之,皆□刻辞焉⑧。今袭号而刻辞不称始皇帝,其于久远也,如后嗣为之者,不称成功盛德,刻此诏□左⑩,使毋疑。"凡五十八字,一字磨灭,见有五十七字,了了分明。其书兼为古隶⑪。余被敕写读之⑫,与内史令李德林对⑬,见此称权,今在官库;其"丞相状"字,乃为状貌之"状",爿旁作犬;则知俗作"隗林",非也,当为"隗状"耳。

【注释】

①二十八年:即秦始皇帝二十八年(公元前219年)。
②开皇:隋文帝年号。开皇二年为公元582年。
③权:称锤。
④铜涂(dù度)镌铭:镀铜的镌刻铭文。涂:以金饰物,后写作"镀"。所:量词。相当于"处"。
⑤黔首:百姓。

⑥状、绾:即前《史记》文中丞相隗林,王绾。"林"在此铭文中作"状"。
⑦法:规范,用如动词; 则:准则,用如动词; 壹:统一。歉疑:梅尧臣《陆子履示秦篆宝》诗题注中载此铭文,此句作"法度量则不一嫌疑者","歉"作"嫌",是。
⑧斯:李斯。时为秦左丞相。去疾:即冯去疾,时为秦右丞相。
⑨此句□处宋本空一格。沈揆《考证》作"有"。
⑩此句□处,即下文所谓"一字磨灭"者。
⑪古隶:指秦汉隶书。与三国后盛行的今隶(楷书)对称。兼:全部;整个。
⑫被:受。敕:皇帝的诏书。
⑬内史令:职官名。隋文帝改中书省为内史省,置内史监、令各一员。李德林:字公辅,博陵安平人。仕齐时,与颜之推同在文林馆。入隋为内史令。《隋书》有传。

【今译】

《史记·秦始皇本纪》说:"二十八年,丞相隗林、丞相王绾等,议于海上。"各种本子都写作山林的"林"字。隋文帝开皇二年五月,长安百姓掘得一个秦代的铁称锤,旁边有镀铜的镌刻铭文二处,其一处说:"廿六年,皇帝尽并兼天下诸侯,黔首大安,立号为皇帝,乃诏丞相状、绾,法度量则不壹嫌疑者,皆明壹之。"共四十字。其另一处说:"元年,制诏丞相斯、去疾,法度量,尽始皇帝为之,皆□刻辞焉。今袭号而刻辞不称始皇帝,其于久远也,如后嗣为之者,不称成功盛德,刻此诏□左,使毋疑。"共五十八字,有一个字磨灭,可见者五十七字,了了分明。它的字体全部是古隶。我受皇帝的命令摹写认读它,并与内史令李德林进行核对,见到这两个称锤,现在官库里面;那上面"丞相狀"的"狀"字,乃是状貌的"狀",爿旁加犬;由此知道世俗写作"隗林",是不对的,应当写作"隗狀"。

【原文】

《汉书》云:"中外禔福①。"字当从示。禔,安也,音匙匕之匙,义见《苍》《雅》《方言》②。河北学士皆云如此。而江南书本③,多误从手④,属文者对耦⑤,并为提挈之意,恐为误也。

【注释】

①此句见《汉书·司马相如传》："遐迩一体,中外禔福。不亦康乎?"颜师古注:"禔,安也。"

②《苍》《雅》:指《三苍》和《尔雅》。古代字书。《方言》:我国最早的一部方言词典。汉代扬雄撰。

③江南书本:指在江南地区通行的写本。

④赵曦明曰:"下云'恐为误',则此处'误'字衍。"

⑤对耦:也作对偶。指字句两两相对,以加强语言的表达效果。

【今译】

《汉书》说:"中外禔福。""禔"字应当从"礻"。禔,安的意思,发音是匙匕的"匙",其含义见于《三苍》《尔雅》《方言》。河北的学士都说是这样的。而江南的写本中,这个字多从手,撰写文章的人写对偶句时,都把它当成提挈的意思,恐怕是不对的。

【原文】

或问:"《汉书注》:'为元后父名禁,故禁中为省中①。'何故以'省'代'禁'?"答曰:"案:《周礼·宫正》:'掌王宫之戒令纠禁。'郑注云:'纠,犹割也,察也。'李登云:'省,察也②。'张揖云:'省,今省詧也③。'然则小井、所领二反④,并得训察。其处既常有禁卫省察,故以'省'代'禁'。詧,古察字也。"

【注释】

①此为《汉书·昭帝纪》"共养省中"句下注文。伏俨注曰:"蔡邕云:本为禁中。门闼有禁,非侍御之臣,不得妄入行道,豹尾中,亦为禁中。孝元皇后父名禁。避之,故曰省中。"颜师古注曰:"省,察也。言入此中皆当察视,不可妄也。"禁中、省中:均指宫禁之中。

②此句出李登《声类》。李登,三国魏左校令。

③此句出张揖《古今字诂》,此书已佚,任大椿《小学钩沉·古今字诂》有此句。

④小井、所领二反:指"省"字有小井、所领两个反切音。

【今译】

有人问:"《汉书·昭帝纪》的注文说:'因为孝元皇后的父亲名

禁,所以把禁中改称省中。'为什么要用'省'字代替'禁'字呢?"我回答说:"案:《周礼·官正》上说:'掌王官之戒令纠禁。'郑玄的注说:'纠,犹割也,察也。'李登说:'省,察也。'张揖说:'省,今省詧也。'那么小井、所领二个反切音的省字,都可以训察。禁中那种地方既然经常有禁卫军省察,所以就用'省'来代替'禁'。詧,就是古代的察字。"

【原文】

《汉明帝纪》①:"为四姓小侯立学②。"按:桓帝加元服③,又赐四姓及梁、邓小侯帛,是知皆外戚也④。明帝时,外戚有樊氏、郭氏、阴氏、马氏为四姓。谓之小侯者,或以年小获封,故须立学耳。或以侍祠猥朝⑤,侯非列侯⑥,故曰小侯⑦,《礼》云:"庶方小侯⑧。"则其义也。

注释

①此应为《后汉书·明帝纪》。赵曦明曰:"'汉'上当有'后'字。"是。

②小侯:旧时称功臣子孙或外戚子弟之封侯者为小侯。李贤注引袁宏《后汉纪》曰:"又为外戚樊氏、郭氏、阴氏、马氏诸子弟立学,号四姓小侯,置'五经'师。以非列侯,故曰小侯。"立学:设置学校。

③元服:指冠。古称行冠礼为加元服。

④外戚:指帝王的母族、妻族。前述四姓及梁、邓,均为外戚。

⑤侍祠:侍祠侯。应劭《汉官典职》有四姓侍祠侯。猥朝:猥朝侯,亦即猥诸侯。汉代,王子封为侯者称诸侯;群臣异姓以功封者称彻侯。在长安者,皆奉朝请。其有赐特进者,位在三公下,称朝侯。位次九卿以下者,但侍祠而无朝位,称侍祠侯。其非朝侯侍祠,而以下土小国或以肺腑宿亲,若公主子孙,或奉先侯坟墓在京师者,随时会见,称猥诸侯。

⑥列侯:诸侯。指王子封为侯者。

⑦此说本袁宏,见注②。

⑧《礼记·曲礼下》:"庶方小侯,入天子之国曰某人,于外曰子,自称曰孤。"

【今译】

《后汉书·明帝纪》说:"为四姓小侯立学。"按:汉桓帝行冠礼,又赐给四姓及梁、邓小侯丝帛,由此知道他们都是外戚。汉明帝的时候,外戚有樊氏、郭氏、阴氏、马氏这四姓。把他们称为小侯的原因,可能是因为年纪尚小就获得封爵,所以还须立学。有人以为他们属侍祠侯猥朝侯,这些个侯不是封于王子之列的诸侯,所以叫做小侯,《礼记》说:"庶方小侯。"就是它的含义。

【原文】

《后汉书》云:"鹳雀衔三鳝鱼①。"多假借为鱣鲔之鱣②;俗之学士,因谓之为鳣鱼。案:魏武《四时食制》:"鳣鱼大如五斗奁③,长一丈。"郭璞注《尔雅》:"鳣长二三丈。"安有鹳雀能胜一者,况三乎?鳣又纯灰色,无文章也。鳝鱼长者不过三尺,大者不过三指,黄地黑文,故都讲云④:"蛇鳝,卿大夫服之象也⑤。"《续汉书》及《搜神记》亦说此事⑥,皆作"鳝"字。孙卿云:"鱼鳖鳅鳣⑦。"及《韩非》《说苑》皆曰:"鳣似蛇,蚕似蠋⑧。"并作"鳣"字。假"鳣"为"鳝",其来久矣。

注释

①此句见《后汉书·杨震传》。鳝:黄鳝。此字原作"鳢鲜",为"鳝"的异体字。

②鳣(zhān 粘):鱼名。《尔雅·释鱼》郭璞注:"鳣,大鱼,似鳢而短鼻,口在颔下,体有邪行甲,无鳞,肉黄。大者长二三丈。今江东呼为黄鱼。"鲔(wěi 伟):即鲟鱼。

③《四时食制》:书名。《隋志》《唐志》均未见著录。奁(lián 帘):古代盛放梳妆用品的器具,作圆形、长方形或多边形。

④都讲:门弟子中成绩优良者。赵曦明曰:"都讲,高第弟子之称也。"

⑤《后汉书·杨震传》"震字伯起,弘农华阴人。常客居于湖,不答州郡礼命数十年。后有冠雀衔三鳣鱼,飞集讲堂前,都讲取鱼进曰:'蛇鳣者,卿大夫服之象也;数三者,法三台也。先生自此升矣。'"象:征象。

⑥《续汉书》:晋秘书监司马彪撰。《搜神记》:志怪之书。晋干宝撰。王利器曰:"今《搜神记》无此文,《能改斋漫录》四引《靖康缃素杂记》引此文,'搜神记'作'谢承《书》',《杨震传》李贤注,亦云:'案《续汉》及谢承《书》。'而《御览》九三七引谢承《后汉书》正有此文,疑当作'谢承《书》'为是。"

⑦孙卿:即荀卿。此句见《荀子·富国》。

⑧蠋(zhú 烛):鳞翅目昆虫的幼虫。青色,似蚕,大如手指。此句见《韩非子·内储说上》。

【今译】

《后汉书》说:"鹳雀口衔三条鳝鱼。"这个鳝字大多假借为鳣、鲔的"鳝"字。那些世俗的学者,因此而称呼它为鳝鱼。按:魏武《四时食制》说:"鳝鱼大如五斗奁,长度为一丈。"郭璞在《尔雅》注文中说:"鳝鱼长度为二三丈。"哪里会有鹳雀能够衔得起一条鳝鱼的,何况是三条呢?而且鳝鱼是纯灰色,身上没有花纹。鳝鱼长的不过三尺,大的粗细不超过三指,黄的底色黑的花纹,所以都讲说:"蛇鳝是卿大夫衣服的征象。"《续汉书》及《搜神记》也说到此事,都写作"鳝"字。荀卿说:"鱼鳖鳅鳝。"以及《韩非子》《说苑》都说:"鳝像蛇,蚕像蠋。"都写作"鳝"字。假借"鳝"作"鳝",由来已久了。

【原文】

《后汉书》:"酷吏樊晔为天水郡守①,凉州为之歌曰:'宁见乳虎穴②,不入冀府寺。'"而江南书本"穴"皆误作"六"。学士因循,迷而不寤③。夫虎豹穴居,事之较者,所以班超云:"不探虎穴,安得虎子④?"宁当论其六七耶?

注释

①樊晔:字仲华,南阳新野人。为天水太守。见《后汉书·酷吏传》。天水郡:郡名。西汉置。东汉永平十七年改为汉阳郡,治所在冀县(今甘肃甘谷东南)。

②乳虎:正在哺乳的母虎,性情特别凶猛。寺:官府办公之地。冀人天水太守治所,故称冀府寺。此二句言樊晔之凶暴胜过乳虎。

③寤:通"悟"。觉悟,了解。

④班超:东汉名将。字仲升,扶风安陵人(今陕西咸阳东北)。班固之弟。《后汉书·班超传》:"(班超)使西域,到鄯善,王礼敬甚备,后忽疏懈,召问侍胡曰:'匈奴使来,今安在?'胡俱服其状。超乃会其吏士三十六人激怒之,官属皆曰:'今在危亡之地,死生从司马。'超曰:'不入虎穴,不得虎子。因夜以火劫房,必大震怖,可尽殄也。'"

【今译】

《后汉书》说:"酷吏樊晔任天水郡太守,凉州城百姓为他编了歌谣说:"'宁见乳虎穴,不入冀府寺。'"而江南的版本"穴"字都误写作"六"字。学者们沿袭这个错误,有了迷误而未认识到。虎豹穴居,这是明明白白的事;所以班超说:"不探虎穴,安得虎子?"难道他说的是六只虎七只虎吗？

【原文】

《后汉书·杨由传》云："风吹削肺①。"此是削札牍之柿耳。古者，书误则削之，故《左传》云"削而投之"是也②。或即谓札为削③，王褒《童约》曰："书削代牍④。"苏竟书云："昔以摩研编削之才⑤。"皆其证也。《诗》云："伐木浒浒⑥。"毛《传》云："浒浒，柿貌也。"史家假借为肝肺字，俗本因是悉作脯腊之脯⑦，或为反哺之哺⑧。学士因解云："削哺，是屏障之名。"既无证据，亦为妄矣！此是风角占候耳⑨。《风角书》曰⑩："庶人风者，拂地扬尘转削⑪。"若是屏障，何由可转也？

注释

①杨由：字哀侯，成都人。削肺：《后汉书·方术传》作"削哺"，云"有风吹削哺，太守以问由。由对曰：'方当有荐木实者，其色黄赤。'顷之，五官掾献橘数包。"削哺，即削柿(fèi 肺)。削札牍时削下的碎片。
②此句见《左传·襄公二十七年》孔颖达疏："子罕削其字而又投之于地也。"
③札：古代书写用的小而薄的木片。
④王褒《童约》：见《文章》篇首段注。牍：古代写字用的木板。
⑤此句见《后汉书·苏竟传》。苏竟：字伯况，扶风平陵人。摩研：切磋研究。编削：指编纂书籍。削即札。古代书籍用木片或竹简制成。
⑥见《诗经·小雅·伐木》。浒浒（xǔ 许）：伐木声。今本《诗经》作"许许"。
⑦脯（fǔ）腊：干肉。
⑧反哺：鸟雏长成，衔食喂养其母。
⑨风角：古代占候之术。《后汉书·郎𫖮传》注："风角，谓候四方四隅之风，以占吉凶也。"
⑩《风角书》：讲风角占候之书。如《隋书·经籍志》著录有《风角要占》十二卷。
⑪以上二句大意是说：普通人的风，能够吹拂地面，扬起尘土，使地上的木屑刨花随风旋转。削：碎木屑。

【今译】

《后汉书·杨由传》说："风吹削肺。"这个"肺"就是削札牍的"柿"。古时候，字写错了就把它刮削掉，所以《左传》说"削而投之"就是这个意思。也有把"札"叫作"削"的,王褒《童约》说:"书削代牍。"苏竟的信中说:"昔以摩研编削之才。"都是"札"作"削"的证据。《诗经》说:"伐木浒浒。"毛《传》解释说:"浒浒,柿貌也。"史官们用假借之法把"柿"字写成了肝肺的"肺"字,世上流行的版本又据此全都写成了脯腊的"脯"字,或者写作反哺的"哺"字。学者们因此解释《后汉书》中的"削哺"一词说:"削哺,是屏障之名。"这种解释既无证据,也只能算是主观臆测了。"风吹削哺"讲的是风角占候。《风角书》上说:"庶人风者,拂地扬尘转削。"如果"削"是指屏障,怎么可能转动呢?

【原文】

《三辅决录》云①:"前队大夫范仲公,盐豉蒜果共一筒②。""果"当作魏颗之"颗"③。北土通呼物一凷,改为一颗④,蒜颗是俗间常语耳。故陈思王《鹞雀赋》曰⑤:"头如果蒜,目似擘椒⑥。"又《道经》云:"合口诵经声璨璨⑦,眼中泪出珠子碑⑧。"其字虽异,其音与意颇同,江南但呼为蒜符,不知谓为颗。学士相承,读为裹结之裹⑨,言盐与蒜共一苞裹⑩,内筒中耳⑪。《正史削繁》音义又音蒜颗为苦戈反⑫,皆失也。

【注释】

①《三辅决录》:汉赵岐撰。晋挚虞注。记汉时三辅事(汉景帝时分内史为左右内史,与主爵中尉同治长安城中,所辖皆京畿之地,故合称"三辅")。书已佚。有清张澍、茆泮林辑本。

②《太平御览》九七七引《三辅决录》:"平陵范氏,南陵旧语曰:'前队大夫范仲公,盐豉蒜果共一筒。'言其廉洁也。"前队(suì 遂):指南阳郡。大夫:南阳郡置大夫,职如太守。

③魏颗:春秋时晋国大夫。

④凷,同块。郝懿行曰:"呼块为颗,北人通语也。颗与块一声之转。"

⑤陈思王:即曹植。沈揆曰:"诸本皆作《雀鹞赋》。"

⑥擘:分开;剖裂。

⑦璨,同琐。琐琐:形容声音细碎。

⑧碑:同"颗"。颗粒。以上二句出《老子化胡经》,前言"《道经》"指此。

⑨蒜符之符恐误。因此处既谓学士"读为裹结之裹",则其音必与"裹"近。符字与裹字发音相去甚远。故恐有误(据刘盼遂引吴承仕说)。

⑩苞裹：犹包裹。
⑪内：同"纳"。纳入。
⑫《隋书·经籍志》："《正史削繁》九十四卷，阮孝绪撰。"

【今译】

　　《三辅决录》说："前队大夫范仲公，盐豉蒜果共一筒。""果"字应当读作魏颗的"颗"，北方地区普遍把"一块"东西，改称为"一颗"，蒜颗就是世间的常用语。所以陈思王曹植的《鹞雀赋》说："头如果蒜，目似擘椒。"另外《老子化胡经》说："合口诵经声琐琐，眼中泪出珠子䪎。"这个"䪎"字虽然写法不同，但它的发音和意义与"颗"字是很相同的。江南地区只是称呼为蒜符，不知道叫作蒜颗。学者互相承袭，把这个字读成了裹结的裹，说范仲公把盐和蒜一起包在包裹里，放进竹筒中。《正史削繁》音义又给蒜颗的"颗"注音为苦戈反，两者都是错误的。

【原文】

　　有人访吾曰："《魏志》蒋济上书云。'弊攰之民①'，是何字也？"余应之曰："意为攰即是㼴倦之㼴耳④。张揖、吕忱并云：'支傍作刀剑之刀，亦是剞字。'不知蒋氏自造支傍作筋力之力，或借剞字？终当音九伪反③。"

注释

　　①蒋济：字子通，楚国平阿人。任护军将军，加散骑常侍。《三国志·魏志·蒋济传》载蒋济上疏云："今其所急，唯当息耗百姓，不至甚弊；弊攰之民，傥有水旱，百万之众，不为国用。"攰(guì)：困疲。
　　②㼴(guì 桂)：极度疲乏。郝懿行曰："㼴音塊，《集韵》作㼴，疲极也。"
　　③剞(jī 机)：雕刻用的曲刀。郝懿行曰："《玉篇》云：'刻同剞，居蚁切，刃曲也。'是攰翅字支傍作刀，与剞字音义俱同之证。"

【今译】

　　有人询问我说："《魏志》中蒋济上书说'弊攰之民'，这个'攰'是什么字啊？"我回答他说："根据行文的意思，攰就是㼴倦的㼴字。张揖、吕忱都说：'这个字是支傍加刀剑的刀，也就是剞字。'不知道这个字是蒋济自造支傍加上筋力的力字,还是有人借用它作刵字?它终归还是应当发音为九伪反。"

【原文】

《晋中兴书》①:"太山羊曼②,常颓纵任侠③,饮酒诞节④,兖州号为獚伯⑤。"此字皆无音训。梁孝元帝常谓吾曰:"由来不识。唯张简宪见教,呼为噇羹之噇⑥。自尔便遵承之,亦不知所出。"简宪是湘州刺史张缵谥也⑦,江南号为硕学。案:法盛世代殊近⑧,当是耆老相传⑨;俗间又有獚獚语,盖无所不施,无所不容之意也。顾野王《玉篇》误为黑傍沓⑩。顾虽博物,犹出简宪、孝元之下,而二人皆云重边。吾所见数本,并无作黑者。重沓是多饶积厚之意,从黑更无义旨。

注释

①《隋书·经籍志》:"《晋中兴书》七十八卷,起东晋,宋湘东太守何法盛撰。"
②羊曼:晋人,字祖延。任达颓纵,好饮酒。与温峤等并为中兴名士。晋书有传。
③常:通"尝",曾经。颓纵:疏慢放纵。任侠:凭借权威、勇力或财力等手段扶助弱小,帮助他人。
④诞节:漫无节制的意思。
⑤《晋书·羊曼传》:"时州里称陈留阮放为宏伯,高平郗鉴为方伯,太山胡毋辅之为达伯,济阴卞壶为裁伯,陈留蔡谟为郎伯,阮孚为诞伯。高平刘缓为委伯,而曼为獚伯,号兖州八伯。"獚,音 tà。
⑥噇(tà 踏)羹:谓饮羹不加咀嚼而连菜吞下。《礼记·曲礼上》:"侍食于长者……毋噇羹。"
⑦张缵:字伯绪,仕梁为湘州刺史,后被害。梁元帝即位后,赠侍中中卫将军,开府仪同三司,谥简宪。事见《梁书·张缅传》。
⑧法盛:即著《晋中兴书》的何法盛,南朝宋人。
⑨耆(qí 其)老:老年人。
⑩《玉篇》:字书。南朝梁顾野王撰。今本三十卷。黑傍沓:即黵字。

【今译】

《晋中兴书》说:"太山的羊曼,曾经是为人疏慢放纵、扶弱济贫,好酒贪杯漫无节制,兖州那里的人把他称为獚伯。这个獚字的意思各种书里都没有进行解释。梁孝元帝曾经对我说:"我从前不认识这个字。只有张简宪曾经教过我,把它叫作噉羹的噉字。从那以后我就遵从这个读音了,也不知道它的出处。"简宪是湘州刺史张缵的谥号,江南地区的人称他为饱学之士。案:著《晋中兴书》的何法盛离我们年代很近,那个鼲字应当是老人们传下来的。社会上又有鼲鼲这个词语,大致是无所不施、无所不容的意思。顾野王的《玉篇》误写为黑傍加沓。顾野王这人虽然博学多闻,但他的学识还是在张缵、梁孝元帝之下,而后二人都说是重字边。我所见到的几个本子,都没有作黑傍的。重沓是多饶积厚的意思,从黑傍就完全不知道它的含义何在了。

【原文】

《古乐府》歌词,先述三子,次及三妇,妇是对舅姑之称。其末章云:"丈人且安坐,调弦未遽央①。"古者,子妇供事舅姑,旦夕在侧,与儿女无异,故有此言。丈人亦长老之目,今世俗犹呼其祖考为先亡丈人②。又疑"丈"当作"大",北间风俗,妇呼舅为大人公。"丈"之与"大",易为误耳。近代文士,颇作《三妇诗》,乃为匹嫡并耦己之群妻之意③,又加郑、卫之辞④,大雅君子⑤,何其谬乎?

【注释】

①此为《乐府·清调曲·相逢行》。其词曰:"相逢狭路间,道隘不容车。如何两少年,挟毂问君家。君家诚易知,易知诚难忘。黄金为君门,白玉为君堂;堂上置尊酒,使作邯郸倡。中庭生桂树,华灯何煌煌。兄弟两三人,中子为侍郎。五日一来归,道上自生光,黄金络马头,观者满路傍。入门时左顾,但见双鸳鸯,鸳鸯七十二,罗列自成行。音声何噰噰,鹤鸣东西厢。大妇织绮罗,中妇织流黄,小妇无所作,挟瑟上高堂,丈人且安坐,调弦未遽央。"颜氏谓"先述三子,次及三妇",于诗中可见。舅姑、丈人:均指公婆。未遽央:仓猝未尽的意思。

②祖考:指已故的祖辈、父辈。

③匹嫡:婚配。耦己:成双。

④郑、卫之辞:指春秋时郑国、卫国的歌辞。后用以代指淫荡的文学作品。

⑤大雅君子:指道德才学俱佳者。

【今译】

《古乐府·相逢行》的歌词,先记述三个儿子,其次才述及三个媳妇。媳妇是相对公婆而言的称呼。这首歌词的末章说:"丈人且安坐,调弦未遽央。"古时候,媳妇供养侍奉公婆,早晚都在两老身旁,与儿女没有两样,所以歌辞中有这些话。丈人也可作为长辈老人的称呼,现在的习惯仍然把某人的已故祖、父称为先亡丈人。我又怀疑"丈"字应当写作"大"字,北方地区的风俗,媳妇称呼公公为大人公。"丈"字与"大"字,是很容易误写的。近代的文士,有很多人写有《三妇诗》,内容却是描写自己与妻妾配对成双的事,又加入一些淫邪的词句,这些道德高尚才能出众的人,为什么如此荒谬呢?

【原文】

《古乐府》歌百里奚词曰①:"百里奚,五羊皮,忆别时,烹伏雌,吹扊扅;今日富贵忘我为②!""吹"当作炊煮之"炊"③。案:蔡邕《月令章句》曰④:"键,关牡也,所以止扉,或谓之剡移⑤。"然则当时贫困,并以门牡木作薪炊耳。《声类》作扊,又或作㦿⑥。

【注释】

①百里奚:春秋时秦穆公贤相。原为虞国大夫。虞国被灭后,他流落到楚国。秦穆公闻其贤,用五张羊皮将他从楚国赎回。故被称为"五羖(gǔ)大夫"。后辅佐秦穆公建成霸业。

②据《乐府解题》引《风俗通》:百里奚为秦相后,其妻为洗衣妇。在相府举行的一次音乐会上,她演唱了这首歌词。百里奚方知这位洗衣妇就是他过去的妻子,遂重新结为夫妇。伏雌:母鸡。扊(yǎn 炎)扅(yí 移):门闩。

③王利器曰:"吹,炊古通,《荀子·仲尼》篇:'可炊而傹也。'杨倞注:'炊与吹同。'《庄子·在宥》篇:'而万物炊累焉。'《释文》:'炊本作吹。'是其证。"

④《隋书·经籍志》著录蔡邕《月令章句》十二卷,已佚。今有叶德辉等诸家辑本。

⑤以上四句为蔡邕《月令章句》解释"键"的话。"键"、"关牡"都指门闩。扉:门。剡移:即扊扅,也指门闩。

⑥㦿(diàn):门闩。

【今译】

《古乐府》歌咏百里奚的歌词说:"百里奚,五羊皮。忆别时,烹伏雌,吹扊扅;今日富贵忘我为!""吹"字当写作炊煮的"炊"。案:蔡

邕的《月令章句》说:"键,就是关牡,是用它来栓门的,有人也称它做
剡移。"这样看来,百里奚夫妇当时很贫困,把门闩也当作薪柴烧了。
这个字《声类》写作"戾",有的书也写作"扂"。

【原文】

　　《通俗文》,世间题云"河南服虔字子慎造①"。虔既是汉人,其
《叙》乃引苏林、张揖②;苏、张皆是魏人。且郑玄以前,全不解反语③,
《通俗》反音,甚会近俗④。阮孝绪又云"李虔所造"⑤。河北此书,家藏
一本,遂无作李虔者。《晋中经簿》及《七志》⑥,并无其目,竟不得知谁
制。然其文义允惬,实是高才。殷仲堪《常用字训》,亦引服虔《俗
说》,今复无此书,未知即是《通俗文》,为当有异⑦?或更有服虔乎?
不能明也。

▎注释

　　①《通俗文》:训释经史用字之书。服虔:汉人,字子慎。《隋书·经籍志》著
录有服虔《通俗文》。今有臧镛堂、马国翰辑本。
　　②苏林:三国魏人,字孝友。通文字训诂。参见《勉学》篇"夫文字者"段注。
张揖:魏人。见《勉学》篇"谈说制文"段注。
　　③反语:即反切。古代注音的一种方法,即用两个字注一个字的读音。这两
个字的前一个字取声母,后一个字取韵母和声调。如:"毛,莫袍反。"
　　④会:合。近俗:现在的习尚。
　　⑤阮孝绪:南朝梁人,字士宗。以德行显于世。撰有《七录削繁》。此云《通
俗文》李虔所造,当出其中。李虔《通俗文》,《隋志》不载,两《唐志》并云:"李虔
《续通俗文》二卷。"则是李虔所撰当为服虔《通俗文》的续书。今有臧镛堂、马国
翰辑本。
　　⑥《晋中经簿》:即《中经新簿》。三国魏荀勖撰。《七志》:南朝宋王俭撰。二
书均为书目。
　　⑦为:或者,还是。表选择。

【今译】

　　《通俗文》一书,世间的本子写作"河南服虔字子慎撰"。服虔既
然是汉代人,他的《叙》却引用了苏林、张揖的话;苏林、张揖都是三国
时魏国人。而且在郑玄以前,人们都不懂得反切,《通俗文》的反切注

音,与现在的习尚太相合。阮孝绪又说是"李虔所撰"。河北地区这本书,家家收藏有一本,就没有题作李虔的。《晋中经簿》及《七志》上,并没有它的条目,最终不能知道是谁撰写的。但是它的文辞妥帖,确实是高才。殷仲堪的《常用字训》,也引用了服虔的《俗说》,现在又没见到这本书,不知它就是《通俗文》,还是别一种书?或者是另有一位服虔吗?不能知晓啊。

【原文】

或问:"《山海经》,夏禹及益所记①,而有长沙、零陵、桂阳、诸暨②,如此郡县不少,以为何也?"答曰:"史之阙文③,为日久矣;加复秦人灭学④,董卓焚书⑤,典籍错乱,非止于此。譬犹《本草》神农所述⑥,而有豫章、朱崖、赵国、常山、奉高、真定、临淄、冯翊等郡县名⑦,出诸药物;《尔雅》周公所作⑧,而云'张仲孝友⑨';仲尼修《春秋》,而《经》书孔丘卒⑩;《世本》左丘明所书⑪,而有燕王喜、汉高祖;《汲冢琐语》,乃载《秦望碑》⑫;《苍颉篇》李斯所造,而云'汉兼天下,海内并厕,豨黥韩覆,畔讨灭残⑬';《列仙传》刘向所造,而《赞》云七十四人出佛经⑭;《列女传》亦向所造,其子歆又作《颂》⑮,终于赵悼后⑯,而传有更始韩夫人,明德马后及梁夫人嫕⑰:皆由后人所羼⑱,非本文也。"

注释

①《山海经》:志怪之书,保存有很多远古的神话传说和史地文献材料。夏禹:夏后氏部落领袖,史称禹、大禹、戎禹。以治水著称。继舜之后任部落联盟领袖。益:即伯益。传说他助禹治水有功,禹要让位给他,他避居箕山之北。

②长沙:郡名。秦时置。零陵、桂阳:都是郡名。汉时置。诸暨:县名。秦时置。见《汉书·地理志》。

③阙文:缺疑不书。《论语·卫灵公》:"子曰:'吾犹及史之阙文也。'"《集解》:"包曰:'古之良史,于书字有疑则阙之,以待知者。'"

④指秦丞相李斯下令焚书之事。

⑤董卓:东汉临洮人,字仲颖。本为地方豪强,后率兵入洛阳,废少帝,立献帝,专断朝政。曹操与袁绍等起兵反对,他挟献帝西迁长安,自为太师。残暴专横,为王允、吕布所杀。

⑥《本草》:本名《神农本草经》。因书中所记各药以草类为多,故称《本草》。神农:传说古帝名。古史又称炎帝、烈山氏。传说他尝百草为药以治病。

⑦豫章:郡名。朱崖:县名,属合浦郡。赵国:郡名。常山:郡名。奉高:县名,属泰山郡。真定:真定国,汉武帝元鼎四年置。临淄:县名,属齐郡。冯翊:郡名。以上均为汉时地名。

⑧《尔雅》:我国第一部解释词义的书。周公:姬旦。周文王子,辅助武王建周王朝。成王时摄政,平管叔、蔡叔之乱。

⑨"张仲孝友"为《小雅·六月》篇中诗句。张仲是周宣王时人,在周公之后百余年。

⑩《经》:指《春秋左氏传》。

⑪《世本》:书名。见《勉学》篇"书曰好问则裕"段注。左丘明:春秋鲁国人。相传曾任鲁太史,为《春秋》作传,成《春秋左氏传》。皇甫谧《帝王世纪》谓《世本》即左丘明所作。

⑫《汲冢琐语》:晋太康二年,汲郡人不準盗魏襄王墓(或言安釐王墓),得竹书数十车,中有《琐语》十一篇,为战国时各国卜梦妖怪相书。《秦望碑》:秦始皇帝上会稽祭大禹时所立的纪功碑。

⑬豨:陈豨。韩:韩信。二人均为汉高祖时叛臣。畔:通"叛"。灭残:卢文弨曰:"阳湖孙渊如定作'残灭',以颜氏为非。"

⑭《列仙传》:旧题西汉刘向撰。二卷。记赤松子等神仙故事,各附赞语。刘孝标注《世说新语·文学》篇引《列仙传》曰:"历观百家之中,以相检验,得仙者百四十六人,其七十四人,已在佛经,故撰得七十二人,可以多闻博识焉,遐观焉。"按:刘向时佛教尚未传入中国,故颜氏有是疑。

⑮《列女传》:一名《古列女传》。西汉刘向撰。七篇七卷。又《续列女传》一卷,著者不详。分母仪、贤明、仁智、贞顺、节义、辩通、孽嬖等七门,共记一百零五名妇女事迹。《颂》:即《列女传颂》。

⑯赵悼后:战国时赵悼襄王之妻。

⑰更始韩夫人:东汉刘圣公宠姬。刘先为更始将军,故名更始韩夫人。梁夫人嫕(yì 意):汉和帝的姨妹。

⑱羼(chàn 产去):搀杂。

【今译】

有人问:"《山海经》这本书,是由夏禹和伯益记述的,而里面有长沙、桂阳、诸暨,像这一类的秦、汉地名不少,这是为什么呢?"我回答说:"史书上的缺疑,由来已久了;再加上秦人毁灭学术,董卓焚烧书籍,典籍发生错乱,造成的问题还不止于您说的这些。比如像《本草》这本书是神农所记述的,然而里面有豫章、朱崖、赵国、常山、奉高、真定、临淄、冯翊等汉代的郡县名称，出产各种药物；《尔雅》是周公撰写的，而书中却说出"张仲孝友"的话；孔子修订《春秋》，而《春秋左氏传》却写着孔子死亡的语句；《世本》是左丘明撰写的，而里面却有燕王喜、汉高祖之名；《汲冢琐语》发掘于战国时代，里面却记载有《秦望碑》的文字。《苍颉篇》是秦丞相李斯所撰写，里面却说"汉朝兼并天下，海内英雄竞相参与，陈豨被黥面，韩信遭败覆，叛臣被讨伐，残贼被消灭"；《列仙传》是西汉人刘向所撰写，而书中的《赞》却说有七十四人出自佛经；《列女传》也是刘向所撰写，他的儿子刘歆又写了《列女传颂》，记事终止于赵悼后，而传中却有更始韩夫人、明德马后及梁夫人嫕：以上所述都是由后人搀杂进去的，不是原文。"

【原文】

或问曰："《东宫旧事》何以呼鸱尾为祠尾①？"答曰："张敞者，吴人②，不甚稽古③，随宜记注，逐乡俗讹谬，造作书字耳。吴人呼祠祀为鸱祀，故以祠代鸱字；呼绀为禁，故以糸傍作禁代绀字；呼盏为竹简反，故以木傍作展代盏字；呼镬字为霍字，故以金傍作霍代镬字；又金傍作患为镮字，木傍作鬼为魁字，火傍作庶为炙字，既下作毛为髻字；金花则金傍作华，窗扇则木傍作扇④；诸如此类，专辄不少⑤。

注释

①《东宫旧事》：书名。《隋书·经籍志》著录十卷，未著撰人，《旧唐书·经籍志》题张敞撰，与颜氏同。鸱（chī 痴）尾：宫殿屋脊正脊两端构件上的装饰。
②张敞：晋吴郡吴人，仕至侍中尚书，吴国内史，见《宋书·张茂度传》。
③稽古：研习古事。
④以上十二句，颜氏举"逐乡俗讹谬"而造作的俗字共九例，分别写作：縛、㮓、鏊、鎴、槐、爅、氆、鏵、楄。
⑤专辄：专断，专擅。段玉裁《说文解字注》释为"凡人有所倚恃而妄为之"。

【今译】

有人问道：《东宫旧事》为什么称鸱尾为祠尾？"我回答说："因为作者张敞是吴地人，不太研习古事，随手记述注解，顺从了乡俗的错误，造作了这类字体。吴地人称呼祠祀为鸱祀，所以用祠代鸱字；称呼绀为禁,所以用糸旁加禁代替绀字;称呼盏为"竹简反"的音,所以用木旁加展代替盏字;称呼镬字为霍字,所以用金旁加霍代替镬字;又用金旁加患代替镮字,木旁加鬼代替魁字,火旁加庶代替炙字,既下加毛代替氅字,金花就用金旁加华字表示,窗扇就用木旁加扇字表示:诸如此类,任意妄写的字实在不少。

【原文】

又问:"《东宫旧事》:'六色罽㡧'①,是何等物?当作何音?"答曰:"案:《说文》云:'葪,牛藻也,读若威②。'《音隐》③:'坞瑰反。'即陆机所谓'聚藻,叶如蓬'者也④。又郭璞注《三苍》亦云:'蕰,藻之类也,细叶蓬茸生⑤。'然今水中有此物⑥,一节长数寸,细茸如丝,圆绕可爱,长者二三十节,犹呼为葪。又寸断五色丝,横著线股间绳之,以象葪草,用以饰物,即名为葪;于时当绀六色罽⑦,作此葪以饰绲带⑧,张敞因造糸旁畏耳,宜作㡧⑨。"

【注释】

①六色罽(jì 计)㡧(wēi 威):"罽"为毡类毛织品。"六色"乃状其色彩斑斓。"㡧"之义见下文。
②葪:水藻名。今读音作君(jūn)。王利器曰:"君、威二字,古声近通用,如君姑亦作威姑,即其例证,故许慎读葪若威。"
③《音隐》:即《说文音隐》。《隋书·经籍志》著录四卷。今有毕沅辑本。
④陆机:《经典释文序录》作陆玑,字元恪。三国吴吴郡人。著有《毛诗草木虫鱼疏》二卷。
⑤蕰:即薀藻。薀,通"蕰"。《左传·隐公三年》:"涧谿沼沚之毛,蘋蘩薀藻之菜。"《疏》:"此草好聚生;薀,训聚也,故云薀藻,聚藻也。"《三苍》:见《勉学》篇"夫文字者"段注。
⑥《太平御览》此句"然"字在上句"生"字上,译文从之。
⑦绀(gàn 甘):呈红色的深青色。此处作"绀",义不可通。《太平御览》作"绁",缚的意思,较可通。
⑧绲(gǔn 滚)带:织带。
⑨《续家训》"作"作"音",译文从之。

【今译】

又有人问:"《东宫旧事》上面的'六色罽㡧'是什么东西?应当读

作什么音?"我回答说:"按:《说文解字》说:'䔄,就是牛藻,读作"威"的音。'《说文音隐》注音为'坞瑰反。'就是陆机所说的'聚藻,叶子像蓬草'的那种东西。另外,郭璞注释的《三苍》也说:'蕰,属藻类,细叶子像蓬草柔密地丛生着。'现在水中有这种东西,它的一节有几寸长,纤细柔密如丝,缠绕成圆形,十分可爱,长的有二三十节,人们仍然称它为䔄。此外,把五色丝线剪断成一寸长,横放在几股线中间用绳子拴住,把它做得像䔄草一样,用来装饰物品,就把它叫做䔄。当时一定是要捆缚六色𦇓,就制作了这种䔄来装饰绳带,张敞于是造了糸旁加畏的字,发音是隈。"

【原文】

柏人城东北有一孤山①,古书无载者。唯阚骃《十三州志》以为舜纳于大麓②,即谓此山,其上今犹有尧祠焉;世俗或呼为宣务山,或呼为虚无山,莫知所出。赵郡士族有李穆叔、季节兄弟、李普济③,亦为学问,并不能定乡邑此山。余尝为赵州佐④,共太原王邵读柏人城西门内碑。碑是汉桓帝时柏人县民为县令徐整所立,铭曰:"山有巏嶅,王乔所仙⑤。"方知此巏嶅山也。巏字遂无所出。嶅字依诸字书,即旄丘之旄也;旄字,《字林》一音亡付反⑥,今依附俗名,当音權务耳。入邺,为魏收说之⑦,收大嘉叹。值其为《赵州庄严寺碑铭》,因云:"權务之精。"即用此也。

注释

①柏人:县名。西汉置,治所在今河北隆尧西。

②阚骃:字玄阴,后魏敦煌人,《魏书》有传。《十三州志》:阚骃撰。《隋书·经籍志》著录十卷。舜纳于大麓:麓,山林。《淮南子·泰族》:"既入大麓,烈风雷雨而不迷。"高诱注:"林属山曰麓。尧使舜入林麓之中,遭大风雨不迷也。"

③李穆叔:即李公绪,字穆叔。北齐人。季节:即李槩,字季节。李公绪弟。事见《北史·李公绪传》。李普济:北齐人。事见《北史·李雄传》。

④赵州:北齐时州名。治所在广阿(今河北隆尧东旧城)。佐:辅官。

⑤巏(quán 权)嶅(wù 务):山名。嶅,段玉裁、卢文弨均以为当作"嵍"。王乔:即王子乔,传说中古代仙人,见《列仙传》。

⑥吴承仕《经籍旧音辨证》曰:"'字林'上'旄也'二字疑衍。"旄:此处同"嶅"。

⑦魏收:北齐钜鹿下曲阳人,字伯起。仕魏及北齐,与温子升、邢邵号称北朝三才子。《北齐书》《北史》皆有传。

【今译】

柏人城东北有一座孤山,古书中没有记载它的。只有阚骃的《十三州志》认为舜进入大麓,就是说的这座山,它的上面现在还有尧的祠庙;世人有的称它为宣务山,有的称它为虚无山,没有谁知道这些称呼的来历。赵郡的士族中有李穆叔、李季节兄弟和李普济,也可算有学问的人,都不能判定他们家乡这座山的名称。我曾经担任赵州佐,与太原的王邵一起读柏人城西门内的石碑。碑是汉桓帝时柏人县的民众为县令徐整竖立的,上面的铭文说:"有一座巏嶅山,是王子乔成仙的地方。"我才知道这山就是巏嶅山。巏字却不知道它的出处。嶅字依照各种字书,就是旄丘的"旄"字;《字林》给旄字注一音作亡付反,现在依照通俗的名称,应当读作"权务"的音。我到邺城后,给魏收说了这件事,魏收对此大加赞许。正赶上他撰写《赵州庄严寺碑铭》,于是写了"权务之精"这句话,就是使用了我说的这个典故。

【原文】

或问:"一夜何故五更?更何所训?"答曰:"汉、魏以来,谓为甲夜、乙夜、丙夜、丁夜、戊夜,又云鼓①,一鼓、二鼓、三鼓、四鼓、五鼓,亦云一更、二更、三更、四更、五更,皆以五为节。《西都赋》亦云:'卫以严更之署②。'所以尔者,假令正月建寅③,斗柄夕则指寅④,晓则指午矣;自寅至午,凡历五辰⑤。冬夏之月,虽复长短参差,然辰间辽阔,盈不过六,缩不至四,进退常在五者之间。更,历也,经也,故曰五更尔。"

注释

①声文弨谓此鼓字衍。

②《西都赋》:班固作。卫:保卫。严更之署:督行夜鼓的郎署。护卫汉宫。汉宫周卫,郎在内,卫卒在外,郎所居为署。此句意思是:以督行夜鼓的郎署护卫汉宫。

③建寅:夏历以寅月为岁首,称建寅。

④斗柄:北斗七星中,玉衡、开阳、摇光三星组成斗柄,称作"杓"。

⑤古人用十二地支表示一昼夜的十二个时辰,每个时辰等于现在的两小时。从寅时开始,经卯、辰、巳、午,共五个时辰。

【今译】

有人问:"一夜为什么有五更?'更'字作什么解释?"我回答说:"汉、魏以来,一夜的五个时辰被称为甲夜、乙夜、丙夜、丁夜、戊夜,又叫做一鼓、二鼓、三鼓、四鼓、五鼓,也叫做一更、二更、三更、四更、五更,都是以五来划分时间段落。《西都赋》也说:'卫以严更之署。'之所以这样,是因为假如把正月作为建寅之月,北斗星的斗柄日落时就指向寅的区间,日出时就指向午的区间;从寅时到午时,共经历了五个区间。冬天和夏天的月份,白昼和夜晚的时间虽然又长短不齐,但是对时辰的宽广来说,增长不会超过六个时辰,减短不会低于四个时辰,进退常在五个时辰之间。更,是经历、经过的意思,所以说叫五更。"

【原文】

《尔雅》云:"术,山蓟也。"郭璞注云:"今术似蓟而生山中①。"案:术叶其体似蓟,近世文士,遂读蓟为筋肉之筋,以耦地骨用之②,恐失其义。

注释

①术、蓟:均为草名。

②以耦地骨用之:意为。以'山蓟(筋)'与'地骨'为对偶。"耦,通"偶"。地骨,枸杞。

【今译】

《尔雅》说:"术,就是山蓟。"郭璞的注说:"术像蓟,生长在山中。"按:术的叶子其形状就像蓟,近代的文人,竟然把蓟读成筋肉的筋,以"山蓟(筋)"作为"地骨"的对偶来使用它,恐怕失去了它的正确发音。

【原文】

或问:"俗名傀儡子为郭秃①,有故实乎?"答曰:"《风俗通》云:

'诸郭皆讳秃。'当是前代人有姓郭而病秃者,滑稽戏调②,故后人为其象,呼为郭秃,犹《文康》象庾亮耳③。"

【注释】

①傀儡子:即傀儡戏,现在通称作木偶戏。
②戏调:开玩笑。
③《文康》:乐舞名。又名《礼毕》。因扮演晋太尉庾亮,亮谥号为文康,故名。《隋书·音乐志下》:"《礼毕》者,本出自晋太尉庾亮家,亮卒,其伎追思亮,因假为其面,执翳以舞,像其容,取其谥以号之,谓之《文康乐》。"

【今译】

有人问:"俗称傀儡戏叫郭秃,有什么典故出处吗?"我回答说:"《风俗通》上面讲:'所有姓郭的人都忌讳秃字。当是前代人有姓郭而患秃头病的人,善于滑稽调笑,所以后人就制作了他的形象作傀儡,把它叫做郭秃,就像《文康》乐舞中出现庾亮的形象一样。

【原文】

或问曰:"何故名治狱参军为长流乎?"答曰:"《帝王世纪》云①:'帝少昊崩,其神降于长流之山②,于祀主秋③。'案:《周礼·秋官》,司寇主刑罚④。长流之职,汉、魏捕贼掾耳⑤。晋、宋以来,始为参军,上属司寇,故取秋帝所居为嘉名焉⑥。"

【注释】

①《帝王世纪》:书名。晋皇甫谧撰。
②《山海经·西山经》:"长留之山,其神白帝,少昊居之。"长留,即长流,"留"、"流"古通。少昊:传说古部落首领名。也作少皞。
③于祀主秋:主持秋祭,即秋祭之神主。《吕氏春秋·孟秋》:"孟秋之月,日在翼,昏斗中,旦毕中,其日庚辛,其帝少昊。"高诱注:"庚辛,金日也,少皞……以金德王天下,号为金天氏,死配金,为西方金德之帝,为金神。"古人把五行中的金与秋相配,故说"于祀主秋"。
④司寇:主管刑狱的官员。
⑤掾:官府中佐助官吏的通称。
⑥秋帝:指少昊。

【今译】

有人问："为什么把治狱参军取名为长流呢？"我回答说："《帝王世纪》说：'帝少昊驾崩，他的神灵降临到长流这座山上，主持秋祭。'按：《周礼·秋官》上说，司寇掌管刑罚。长流的职务，在汉、魏就是捕贼掾。晋、宋以后才开始置参军，上属司寇管辖，所以就取秋帝少昊所居之处作为好名称。"

【原文】

客有难主人曰①："今之经典，子皆谓非，《说文》所言，子皆云是，然则许慎胜孔子乎？"主人抚掌大笑，应之曰："今之经典，皆孔子手迹耶？"客曰："今之《说文》，皆许慎手迹乎？"答曰："许慎检以六文②，贯以部分③，使不得误，误则觉之。孔子存其义而不论其文也。先儒尚得改文从意，何况书写流传耶？必如《左传》止戈为武④，反正为乏⑤，皿虫为蛊⑥，亥有二首六身之类⑦，后人自不得辄改也，安敢以《说文》校其是非哉？且余亦不专以《说文》为是也，其有援引经传，与今乖者，未之敢从。又相如《封禅书》曰：'导一茎六穗于庖，牺双觡共抵之兽⑧。'此导训择，光武诏云：'非徒有豫养导择之劳⑨，是也。而《说文》云：'䅃是禾名。'引《封禅书》为证⑩；无妨自当有禾名䅃，非相如所用也。'禾一茎六穗于庖'，岂成文乎？纵使相如天才鄙拙，强为此语；则下句当云'麟双觡共抵之兽'，不得云牺也。吾尝笑许纯儒⑪，不达文章之体，如此之流，不足凭信⑫。大抵服其为书⑬，隐括有条例⑭，剖析穷根源，郑玄注书，往往引以为证；若不信其说，则冥冥不知一点一画，有何意焉。"

注释

①难(nàn 男去)：责备；非难。主人：作者自称。

②六文：即六书。古人分析汉字的造字方法而归纳出来的六种条例，即象形、指事、会意、形声、转注、假借。

③部分：指许慎在《说文解字》中首创的部首编排法。

④止戈为武：《左传·宣公十二年》："潘党曰：'……臣闻克敌必示子孙，以无忘武功。'楚子曰：'非尔所知也。夫文，止戈为武。'"按：武字从"止"从"戈"。楚子意思是说能平息战乱，停止使用武器，才是真正的武功。

⑤反正为乏:《左传·宣公十二年》:"故文反正为乏。"按:古文"乏"为"正"字的反写。

⑥皿虫为蛊:《左传·昭公元年》:"赵孟曰:'何谓蛊?'对曰:'淫溺惑乱之所生也。于文皿虫为蛊……'"皿虫,以器皿盛毒虫。

⑦亥有二首六身:《左传·襄公三十年》:"史赵曰:'亥有二首六身,下二如身,是其日数也。'"此句意思是:亥字有二字头六字身。按:此亥字当是指晋国当时的字体而言。

⑧導:通巢,选择。庖:厨房。牺:宗庙祭祀的牲畜。觡:角。柢:本,指角的底部。《汉书·司马相如传》服虔注:"柢,本也。武帝获白麟,两角共一本,因以为牺也。"以上二句的大意是:选择一茎六穗的佳禾送到厨房供做祭品,把双角共底的白麟用为宗庙祭祀时的牲畜。

⑨導择:二字连文为义,即选择的意思。

⑩《说文解字》所引《封禅书》句,導作巢。

⑪纯儒:纯粹的儒者。这里指专于文字训诂。

⑫黄承吉《字诂附校》以为《说文》作巢不误。巢即佳禾,牺即牺牲,二字乃名词用为动词。详见王利器《集解》所引黄说。

⑬大抵:表示总括一般情况。服:佩服。

⑭隐括:也作隐栝。矫正竹木弯曲的器具。引申为修改、订正之意。

【今译】

　　有位客人非难我说:"今天的经典,你都说不对,《说文》所说的,你都说对,这么说来,许慎比孔子还高明吗?"我拍手大笑,回答他说:"今天的经典,都是孔子的亲笔手迹吗?"客人说:"今天的《说文》,都是许慎的亲笔手迹吗?"我回答道:"许慎用六书来检验文字,用分出的部首贯串全书,使它们不致出现错误,出现错误就能发现。孔子保留文句的含义而不讨论文字本身。前辈学者尚能改动经典的文字以顺从文句的含义,何况经过书写流传呢? 必须是像《左传》里所说的止戈为武,反正为乏,皿虫为蛊,亥有二首六身这类情况,后人自然不能随便改动,哪能用《说文》来校订它们的是非呢? 况且我也不是只以《说文》为是,《说文》中有援引经传的文句,与今天的经传文句不相合的,我就不敢顺从它。又比如司马相如的《封禅书》说:'導一茎六穗于庖,牺双觡共柢之兽。'这个導字就解释作择,汉光武帝的诏书说:'非徒有豫养導择之劳'的導字,就是这个含义。而《说文》却说:'巢是禾名。'并引《封禅书》为证。我们不妨说本来就有一种禾叫藁,却不是司马相如在《封禅书》中使用的。否则,'禾一茎六穗于庖',难道能成文句吗?就算是司马相如的天资低下拙劣,很勉强地写下了这句话;那么下一句也应当说'麟双觡共抵之兽',而不应该说'牺'。我曾经嘲笑许慎是专一于文字的纯粹儒者,不懂得文章的体制,像这一类情况,就不足凭信。但总的说来我佩服许慎撰写的这本书,审定文字有条例可依,剖析文字含义能够穷尽它的根源,郑玄注解经书,往往引用《说文》作为证据。如果我们不相信《说文》的说法,就会懵懵懂懂地不知道文字的一点一画有什么意义。

【原文】

世间小学者①,不通古今,必依小篆②,是正书记③;凡《尔雅》《三苍》《说文》,岂能悉得苍颉本指哉④?亦是随代损益,互有同异。西晋已往字书,何可全非?但令体例成就,不为专辄耳⑤。考校是非,特须消息⑥。至如"仲尼居",三字之中,两字非体,《三苍》"尼"旁益"丘"⑦,《说文》"尸"下施"几"⑧:如此之类,何由可从?古无二字,又多假借⑨,以中为仲,以说为悦,以召为邵,以间为闲:如此之徒,亦不劳改。自有讹谬,过成鄙俗,"乱"旁为"舌"⑩,"揖"下无"耳"⑪,"鼋"、"鼍"从"龜","奮"、"奪"从"萑"⑫,"席"中加"带"⑬,"惡"上安"西","鼓"外设"皮","鑿"头生"毁","離"则配"禹","壑"乃施"豁","巫"混"經"旁⑭,"皋"分"澤"片⑮,"獵"化为"獦","寵"变成"竉","業"左益"片"⑯,"靈"底著"器","率"字自有律音,强改为别;"單"字自有善音,辄析成异⑱:如此之类,不可不治。吾昔初看《说文》,蚩薄世字⑲,从正则惧人不识,随俗则意嫌其非,略是不得下笔也⑳。所见渐广,更知通变,救前之执,将欲半焉㉑。若文章著述,犹择微相影响者行之㉒,官曹文书㉓,世间尺牍,幸不违俗也。

注释

①小学:指文字、音韵、训诂之学。
②小篆:书体的一种。相传秦相李斯将籀文简化而成。
③是正:订正;校正。书记:书籍。
④苍颉:即仓颉,传说他创造了文字。本指:本意。这里指最初的字形。指,

通"旨"。

⑤专辄：专擅；专断。

⑥消息：斟酌。

⑦"尼"旁益"丘"：字作"㞒"。古时作尼的正字。

⑧尸下施几：字作"凥"，古人以之作居处的"居"字。段玉裁曰："凡今人居处字，古只作凥处。居，蹲也，凡今人蹲踞字，古只作居。"又曰："今字用蹲居字为凥处字而凥字废矣，又别制踞字为蹲居字而居之本义废矣。"

⑨假借：六书之一。详见本篇"太公《六韬》"段注。

⑩"亂"旁为"舌"：字作"乱"。《广韵·换韵》："亂，俗作乱"。按：今为"亂"的简化字。

⑪"捐"下无"耳"：字作"捐"。

⑫"奮"、"奪"从"雚"：徐锴谓此二字分别作"奮"、"奪"。乃从"雚"的俗体。

⑬"席"中加"带"：字作"㡨"。《文选·司马相如〈上林赋〉》李善注："'㡨'与'席'古字通。"

⑭"巫"混"經"旁：徐锴曰："按：《太公吕望碑》'巫'作'㞼'，而诸碑中'經'字旁多有作'㞼'者，'巫'与'㞼'相似，'㞼'与'巫'亦相似，故以为混也。"

⑮"皋"分"澤"片：字作"睪"。清朱珔《说文假借义证》："睪，古书多以睪为皋。"

⑯"獵"化为"獦"（gé 各）：《玉篇·犬部》："獦，獦狚，兽名。"

⑰"業"左益"片"：字作"牒"。段玉裁曰："'業'俗作'牒'，见《广韵》。"

⑱"單"字二句：郝懿行曰："案：《篇海》：'亶，时战切，音善，姓也。'《广韵》：'單，單襄公之后。'然则亶、單二文，作字虽异，音训则同，辄析成异，非通论也。又姓亦有读單复之單者，《广韵》云：'可單氏后改为單氏'是也。"

⑲蚩薄：讥笑鄙薄。蚩，通"嗤"。

⑳《少仪外传》"略"作"为"。

㉑将欲半焉：需要把从正和随俗二者结合起来。半：指从正和随俗各占一半。

㉒影响：这里是近似的意思。

㉓官曹：官吏的办事机关。

【今译】

　　世上那些研究文字、音韵、训诂之学，而又不通古今变化的人，写字一定要依据小篆，以之订正书籍。凡是《尔雅》《三苍》《说文》上面的文字，难道都能得到苍颉造字时的最初字形吗？也是依随年代变化而增减笔划，相互之间有同有异。西晋以来的字书，哪里能够全部否定呢？只要它能使体例完备，不任意专断就行了。考校文字的是非，特别需要斟酌。至于像"仲尼居"这三个字中，有两个字就不合正体，《三苍》在"尼"旁边加了"丘"，《说文》在"尸"下面放了"几"：像这一类例子，哪里可以依从呢？古代一个字没有两种形体，又多假借之字，以中为仲，以说为悦，以召为邵，以闲为闲：像这一类情况，也用不着劳神去改它。有时文字本身就有错讹谬误，这种错字却形成了不良的风气，如"乱"字旁边是"舌"，"揖"字下面无"耳"，"鼋"、"鼍"的下面部分依从了"龟"的形体，"奋"、"夺"的下面依从了"雚"的形体，"席"字中间加成"带"字，"恶"字上面安放成"西"字，"鼓"字的右面写成"皮"字，"鏊"字头上生出"毁"字，"离"字的左面配上"禹"字，"壑"字上面加成"豁"字，"巫"字与"经"的"坙"傍相混淆，"皋"字分"泽"的半边成了"睪"，"猎"字变成了"獦"字，"宠"字变成了"竉"字，"业"字左面加上"片"，"灵"的下面写成"器"，"率"字本来就有律这个音，却勉强地改换为别的字；"單"字本来就有善这个音，却分写成不同的两个字：像这一类情况，不可不加整治。我从前看《说文》时，看不起俗字，想依从正体又怕别人不认识，想随顺俗体心里又觉得这样写不对，这样就完全不能下笔为文了。后来，随着所见的东西逐渐增多，进一步懂得了通变的道理，要补救从前的偏执态度，需要把从正和随俗二者结合起来。如果是写文章做学问，仍然要选择与《说文》字体比较相近的来使用，如果是官府的文书，或社会上的信函，就希望不要违背世俗习惯。

【原文】

案：弥亘字从二间舟①，《诗》云："亘之秬秬"是也②。今之隶书，转舟为日；而何法盛《中兴书》乃以舟在二间为舟航字③，谬也。《春秋说》以人十四心为德，《诗说》以二在天下为酉④，《汉书》以货泉为白水真人⑤，《新论》以金昆为银⑥，《国志》以天上有口为吴⑦，《晋书》以黄头小人为恭⑧，《宋书》以召刀为邵⑨，《参同契》以人负告为造⑩：如此之例，盖数术谬语⑪，假借依附，杂以戏笑耳。如犹转贡字为项⑫，以叱为七⑬，安可用此定文字音读乎？潘、陆诸子《离合诗》⑭《赋》《栻卜》⑮《破字经》⑯，及鲍昭《谜字》⑰，皆取会流俗⑱，不足以形声论之也。

注释

①弥亘:绵延的意思。按:亘字篆文作𠄢,舟字篆文作𦨕,故言亘字从二间舟。从,用来指出汉字所由构成的成分。

②亘之秬(jùe)秠(pī 披):《诗·大雅·生民》句。秬、秠:黑黍。

③何法盛:南朝宋人。《中兴书》:即《晋中兴书》。见本篇"晋中兴书"段注。

④卢文弨曰:"《春秋说》《诗说》,皆纬书也,今多不传。德本作悳;酉本作卯:二说所言,皆非本谊。"按:"二在天下"者,小篆"天"作"",其下加"二"则略似"酉"字之形也。

⑤货泉:东汉王莽时货币名。钱币上有"货泉"二字。白水真人:即"货泉"二字拆开后的文字组合。泉含白、水二字,货(繁体作貨)含真(眞)、人二字。此亦牵强之说。

⑥《新论》:汉桓谭撰。已佚。龚向农曰:"《御览》八百十二引桓谭《新论》:'铅则金之公,而银者金之昆弟也。'"

⑦《国志》:即《三国志》。西晋陈寿撰。《三国志·吴志·薛综传》:"综应声曰:'无口为天,有口为吴,君临万邦,天子之都。'"按:《说文》以吴字从矢口,故《三国志》以天上有口为吴,谬。

⑧《宋书·五行志》谓王恭在京口时,民间有谣云:"黄头小人欲作贼,阿公在城下指缚得。""黄头小人"即影射"恭"字。卢文昭曰:"恭字上从共,下从心;黄字本作黃,《说文》从田,从炗,炗,古文光;今以恭为黄头小人,非字义。"

⑨据《南史》,南朝宋文帝长子初名邵,因"卩"的形体近"刀",文帝恶之,故改作"劭"。召旁作刀应为"剖"字,故颜氏非之。

⑩卢文弨曰:"《参同契》下篇魏伯阳自叙,寓其姓名,末云'柯叶萎黄,失其华容,吉人乘负,安稳长生。'四句(当云二句)合成造字。今颜氏云'人负告',岂'人负吉'之讹欤?"卢说是,郑珍谓汉碑"造"正作"造"。

⑪数术:即术数。有关天文、历法、占卜方面的学问。

⑫如犹:当作犹如。赵曦明曰:"'如犹'二字疑倒。"

⑬《太平御览》卷九百六十五《东方朔别传》曰:"武帝时,上林献枣,上以所持杖击未央前殿槛,呼朔:'叱叱,先生,来来,先生知此箧中何等物?'朔曰:'上林献枣四十九枚。'上曰:'何以知之?'朔曰:'呼朔者,上也;以杖击槛两木,两木者,林也;来来者,枣也;叱叱,四十九枚。'上大笑,赐帛十匹。"按:"叱"之半为七,七七四十九,此东方朔玩弄的文字游戏,即颜氏所谓"杂以戏笑"耳。

⑭潘、陆:指潘岳、陆机,二人均为西晋文学家。离合诗:杂诗的一种。离合字的偏旁以成文。如潘岳《离合诗》云:"佃渔始化,人民穴处。意守醇朴,音应律吕。桑梓被源,卉木在野。锡鸾未设,金石弗举。害咎蠲消,吉德流晋。豁谷可安,奚作栋宇。嫣然以憙,焉惧外侮?熙神委命,已求多祜。嗟彼季末,口出择语。

谁能默诚,言丧厥所。垄亩之谚,龙潜岩阻。䟦义崇乱,少长失叙。"即含"思杨容姬难堪"六字。

⑮《栻卜》:占卜书名。栻,古代占卜时日的器具,后称为星盘。

⑯《破字经》:书名。破字,即拆字。

⑰鲍昭:当即鲍照,南朝宋文学家。鲍照《谜字》今见《艺文类聚》。

⑱取会:迎合。流俗:社会上流行的风俗习惯。

【今译】

按:弥亙的亙字从二间舟,就是《诗经》说的"亙之柜秭"的亙字。现在的隶书,把舟改写为日。而何法盛的《晋中兴书》却以舟在二间为舟航的航字,这是错误的。《春秋说》以人十四心为德字,《诗说》以二在天下为酉字,《汉书》以货泉二字拆开作白水真人四字,《新论》以金昆为银字,《三国志》以天上有口为吴字,《晋书》以黄头小人为恭字,《宋书》以召刀组成邵字,《周易参同契》以人背负告为造字;像这一类例子,都是玩弄术数的荒谬言语,不过是假托附会,把游戏玩笑穿插在中间罢了。就好像把贡字转变成项字,把叱字当成七字一样,哪里能用这种方法审定文字的读音呢?潘岳、陆机诸人的《离合诗》《离合赋》《栻卜》《破字经》以及鲍照的《谜字》,都是迎合社会上流行的风气,不能够用规范的字形字音来评论它们。

【原文】

河间邢芳语吾云①:"《贾谊传》云:'日中必蘳②。'注:'蘳,暴也③。'曾见人解云:'此是暴疾之意,正言日中不须臾,卒然便昃耳④。'此释为当乎?"吾谓邢曰:"此语本出太公《六韬》⑤,案字书,古者暴晒字与暴疾字相似⑥,唯下少异,后人专辄加傍日耳。言日中时,必须暴晒,不尔者,失其时也。晋灼已有详释⑦。"芳笑服而退。

注释

①河间:郡名。在今河北境内。邢芳:人名。其事不详。

②此指《汉书·贾谊传》。蘳(wèi 畏):暴晒,晒干。《说文·火部》:"蘳,暴乾也。"

③暴:此处作暴疾解,即迅猛的意思。

④卒(cù 促)然:突然。卒,同"猝"。昃(zè 仄):同"昃"。太阳偏西。

⑤太公《六韬》:见本篇"太公《六韬》"段注。"日中必熭"句,见于《太公六韬》卷一《文韬·寸土》七。

⑥暴:同"曓"。曝晒。《说文·日部》:"暴,晞也。"曓:同"暴"。暴疾。《说文·本部》:"曓,疾有所趣也。"按:暴字从米,曓字从夲,故颜氏谓二字相似。

⑦晋灼:河南人。仕晋为尚书郎。《新唐书·艺文志》有晋灼《汉书集注》十四卷,又《汉书音义》十七卷。

【今译】

河间人邢芳对我说:"《汉书·贾谊传》上说:'日中必熭。'注解是:'熭,暴也。'我曾经看见有人解释说:'这个暴是暴疾的意思,就是说太阳当顶不一会儿,突然间就西斜了。'这个解释恰当吗?"我对邢芳说:"《贾谊传》中的这句话原本出自太公《六韬》,根据字书看,古时候暴晒的暴字与暴疾的曓字很相似,只是下面部分稍微不同,后来的人主观地在暴字旁边加了个日旁。这句话意思是说太阳当顶时,必须暴晒物品,不这样的话,就会失去时机。关于这点晋灼已有详细解释。"邢芳听了我的说明后含笑信服并告退了。

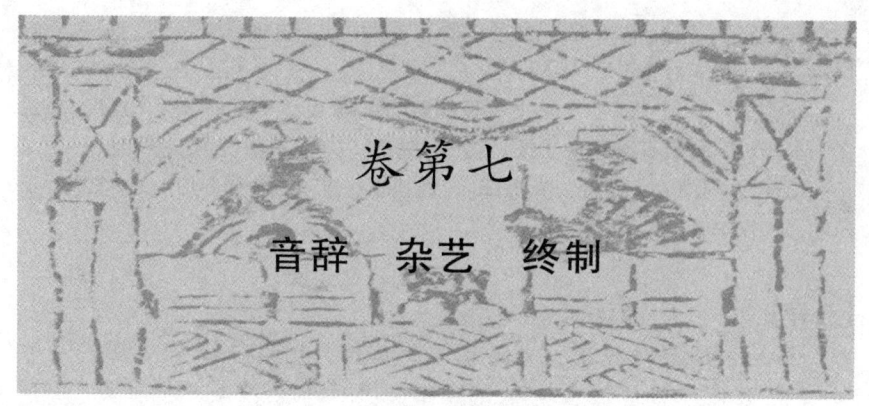

卷第七

音辞 杂艺 终制

音辞第十八

【题解】

　　此篇是有关声韵之学的专论,与上篇一样,具有很高的学术价值。颜之推对声韵之学造诣深邃,在此文中,他注意到因地域不同而造成语言的差异,也注意到因时代不同而引起古今声韵的变迁。关于后一点,古人往往容易忽略。缪钺先生在《颜之推的文字、训诂、声韵、校勘之学》一文中曾提到,唐玄宗读《尚书·洪范》篇"无偏无颇,遵王之义"二句,觉得"颇"字与"义"字不协韵,于是下诏改为"无偏无陂(bì)",其实"义"与"颇"在古韵中是协韵的(读音与"我"字相近)。唐玄宗不了解古今音变的道理,所以闹了笑话。颜之推看到当时治音韵学的人因地域不同、口音各异而"各有土风,递相非笑"的弊端,提出以京都洛阳和金陵的语音为正音,并以此为标准评论南北语音的优劣得失,详论历代韵书、字书的讹误。由于颜之推精于审音,且一生遍历南北各地,故对南北语音都很清楚,他的这篇有关声韵之学的专论,就成了宝贵的语音史资料。

　　关于此篇,前代学者虽多有笺校,然未能尽善,今人周祖谟先生有《颜氏家训音辞篇注补》一文,极为详备,本篇之注释,多采自周说。

【原文】

　　夫九州之人①,言语不同,生民已来,固常然矣。自《春秋》标齐言之传②,《离骚》目楚词之经③,此盖其较明之初也。后有扬雄著《方言》④,其言大备。然皆考名物之同异,不显声读之是非也。逮郑玄注《六经》⑤,高诱解《吕览》《淮南》⑥,许慎造《说文》,刘熙制《释名》⑦,始有譬况假借以证音字耳⑧。而古语与今殊别,其间轻重清浊,犹未可晓;加以内言外言⑨、急言徐言⑩、读若之类⑪,益使人疑。孙叔言创《尔雅音义》,是汉末人独知反语⑫。至于魏世,此事大行。高贵乡公不解反语,以为怪异⑬。自兹厥后,音韵锋出⑭,各有土风⑮,递相非笑,指马之谕⑯,未知孰是。共以帝王都邑,参校方俗,考核古今,为之折衷⑰。榷而量之,独金陵与洛下耳⑱。南方水土和柔,其音清举而切诣⑲,失在浮浅,其辞多鄙俗。北方山川深厚,其音沉浊而𬬸钝⑳,得其质直,其辞多古语。然冠冕君子㉑,南方为优;闾里小人,北方为愈。易服而与之谈,南方士庶,数言可辩;隔垣而听其语,北方朝野,终日难分。而南染吴、越㉒,北杂夷虏㉓,皆有深弊,不可具论㉔。其谬失轻微者,则南人以钱为涎,以石为射,以贱为羡,以是为舐㉕;北人以庶为戍,以如为儒,以紫为姊,以洽为狎㉖。如此之例,两失甚多。至邺已来㉗,唯见崔子约,崔瞻叔侄㉘,李祖仁、李蔚兄弟㉙,颇事言词,少为切正。李季节著《音韵决疑》㉚,时有错失;阳休之造《切韵》㉛,殊为疏野。吾家儿女,虽在孩稚,便渐督正之;一言讹替㉜,以为己罪矣。云为品物㉝,未考书记者㉞,不敢辄名,汝曹所知也。

注释

①九州:传说中的我国中原上古行政区划。此泛指全国各地。

②《春秋公羊传·隐公五年》:"公曷为远而观鱼?登来之也。"注:"登来,读言得来。得来之者,齐人语也;齐人名求为得来,其言大而急,由口授也。"此其例。

③《离骚》中多楚语,如羌字些字等。

④《方言》:语言训诂之书。汉代扬雄撰。今本十三卷。此书体例仿《尔雅》,类集古今各地同义的词语,大部分注明通行范围。可见汉代语言分布情况。

⑤郑玄:东汉经学家,字康成。详见《勉学》篇"俗间儒士"段注。此言郑玄所注《六经》,为《毛诗》《仪礼》《周礼》《礼记》《周易》《尚书》)。

⑥《隋书·经籍志》:"《吕氏春秋》二十六卷,《淮南子》二十一卷,并高诱注。"《吕氏春秋》,即《吕览》。

⑦《释名》:训诂书。东汉刘熙撰。体例仿《尔雅》,而专用音训,以音同、音近的字解释意义,以探求语源,辨证古音和古义。清毕沅有《释名疏证》,王先谦有

《释名疏证补》及《释名疏证补附》。颜氏此云撰者为刘熹,盖古字通用。

⑧譬况:最早的注音方法之一,是用描述性的话来说明某一个字的发音情况,如像刘熙《释名·释天》注"风"的读音:"兖豫司冀横口合唇言之,风,泛也,其气博泛而动物也;青徐言'风'踧口开唇推气言之,风,放也,气放散也。"

⑨内言外言:古代注家譬况字音用语。所谓内外指韵之洪细而言,内言发洪音,外言发细音。《汉书·王子侯表上》"襄嚵侯建"颜师古注引晋晋灼曰:"音内言噧兔。"参见周祖谟《〈颜氏家训音辞篇〉注补》。

⑩急言徐言:汉代注家譬况字音用语。急言指发有i[i]介音的细音字,因发音时口腔的气道先窄而后宽,肌肉先紧而后松,其音急促,故名。徐言即缓言,缓气言之。周祖谟曰:"考急言、徐言之说,见于高诱之解《吕览》《淮南》……凡言急气者,皆细音字;凡言缓气者,皆洪音字。"

⑪读若:训诂学术语,也写作"读如",其作用有二:一是用一个同音而较常见的字来比譬所要注解的字的读音。如《说文·玉部》:"璁,读若葱。"二是同时说明假借。如《礼记·儒行》:"虽危,起居竟信其志。"郑玄注:"信,读如屈伸之伸,假借字也。"

⑫《隋书·经籍志》:"《尔雅音义》八卷,孙炎撰。"《魏志·王肃传》、陆德明《经典释文》均以为孙炎字叔然,此作叔言,恐误。又反切之法,非创自孙炎,汉末王肃、服虔、应劭皆有用反切注音之例。详见王利器《集解》所引诸家说。反语:即反切。见《书证》篇"《通俗文》"段注。

⑬魏:指三国时的曹魏。高贵乡公:即曹髦。魏文帝曹丕孙。在位七年。《经典释文·叙录》谓曹髦有《左传音》三卷。此云曹"不解反语"事,无可确考。

⑭锋出:锋刃齐出。比喻锐不可拒。

⑮土风:乡土歌曲。这里指地方口语。

⑯指马之谕:战国时公孙龙提出"物莫非指,而指非指"、"白马非马"等命题,讨论名与实之间的关系。《庄子·齐物论》则云:"以指喻指之非指,不若以非指喻指之非指也;以马喻马之非马,不若以非马喻马之非马也。天地一指也,万物一马也。"谓事物应各任自然,不分彼此、是非、长短、多少,后遂以"指马"为争辩是非、差别的代称。

⑰折衷:亦作"折中"。取正之意。《楚辞·九章·惜诵》:"令五帝以折中兮,戒六神以向服。"朱熹集注:"折中,谓事理有不同者,执其两端而折中,若《史记》所谓'六艺折中于夫子'是也。"

⑱金陵:即建康(在今江苏南京市)。吴、东晋、宋、齐、梁、陈均建都于此。洛下:即洛阳。为魏、晋、后魏的都城。当时韵书的制作,北方人多以洛阳音为主,南方人多以建康(金陵)音为主,故曰榷而量之,独金陵与洛下耳。榷:研究。量:商酌。

⑲清举:声音清脆而悠扬。切诣:谓发音迅急。
⑳沉浊:声音低沉粗重。钝钝:滞浊迟缓。
㉑冠冕:冠族,仕宦之家。
㉒吴、越:春秋时的吴国和越国(今江、浙一带)。这里指吴越故地的语言。
㉓夷虏:指我国北方的少数民族。这里指他们的语言。
㉔南方水土和柔以下二十二句,论南北官绅市民语言的优劣。周祖谟曰:"自五胡乱华以后,中原旧族多侨居江左,故南朝士大夫所言,仍以北音为主。而庶族所言,则多为吴语。故曰:'易服而与之谈,南方士庶,数言可辨。'而北方华夏旧区,士庶语音无异,故曰:'隔垣而听其语,北方朝野,终日难分。'惟北人多杂胡虏之音,语多不正,反不若南方士大夫音辞之彬雅耳。至于闾巷之人,则南方之音鄙俗,不若北人之音为切正矣。"
㉕周祖谟曰:"此论南人语音,声多不切。案:钱,《切韵》昨仙反,涎,叙连反,同在仙韵;而钱属从母,涎属邪母,发声不同。贱,《唐韵》(唐写本,下同)才线反,羡,似面反,同在线韵;而贱属从母,羡属邪母,发声亦不相同。南人读钱为涎,读贱为羡,是不分从邪也。石,《切韵》常尺反,射,食亦反,同在昔韵;而石属禅母,射属床母三等。是,《切韵》承纸反,舐,食氏反,同在纸韵;而是属禅母,食属床母三等。南人误石为射,读是为舐,是床母三等与禅母无分也。"
㉖周祖谟曰:"此论北人语音,分韵之宽,不若南人之密。案:庶、戍同为审母字,《广韵》庶在御韵,戍在遇韵,音有不同。庶、开口,戍、合口。如、儒同属日母,如在鱼韵,儒在虞韵,韵亦有开合之分;北人读庶为戍,读如为儒,是鱼、虞不分也。又紫、姊同属精母,而紫在纸韵,姊在旨韵,北人读紫为姊,是支、脂无别矣。又洽、狎同为匣母字,《切韵》分为两韵;北人读洽为狎,是洽、狎不分也:由此足见北人分韵之宽。"
㉗颜之推《观我生赋》自注云:"至邺便至陈兴而梁灭,故不得还南。"则当在齐天保八年(公元557年)。
㉘崔赡:字彦通。《北史》卷二十四作崔赡。周祖谟谓赡与彦通义相应,当作赡。此从周说。崔赡官至吏部郎中。其叔崔子约,任司空祭酒。
㉙李岳:字祖仁。官中散大夫。李蔚:李岳弟,官秘书丞。
㉚李季节:名概,字季节。事见《北史·李公绪传》。《隋书·经籍志》:"《续修音韵决疑》十四卷,李概撰。"又"《音谱》四卷。"
㉛阳休之:字子烈,右北平无终人。仕齐为尚书右仆射。周武平齐,除开府仪同。其所著《韵略》已佚,今有任大椿、马国翰辑本。
㉜讹替:谬误。
㉝云为:所为。品物:指各种物品。
㉞书记:书籍。

【今译】

全国各地的人，言语各不相同，从有人类以来，已经一向如此了。自从《春秋公羊传》标出对齐国方言的解释，《离骚》被看作楚人语词的经典作品，这大概就是语言差异开始明显的初级阶段吧。后来，扬雄写出了《方言》一书，这方面的论述就大为完备了。但书中都是考辨事物名称的异同，并不显示读音的是与非。直到郑玄注释《六经》，高诱诠解《吕览》《淮南子》，许慎撰写出《说文解字》，刘熙编著了《释名》，这才开始有譬况假借的方法用来验证字音。然而古代语言与今天的语言有很大差别，这中间语音的轻重清浊，仍然不能了解；再加上他们是采用内言外言、急言徐言、读若这一类的注音方法，就更让人疑惑了。孙炎创制了《尔雅音义》一书，这是汉末人唯独懂得使用反切法注音的。到了魏国时代，这种注音法盛行起来。高贵乡公曹髦不懂反切注音法，被人们认为是一桩奇怪的事。从那以后，音韵方面的论著成果大量脱颖而出，各自带有地方口语的色彩，相互之间非难嘲笑，是非曲直，也难以作出判断。看来只能是大家都用帝王都城的语言，参照比较各地方言，考查审核古今语音，以此替它们确定一个恰当的标准。经过这样的反复研究斟酌，只有金陵和洛阳的语言适合作为正音。南方的水土平和温柔，所以南方人的口音清脆悠扬、快速急切，它的弱点在于浮浅，其言辞多鄙陋粗俗。北方的山川深邃宽厚，所以北方人的口音低沉粗重、滞浊迟缓，体现了它的质朴劲直，它的言辞多古代语汇。然而谈到官宦君子的语言，还是南方地区的为优；谈到市井小民的语言，则是北方地区的较胜。让南方人变易服装而与他们交谈，那么南方的官绅与平民，通过几句话就可分辨出他们的身份；隔着墙听北方人谈话，则北方的官绅和平民，你一整天也难以区分出来。然而南方的语言已经沾染了吴越地区的方言，北方的语言已经杂糅了异族的词汇，两者都有严重的弊端，在此不能够一一评论。它们中错误差失较轻的例子，则如南方人把钱读作涎，把石读作射，把贱读作羡，把是读作舐；北方人把庶读作戍，把如读作儒，把紫读作姊，把洽读作狎。像这些例子，两者的差失都很多。我到邺城以来，只看到崔子约、崔赡叔侄，李岳、李蔚兄弟，对语言略有研究，稍微作了些切磋补正的工作。李概所著的《音韵决疑》，时时出现错误差失；阳休之编著的《切韵》，十分粗略草率。我家的儿女们，虽然还在孩童时代，我就开始在这方面对他们进行矫正；孩子一个字有讹误差失，我都把它视为自己的罪过。家中所做各种物品，未经从书本中考证过的，就不敢随便称呼名字，这是你们所知道的吧。

【原文】

　　古今言语，时俗不同；著述之人，楚、夏各异①。《苍颉训诂》②，反稗为逋卖③，反娃为於乖④；《战国策》音刎为免⑤，《穆天子传》音谏为间⑥；《说文》音戛为棘⑦，读皿为猛⑧；《字林》音看为口甘反⑨，音伸为辛⑩；《韵集》以成、仍、宏、登合成两韵，为、奇、益、石分作四章⑪；李登《声类》以系音羿⑫，刘昌宗《周官音》读乘若承⑬。此例甚广，必须考校。前世反语，又多不切，徐仙民《毛诗音》反骤为在遘，《左传音》切椽为徒缘⑭，不可依信，亦为众矣。今之学士，语亦不正；古独何人，必应随其讹僻乎⑮？《通俗文》曰："入室求曰搜。"反为兄侯。然则兄当音所荣反。今北俗通行此音，亦古语之不可用者⑯。玙璠，鲁人宝玉，当音余烦，江南皆音藩屏之藩。岐山当音为奇，江南皆呼为神祇之祇⑰。江陵陷没，此音被于关中，不知二者何所承案⑱。以吾浅学，未之前闻也。

【注释】

　　①楚、夏：楚指春秋战国时的楚国地域；夏指华夏，即中原地区。此处楚、夏泛指南、北地区。

　　②《苍颉训诂》：书名。后汉杜林撰。《旧唐书·经籍志》著录。

　　③反稗为逋卖：反切稗字的音为逋卖，即用逋的声母和卖的韵母拼读出稗字。周祖谟曰："此音不知何人所加。稗为逋卖反，逋为帮母字，《广韵》作傍卦切，则在并母，清浊有异。颜氏以为此字当读傍卦切，故不以《苍颉训诂》之音为然。"

　　④段玉裁曰："娃，於佳切，在十三佳，以於乖切之，则在十四皆。"

　　⑤周祖谟曰："案：刎，《切韵》音武粉反，在吻韵，免音亡辨反，在狝韵，二音相去较远，故颜氏不得其解。考刎之音免，殆为汉代青、齐之方音。如《释名·释形体》云：'吻，免也，入之则碎，出则免也。'吻、刎同音，刘成国以免训刎，取其音近，与高诱音刎为免正同。又《仪礼·士丧礼》：'众主人免于房。'注云：'今文免皆作绕。'《释文》：'免音问。'《礼记·内则》：'粉榆免蒉。'《释文》免亦音问，是免有问音也。刎、问又同为一音，惟四声小异。高诱之音刎为免，正古今方俗语音之异耳，又何疑焉。颜氏固不知此，即清儒钱大昕、段玉裁诸家，亦所不寤，审音之事，

诚非易易也。"

⑥《穆天子传》三："道里悠远，山川间之。"郭璞注："间音谏。"《唐韵》谏古晏反，在谏韵，间古苋反（去声），在裥韵。谏、裥韵不同类，故颜氏以郭注为非。段玉裁、周祖谟以为"谏"、"间"古音相近，故得假借。

⑦《唐韵》戛音古黠反，在黠韵，棘音纪力反，在职韵。二音韵部不同。故颜氏以《说文》为非。周祖谟以为《说文》无误，盖戛字古有二音，除古黠反之外，尚有纪力反一读。

⑧《切韵》音皿武永反，音猛莫杏反，同在梗韵，而猛为二等字，皿为三等字，音之洪细有别。故颜氏以皿音猛为非。周祖谟以为猛从孟声，孟从皿声，猛、孟、皿三字古音亦相近。

⑨周祖谟曰："看，《切韵》音苦寒反，在寒韵。《字林》音口甘反，读入谈韵，与《切韵》音相去甚远。考任大椿《字林考逸》所录寒韵字，无读入谈韵者，疑甘字有误。若否，则当为晋世方音之异。"

⑩周祖谟曰："伸，《切韵》音书邻反，辛，音息邻反，申为审母三等，辛为心母，审、心同为摩擦音，故方言中，心、审往往相乱。《字林》音伸为辛，是审母读为心母矣。"

⑪段玉裁曰："今《广韵》本于《唐韵》，《唐韵》本于陆法言《切韵》。法言《切韵》，颜之推同撰集；然则颜氏所执，略同今《广韵》。今《广韵》成在十四清，仍在十六蒸，别为二韵。宏在十三耕，登在十七登，亦别为二韵。而吕静《韵集》，成、仍为一类，宏、登为一类，故曰合成两韵。今《广韵》为、奇同在五支，益、石同在二十二昔，而《韵集》为、奇别为二韵，益、石别为二韵，故曰分作四章。皆与颜说不合，故以为不可依信。"

⑫李登：三国魏人，撰有《声类》一书，《隋书·经籍志》著录作十卷，已佚，有清马国翰黄奭等辑本。钱馥曰："《广韵》：系，胡计切，喉音，匣母……羿，五计切，牙音，疑母。"周祖谟曰："李登以系音羿，牙、喉音相混矣。"

⑬段玉裁曰："《广韵》：乘，食陵切，音同绳；承，署陵切，音同丞。今江浙人语多与刘昌宗音合。"周祖谟曰："案：《经典释文叙录》，刘昌宗《周官音》一卷。《周礼·夏官》：'王行乘石。'《释文》云：'刘音常乘反。'常乘即承字音。乘为床母三等，承为禅母。颜氏以为二者有分，不宜混同，故论其非。考床、禅不分，实为古音……下至晋宋，以迄梁、陈、吴语床、禅亦读同一类。"

⑭钱大昕曰："《广韵》：'骤，锄祐切。'在宥韵，依徐音，当入侯韵。"周祖谟曰："徐仙民反骤为在遘，骤为宥韵字，遘为侯韵字，以遘切骤，韵之洪细有殊，故颜氏深斥其非。而在遘与锄祐声亦不同，锄、床母，在，从母，床、从不同类。疑今本'在'为'仕'字之误，仕、在形近而讹。锄、仕皆床母字也。《诗·四牡》：'载骤骎骎。'《释文》：'骤，助救反，又仕救反。'《玉篇》骤亦音仕救切，足证在为讹字。此

云《毛诗音》反骤为仕遘,《左传音》切椽为徒缘,上论韵,下论声,若作在遘,则声韵均有不合,于辞例不顺,故知在必有误。椽,徐反为徒缘者,考《左传·桓公十四年》:'以大官之椽,归为卢门之椽。'《释文》:'椽,音直専反。'直尊与徒缘,本为一音,但直専为音和切,徒缘为类隔切,颜氏病其疏缓,故曰不可依信。"

⑮讹僻:谬误。

⑯周祖谟曰:"'此音',当指兄候反而言,颜云兄当音所荣反者,假设之辞。其意谓搜以作所鸠姓反为是,若作兄侯,则兄当反为所荣矣,岂不乖谬。服音虽古,亦不可承用,故曰今北俗通行此音,亦古语之不可用者。"

⑰周祖谟曰:"《切韵》:'烦,附袁反;藩,甫烦反。'二字同在元韵,而烦为奉母,藩为非母,清浊有异。《切韵》藩作附袁反,与颜说正合。……《切韵》:'奇,渠羁反;衹,巨支反。'二字同在支韵,皆群母字,而等第有差。奇三等,衹四等。"

⑱承:接受;案:依从。承案:依据。

【今译】

　　古代和今天的语言,因时俗的变化而有所不同,进行著述的人,因地处南、北而在语音上表现出差异。《苍颉训诂》一书,把稗的反切音注为逋卖,把娃的反切音注为於乖;《战国策》把刎注音为免,《穆天子传》把谏注音为间;《说文》把戛注音为棘,把皿读为猛,《字林》把看注音为口甘反,把伸注音为辛;《韵集》把成、仍和宏、登分别合成两个韵,把为、奇、益、石却分成四个韵;李登的《声类》以系作羿的音,刘昌宗的《周官音》把乘读作承。这类例子是很普遍的,必须对它们进行考校。前代人标注的反语,又有很多不确切,徐邈的《毛诗音》把骤的反切音注为在遘,《左传音》把椽的反切音注为徒缘,那是不可以依凭的,这种情况也是很多的了。今天的学者,语音也有不正确的,古人难道有什么特殊的地方,一定要依随他们的谬误呢?《通俗文》上说:"入室求曰搜。"服虔把搜的反切音注为兄侯。如果这样,那么兄应当发音为所荣反。现在北方的习惯就通行这个音,这也是古代言语中不可沿用的。玙璠,是鲁国人的宝玉,璠的反切应当发音为余烦,江南地区的人都把这个字发音为藩屏的藩。岐山的岐应当发音为奇,江南地区都把它呼为神衹的衹。江陵城陷落的时候,这两个音就流行于关中,不知道它们是根据什么语音来的,凭我这样肤浅的学识,过去没有听说过。

【原文】

　　北人之音,多以举、莒为矩;唯李季节云:"齐桓公与管仲于台上谋伐莒,东郭牙望见桓公口开而不闭,故知所言者莒也①。然则莒、矩必不同呼②。"此为知音矣。

注释

①此事见《管子·小问》。
②周祖谟曰:"此引李季节之言,当见《音韵决疑》。举、莒《切韵》音居许反,在语韵,矩音俱羽反,在虞韵。颜氏举此以见鱼、虞二韵,北人多不能分,与古不合。李氏举桓公伐莒事,以证莒、矩音呼不同,其言是矣。盖莒为开口,矩为合口。故东郭牙望桓公口开而不闭,知其所言者莒也。"

【今译】

北方人的语音,大多把举、莒读为矩。只有李季节说:"齐桓公和管仲在台上商议攻伐莒国,东郭牙看见齐桓公的嘴是张开而不是闭拢,所以知道齐桓公所说的是莒国。这样看来莒、矩一定有开口合口的区别。"这就是通晓音韵的人了。

【原文】

夫物体自有精粗,精粗谓之好恶①;人心有所去取,去取谓之好恶②。此音见于葛洪、徐邈③。而河北学士读《尚书》云好生恶杀④。是为一论物体,一就人情,殊不通矣。

注释

①好恶:好和坏的意思。卢文弨曰:"好、恶并如字读。"
②好恶:喜爱和讨厌的意思。宋本原注:"上呼号,下乌故反。"
③此音见于葛洪、徐邈:指第二个好恶的读音见于葛洪、徐邈的音韵学著作。周祖谟曰:"案:以四声区别字义,始于汉末。好、恶之有二音,当非葛洪、徐邈所创,其说必有所本(详见拙著《四声别义释例》)。葛有《要用字苑》一卷,见两《唐志》。徐有《毛诗、左传音》,见《经典释文叙录》。"
④此指"好生恶杀"的"好"、"恶"应读作"去取谓之好恶"的"好"(呼到切)"恶"(乌路切),而"河北学士"却读作"精粗谓之好恶"的"好"(呼皓切)"恶"(乌各切),故下云"殊不通"。

【今译】

器物自身有精致或粗糙的分别,这种精致或粗糙就称之为好或恶;人的感情对某样事物有所弃取,这种弃取的态度称之为好或恶。这后一个"好、恶"的读音见于葛洪、徐邈的撰著。而河北地区的读书人读《尚书》的时候却读作"好(呼皓切)生恶(乌各切)杀"。这样,读音取了评论器物精致或粗糙的读音,而意思却是表达感情弃取的意思,就太说不通了。

【原文】

甫者,男子之美称,古书多假借为父字;北人遂无一人呼为甫者,亦所未喻①。唯管仲、范增之号,须依字读耳②。

【注释】

①周祖谟曰:"甫、父二字不同音,《切韵》:'甫,方主反;父,扶羽反。'皆虞韵字,而甫非母,父奉母。北人不知父为甫之假借,辄依字而读,故颜氏讥之。"

②宋本原注:"管仲号仲父,范增号亚父。"按,这两个"父"字都仍读作"父"而不能读作"甫"。

【今译】

甫,是男子的美称,古书中大多假借成父字;于是北方人就没有一个把这个"父"字发成甫音的,这也是不明白个中的道理。只是管仲的号仲父,范增的号亚父,应该依照父字本身的读音。

【原文】

案:诸字书,焉者鸟名①,或云语词②,皆音於愆反。自葛洪《要用字苑》分焉字音训③:若训何训安④,当音於愆反,"于焉逍遥","于焉嘉客"⑤,"焉用佞","焉得仁"之类是也⑥;若送句及助词⑦,当音矣愆反,"故称龙焉","故称血焉"⑧,"有民人焉","有社稷焉"⑨,"托始焉尔"⑩,"晋、郑焉依"之类是也⑪。江南至今行此分别,昭然易晓;而河北混同一音,虽依古读,不可行于今也⑫。

【注释】

①《说文·鸟部》:"焉,焉鸟,黄色,出于江淮,象形。"段玉裁注:"今未审何鸟也。自借为助词而本义废矣。"

②语词:无实义的词,即今天所称的虚词。
③音训:对古籍中的字词注音释义。
④若训何训安:如果解释作何或解释作安。何、安,相当于今天的"哪里"。
⑤以上二句见《诗经·小雅·白驹》。于焉逍遥:意思是在这里很逍遥;于焉嘉客:意思是,在这里是好客人。
⑥以上二句见《论语·公冶长》。焉用佞:哪里用得着口才; 焉得仁:哪里算得上仁。
⑦送句:句尾语气词。助词:在句中起各种语气作用的虚词。
⑧以上二句见《周易·坤》。故称龙焉:意思是所以称作龙; 故称血焉:意思是所以称作血。
⑨以上二句见《论语·先进》。有民人焉,有社稷焉:意思是有老百姓,有祭土地神的社和祭五谷神的稷。
⑩此句见《春秋公羊传·隐公二年》。
⑪此句见《左传·隐公六年》。晋、郑焉依:即依晋、郑,意思是依靠晋国和郑国。
⑫周祖谟曰:"案:焉音於愆反,用为副词,即安、恶一声之转。安(乌寒切)恶(哀都切)皆影母字也。焉音矣愆反,用为助词,即矣、也一声之转。矣(于纪切)也(羊者切)皆喻母字也。"

【今译】

按语说:考查各种字书,焉是鸟的名称,有的字书说焉是虚词,都注音为於愆反。从葛洪的《要用字苑》开始区分焉字的注音释义:如果是解释作何或解释作安,就应当注音为於愆反,"于焉逍遥"、"于焉嘉客","焉用佞","焉得仁"之类都是这样的;如果是用为句尾语气词及句中语气词,就应当注音为矣愆反,"故称龙焉","故称血焉","有民人焉","有社稷焉","托始焉尔","晋、郑焉依"之类都是这样的。江南地区至今仍然实行这种分别,明明白白地容易理解;而河北地区把二者混同作一个读音,虽然是依照古代的读法,却不可拿到今天来实行。

【原文】

邪者,未定之词。《左传》曰:"不知天之弃鲁邪? 抑鲁君有罪于鬼神邪①?"《庄子》云:"天邪地邪②?"《汉书》云:"是邪非邪③?"之类是也。而北人即呼为也,亦为误矣④。难者曰:"《系辞》云:'乾坤,《易》之门户邪⑤?'此又为未定辞乎?"答曰:"何为不尔!上先标问,下方列德以折之耳⑥。"

注释

①以上二句见《左传·昭公二十六年》,第二句末邪字未见。二句意思是说:"不知是上天抛弃鲁国呢？还是鲁君得罪了鬼神呢？"

②见《庄子·大宗师》。原文为:"(子桑)则若歌若哭,鼓琴曰:'父邪？母邪？天乎？人乎？'有不任其声而趋举其诗焉。"与颜氏所引稍异。天邪地邪,意思是:是天呢？还是地呢？

③见《汉书·外戚传》汉武帝李夫人歌。是邪非邪:是对呢？还是不对呢？

④周祖谟曰:"邪、也古多通用。惟后世音韵有异,《切韵》邪以遮反,在麻韵,也以者反,在马韵,邪平声,也为上声。"

⑤见《周易·系辞下》,原文为:"乾坤,其《易》之门邪？"意思是:明晓《乾》《坤》两卦的义蕴,是通会《易》的门径吗？

⑥程荣《汉魏丛书》本"列"作"刿",刘盼遂引吴承仕曰:"'列德'当作'劾德',校者意改为'列'耳。刿,即"劾"的异体字。列德:阐明阴阳之德。《周易·系辞下》:"乾,阳物也。坤,阴物也。阴阳合德,而刚柔有体。"折:判断,裁决。这里是作出结论的意思。

【今译】

　　邪,是表示疑问的词。《左传》说:"不知天之弃鲁邪？抑鲁君有罪于鬼神邪？"《庄子》说:"天邪？地邪？"《汉书》说:"是邪？非邪？"这类"邪"字都是这种用法。而北方人就把它读成"也",这是错误的。责难我的人说:"《周易·系辞》说:'乾坤,《易》之门户邪？'这个'邪'也是表示疑问的词吗？"我回答说:"为什么不是!上面先标明疑问,下面才阐明阴阳之德的道理以作出结论。"

【原文】

　　江南学士读《左传》,口相传述,自为凡例①,军自败曰败,打破人军曰败。诸记传未见补败反,徐仙民读《左传》,唯一处有此音,又不言自败、败人之别,此为穿凿耳②。

【注释】

①凡例：通例，章法。

②周祖谟曰："案：自败、败人之音有不同，实起于汉、魏以后之经师，汉魏以前，当无此分别。徐仙民《左传音》亡佚已久，惟陆氏《释文》存其梗概。《释文》于自败、败他之分，辨析甚详。《叙录》云：'……及夫自败（蒲迈反）、败他（补败反）之殊，自坏（呼怪反）、坏撤（音怪）之异，此等或近代始分，或古已为别，相仍积习，有自来矣。余承师说，皆辨析之'云云。考《左传·隐公元年》：'败宋师于黄。'《释文》云：'败，必迈反，败佗也，后放此。'斯即陆氏分别自败、败他之例。他如'败国'、'必败'、'败类'、'所败'、'侵败'等败字，皆音必迈反。必迈、补败音同。是必江南学士所口相传述者也。尔后韵书乃兼作二音，《唐韵·夬部》：'自破曰败，薄迈反；破他曰败，北迈反。'即承《释文》而来。北迈与必迈、补败同属帮母，薄迈与蒲迈同属并母，清浊有异。"

【今译】

江南地区的学者读《左传》，是用口相互传述，自订章法，自家军队失败说成败（蒲迈反），打败别的军队说成败（补败反）。各种传记中也未看见注音为补败反，徐邈所读的《左传》，只有一处注了这个音，又不说明自败、败人的区别，这就显得牵强附会了。

【原文】

古人云："膏粱难整①。"以其为骄奢自足，不能尅励也②。吾见王侯外戚，语多不正，亦由内染贱保傅③，外无良师友故耳。梁世有一侯，尝对元帝饮谑，自陈"痴钝"④，乃成"飔段"，元帝答之云："飔异凉风，段非干木⑤。"谓"郢州"为"永州"，元帝启报简文，简文云："庚辰吴人，遂成司隶。"如此之类，举口皆然⑥。元帝手教诸子侍读⑦，以此为诫。

【注释】

①《续家训》"整"作"正"，与《国语》合。《国语·晋语七》："夫膏粱之性难正也。"韦昭注："膏，肉之肥者；粱，食之精者。"此句中的"膏粱"一词，兼指代富贵人家。

②尅（kè客）励：克制私欲，力求上进。

③保傅：负责保育、教导贵族子弟的人。

④痴钝：愚笨，迟钝。

⑤飔异凉风:《说文》:"飔,凉风也。"段非干木:赵曦明曰:"段干木,魏文侯时人。《广韵》引《风俗通》,以段为氏。"按:因此人将"痴钝"误发音为"飔段",故梁元帝戏以此二句作答以讥之。

⑥周祖谟曰:"案:梁侯自陈'痴钝'而成'飔段',上字声误,下字韵误。盖痴《切韵》丑之反,飔楚治反,二字同在之韵,而痴为彻母,飔为穿母二等,舌齿部位有殊。钝王仁昫《切韵》徒困反,在恩韵,段徒玩反,在翰韵,同属定母,而韵类有别。故元帝短之。至如谓'邺州'为'永州',则声韵皆非矣。邺《切韵》以整反,在静韵,永荣昞反,在梗韵。梗、静韵有洪杀,以、荣声有等差,岂可混同?其音不正,是不学之过也。简文所云'庚辰吴人'云者,曾运乾《韵母古读考》云:'《后汉书》:"鲍永字君长,建武十一年征为司隶校尉,永辟扶风鲍恢为都从事,帝尝曰:贵戚且宜敛手,以避二鲍。又永父宣,哀帝时为司隶校尉,永子昱,中元时拜司隶校尉,帝尝曰:吾固欲天下知忠臣之子复为司隶也。"简文答语,举《春秋》吴入楚都为邺之歇后语,举后汉抗直不阿之司隶为永之歇后语,齐、梁之际,多通声韵,故剖判入微如此云。'"简文:梁简文帝萧纲,为梁元帝萧绎之兄。

⑦侍读:南北朝时诸王的属官。

【今译】

古人说:"膏粱子弟其性难正。"是因为他们骄横奢侈自我满足,不能够克制私欲,力求上进。我看见那些王侯外戚,语音大多不纯正,也是由于内受下贱保傅的熏染,外无良师益友的缘故。梁朝有一位侯王,曾经与梁元帝一起饮酒戏谑,他自称"痴钝",却说成"飔段",梁元帝戏答他说:"飔不同于凉风,段也不是干木。"他又把"邺州"说成"永州",梁元帝把此事告知简文帝,简文帝说:"庚辰日吴人进入邺都的邺,却成了后汉的司隶校尉鲍永的永。"像这一类例子,这位侯王张口就是。梁元帝亲自教授几位儿子的侍读,就以这位侯王的错讹为诫。

【原文】

河北切攻字为古琮,与工、公、功三字不同,殊为僻也①。比世有人名暹,自称为纤;名琨,自称为衮;名洸,自称为汪;名䝙,自称为獬。非唯音韵舛错,亦使其儿孙避讳纷纭矣②。

注释

①僻:差错。

②纷纭：盛多、杂乱的样子。周祖谟曰："案：此杂论当时语音之不正。攻字《切韵》（王写本第二种）有二音：一训击，在冻韵，与工、公、功同纽，音古红反；一训伐，在冬韵，音古冬反。二者声同韵异。此云河北切为古琮，即与古冬一音相合。颜氏以为攻当作古红反，河北之音，恐未为得。暹、孅《切韵》并音息廉反，在盐韵，颜读当与《切韵》相同，疑此'孅'字或为'殲'、'瀸'等字之误。殲、瀸《切韵》子廉反，亦盐韵字，而声有异。暹心母，殲精母也。琨《切韵》占浑反，在魂韵，兖古本反，在混韵，一为平声，一为上声，读琨为兖，则四声有误。洸《切韵》古皇反，汪乌光反，二字同在唐韵，而洸为见母，汪为影母。读洸为汪，牙喉音相乱。䎡音藥，《切韵》以灼反，鴞音烁，书灼反。䎡为喻母，鴞为审母。读䎡为鴞，亦舛错之甚者。揆颜氏此论，无不与《切韵》相合。陆氏《切韵序》尝称'欲更捃选精切，除削疏缓，颜外史、萧国子多所决定'。由此可知，《切韵》之分声析韵，多本乎颜氏矣。"

【今译】

河北地区的人反切攻字为古琮，与工、公、功三字的读音不同，这是大错。近代有一个人名为暹，他自称为孅；有一个人名为琨，他自称为兖；有一个人名为洸，他自称为汪；有一个人名为䎡，他自称为鴞。不仅音韵有错讹，也使他们的儿孙辈在避讳时纷繁杂乱，无所依从。

杂艺第十九

【题解】

本篇杂论书法、绘画、射箭、卜筮、算术、医学、音乐、博弈、投壶等各种技艺。作者统称之为"杂艺"，与儒学正宗相对。作者对这些杂艺的总的看法是：兼通几门，有益无害，但不可专精，以免受其累。当然，根据各门技艺的不同情况，作者对它们的态度也有所区别。比如，他主张对书法要"微须留意"，但又要子女"慎无以书自命"；他强调算术是"六艺要事"，但又希望子女"不可以专业"；他喜欢琴瑟之乐"愔愔雅致，有深味哉"，但又告诫子女"不可令有称誉，见役勋贵"；他欣赏围棋"颇为雅戏"，但又感叹它"令人耽愦，废丧实多，不可常也"。对于卜筮，他虽然称之为"圣人之业"，"不可不信"，但又以前代善卜者"皆无官位，多或罹灾"的事实以及自己学习占卜术而"讨求无验，寻亦悔罢"的亲身经历,对这门"技艺"作了实际上的否定。

本篇也有助于我们了解这些"杂艺"在当时的种种情状。比如作者对梁朝大同末年那种"改易字体"、"颇行伪字"的不良风气的具体陈述,使我们得以窥见当时文字书写的混乱状况;作者写武烈太子给宾客写生,画成的人像拿给儿童看,他们都能一一道出姓名,可见当时绘画水平之高;作者陈述投壶之戏的古今演变及种种情状,这一类文字也具有宝贵的史料价值。

【原文】

真草书迹①,微须留意。江南谚云:"尺牍书疏②,千里面目也。"承晋、宋余俗,相与事之,故无顿狼狈者③。吾幼承门业④,加性爱重,所见法书亦多⑤,而玩习功夫颇至,遂不能佳者,良由无分故也。然而此艺不须过精。夫巧者劳而智者忧,常为人所役使,更觉为累;韦仲将遗戒⑥,深有以也。

【注释】

①真:真书。即楷书。草:草书。
②尺牍:汉代诏书写于一尺一寸长的书版上,称尺一牍,省称尺牍。后用为书信的通称。
③狼狈:狼和狈。传说狈的前足短,须将前足搭在狼背上方能行走。卢文弨曰:"狼狈,兽名,皆不善于行者,故以喻人造次之中,书迹不能善也。"
④幼承门业:《梁书·颜协传》称颜之推的父亲颜协"博涉群书,工于草隶"。故颜之推自称"幼承门业"。门业,家传的学业。
⑤法书:名家的书法范本。
⑥韦仲将:即韦诞,字仲将,仕魏任光禄大夫,善书法。据《世说新语·巧艺》篇载:韦仲将善书法。魏明帝修建殿堂,命韦登梯题字。下来后,头发都花白了,于是告诫子孙不要再学书法。

【今译】

楷书、草书的书法,需要稍加用心。江南的谚语说:"一尺长短的信函,就是你在千里之外给人看到的面貌。"那里的人上承晋、宋流传下来的风气,大家都信奉这句话,所以没有把字写得很马虎的。我从小继承家传的学业,加上生性对书法喜爱偏重,所看到的书法范本也多,玩味研习的功夫下得颇深,但书法水平最终不高,确实是因为我没有天分的缘故吧。但是这门技艺也不需要过于精湛。巧者多劳,智者多忧,因为字写得好就经常被人使唤,反而感觉是一种负担。韦仲将给子孙留下不要学习书法的诫言,是很有道理的。

【原文】

王逸少风流才士①,萧散名人,举世惟知其书,翻以能自蔽也②。萧子云每叹曰:"吾著《齐书》③,勒成一典,文章弘义,自谓可观;唯以笔迹得名,亦异事也。"王褒地胄清华④,才学优敏,后虽入关⑤,亦被礼遇。犹以书工,崎岖碑碣之间⑥,辛苦笔砚之役,尝悔恨曰:"假使吾不知书,可不至今日邪?"以此观之,慎勿以书自命。虽然,厮猥之人⑦,以能书拔擢者多矣。故道不同不相为谋也⑧。

注释

①王逸少:即王羲之,字逸少。东晋书法家。传见《晋书》。
②翻:反而。
③萧子云:南朝梁人,字景乔。其书法为时人所称赏。著有《晋书》一百一十卷。已佚。此云著《齐书》,恐误。
④王褒:北周文学家,书法与萧子云并重。地胄:南北朝时称世家豪门为地胄。地胄清华,指门第高贵。
⑤此指梁承圣三年(公元554年)西魏军陷江陵,王褒被遣送长安事。
⑥碑碣:古人把长方形的刻石叫"碑";把圜首形的或形在方圆之间、上小下大的刻石叫"碣"。这里的碑碣是碑和墓志等石刻文字的总称。
⑦厮猥:地位卑微。
⑧此句出《论语·卫灵公》。

【今译】

王羲之是个风流才士,潇洒闲散的名人,举世的人都知道他的书法,反而因此而掩盖了他的其他才能。萧子云常常感叹说:"我撰著《齐书》,编纂成为一部史籍典策,这中间的文采大义,自以为是可观的,却只是以书法得名,也是一件怪事啊。"王褒门第高贵,学识渊博,才思敏捷,后来虽然被迫入关,也仍然受到礼遇。但他还是因为工于书法,只能奔波于碑碣之间,辛辛苦苦地挥毫写字,他曾经悔恨地说:

"假如我不懂得书法,大概不会弄到今天这个样子吧?"由此看来,千万不要以书法自命。虽是这样,那些地位低下的人,因为会书法而得到提拔的也很多。所以说目标不同的人是讲不到一块的。

【原文】

梁氏秘阁散逸以来①,吾见二王真草多矣②,家中尝得十卷;方知陶隐居、阮交州、萧祭酒诸书③,莫不得羲之之体④,故是书之渊源。萧晚节所变,乃右军年少时法也⑤。

注释

①秘阁:即内府,古代宫中珍藏图书之处。据《历代名画记》载,梁武帝收集了许多珍贵的图书画册,藏于内府。侯景之乱,内府所藏图书画册数百函被侯景所焚。至江陵陷没,梁元帝将降之时,将所藏名画书帖及各种典籍尽数焚烧。

②二王:指王羲之、王献之父子。

③陶隐居:即陶弘景。见《养生》篇"神仙之事"段注。阮交州:即阮研,字文几,官至交州刺史。萧祭酒:即萧子云,曾任国子祭酒。

④张怀瓘《书断》称陶弘景、阮研、萧子云三人的书法"各得右军一体"。

⑤右军:即王羲之,王官至右军将军。

【今译】

梁朝秘阁的图书散逸以来,我所看到的二王的楷书、草书墨迹还很多,家里就曾经收藏有十卷。由此我才知道陶弘景、阮研、萧子云三人的各种书法,没有不受王羲之书法影响的,所以王羲之的书体是书法的渊源。萧子云晚年书体有所变化,却是变成了王羲之少年时期的笔法。

【原文】

晋、宋以来,多能书者。故其时俗,递相染尚,所有部帙,楷正可观,不无俗字,非为大损。至梁天监之间,斯风未变;大同之末,讹替滋生①。萧子云改易字体,邵陵王颇行伪字②;朝野翕然,以为楷式,画虎不成③,多所伤败。至为一字,唯见数点④,或妄斟酌,逐便转移。尔后坟籍,略不可看。北朝丧乱之余,书迹鄙陋,加以专辄造字,猥拙甚于江南。乃以百念为憂,言反为變,不用为罷,追来为歸,更生为蘇,先人为老⑤,如此非一,遍满经传⑥。唯有姚元标工于楷隶⑦,留心小学,后生师之者众。洎于齐末⑧,秘书缮写,贤于往口多矣。

注释

①天监、大同:均为梁武帝年号。

②邵陵王:即萧纶,为梁武帝第六子,封邵陵王。伪字:指不规范的字。

③画虎不成:即"画虎不成反类狗"的省称。语出《后汉书·马援传》:"效季良不得,陷为天下轻薄子,所谓画虎不成反类狗者也。"比喻好高骛远,一无所成,反贻笑柄。

④如写焱(yàn 焰)作"灬",见《龙龛手鉴》三《杂部》。

⑤百念为憂:《龙龛手鉴·心部》二写作"惪"。不用为罷:《龙龛手鉴》三《不部》写作"甭",音弃。追来为歸:《龙龛手鉴》一《来部》写作"遜"。更生为蘇:《龙龛手鉴》三《更部》写作"甦"。今仍流行。先人为老:《张猛龙碑》作"尯"。

⑥经传:儒家典籍经和传的统称。经文难读,以传文来疏通文意。此处泛指书籍。

⑦姚元标:北魏书法家。《北史·崔浩传》:"左光禄大夫姚元标以工书知名于时。"

⑧洎(jì 记):及;到。

【今译】

晋、宋以来,多有擅长书法的人。所以当时重视书法的风气互相濡染影响,所写著述都是楷书正体,十分可观!纵然其中不无俗字,也无伤大雅。到了梁朝天监年间,这种风气也未改变。到了大同末年,谬误的字体就逐渐产生了。萧子云改换字体,邵陵王萧纶也爱使用不规范的字,朝廷内外翕然成风,以他们的字作为楷模,结果是画虎不成反类狗,造成许多弊端。以至写一个字,只看见几个点,或者任意摆布笔画,为求方便而改换文字。这样一来,以后的文献书籍,就难以阅读了。北朝在丧乱之后,那里的字写得粗率难看,再加上随心所欲地造字,其拙劣的程度更甚于江南。竟然用"百""念"组成"憂"字,用"言""反"组成"變"字,用"不""用"组成"罷"字,用"追""来"组成"歸"字,用"更""生"组成"蘇"字,用"先""人"组成"老"字,像这类例子不是一个两个,而是遍于经典书籍之中。只有姚元标擅长楷书隶书,留心文字训诂,晚辈师承他的很多。到了齐朝末年,官府里缮写的各类文稿,都比过去好多了。

【原文】

江南闾里间有《画书赋》,乃陶隐居弟子杜道士所为①;其人未甚识字,轻为轨则②,托名贵师,世俗传信,后生颇为所误也。

注释

①陶隐居:即陶弘景。善书法。见《养生》篇"神仙之事"段注。下文"贵师"亦指陶隐居。
②轨则:准则。

【今译】

江南地区民间有《画书赋》流传,是陶隐居弟子杜道士所作。这个人认不得多少字,却轻率地为绘画书法制定准则,还假托名师,社会上的人也就轻易传布相信,后生晚辈很有被它所贻误的。

【原文】

画绘之工,亦为妙矣;自古名士,多或能之。吾家尝有梁元帝手画蝉雀白团扇及马图,亦难及也。武烈太子偏能写真①,坐上宾客,随宜点染②,即成数人,以问童孺,皆知姓名矣。萧贲、刘孝先、刘灵③并文学已外,复佳此法。玩阅古今,特可宝爱。若官未通显,每被公私使令,亦为猥役④。吴县顾士端出身湘东王国侍郎,后为镇南府刑狱参军,有子曰庭,西朝中书舍人⑤,父子并有琴书之艺,尤妙丹青⑥,常被元帝所使,每怀羞恨。彭城刘岳,橐之子也,仕为骠骑府管记⑦、平氏县令⑧,才学快士⑨,而画绝伦。后随武陵王入蜀⑩,下牢之败⑪,遂为陆护军画支江寺壁⑫,与诸工巧杂处。向使三贤都不晓画,直运素业⑬,岂见此耻乎?

注释

①武烈太子:梁元帝长子,名方等,字实相。年二十二战死。谥武烈。写真:人物写生。

②随宜:随意的意思。

③萧贲:南齐竟陵王萧子良之孙,字文奂,有文才,能书善画。刘孝先:仕梁为侍中,善五言诗,见重于世。刘灵:颜之推的姨妹夫。见《文章》篇。

④猥役:杂役。

⑤西朝:指江陵。梁元帝建都于此。中书舍人:中书省属官,见《治家》篇"梁孝元世"段注。

⑥丹青:丹砂和青䕭,为中国画中常用颜色。此泛指绘画艺术。

⑦管记:指记室,掌章表书记文檄。

⑧平氏县:属南阳。故城在今河南桐柏县西。

⑨快士:豪爽之士。

⑩武陵王:即萧纪,字世询。梁武帝第八子。天监十三年封武陵王。

⑪下牢:梁朝宜州旧治,在今湖北宜昌市西北。下牢之败:指梁元帝承圣二年武陵王萧纪的叛军被陆法和击败之事。

⑫陆护军:即陆法和。《北齐书》有传,参见上注。支江:洪业曰:"'支江'疑是'枝江'之异文。《嘉庆一统志·荆州府》云:'枝江故城在今枝江县东。'又云:'陆法和宅在枝江县东。'"

⑬素业:清素之业,指儒业。

【今译】

绘画技艺的工巧,也是十分奇妙的。自古以来的名士,很多都很擅长此道。我们家里曾经有梁元帝亲手画的蝉雀白团扇和马图,也是一般人难以赶上的。武烈太子特别擅长人物写生,座上的宾客。他随手勾画,就成了几个人像,拿去问小孩,小孩都能知道这几个人像画的是谁。萧贲、刘孝先、刘灵都是除文学之外,又擅长绘画的人物。他们平时鉴别赏玩的古今名画,特别值得珍爱。但习画的人如果官职没有通达显赫,就经常被公家或私人叫去为他们画画,这也是一项苦差事。吴县的顾士端做过湘东王国侍郎,后来担任镇南府刑狱参军,他有个儿子叫顾庭,在梁朝任中书舍人,他们父子俩都会弹琴和书法,尤其绘画技艺很高,所以也经常被梁元帝叫去画画,父子俩常常感到羞愧和愤恨。彭城的刘岳,是刘橐的儿子,任骠骑府管记、平氏县令,是位有才学的豪爽之士,绘画的水平无人可及。后来他随同武陵王萧纪进入蜀地,武陵王的军队在下牢失败以后,他被陆护军遣去画支江寺的壁画,与工匠们混杂在一起。以上三位贤人假如都不懂得绘画,而是专攻儒学,难道会蒙受这种耻辱吗?

【原文】

弧矢之利,以威天下①,先王所以观德择贤,亦济身之急务也②。江南谓世之常射,以为兵射,冠冕儒生③,多不习此,别有博射④,弱弓长箭,施于准的⑤,揖让升降,以行礼焉。防御寇难,了无所益。乱离之后,此术遂亡。河北文士,率晓兵射,非直葛洪一箭,已解追兵⑥,三九宴集⑦,常縻荣赐⑧。虽然,要轻禽,截狡兽⑨,不愿汝辈为之。

【注释】

①弧矢二句:此出《周易·系辞下》:"弦木为弧,剡木为矢,弧矢之利,以威天下。"

②《礼记·射义》:"射者,何也。射以观德也。孔子曰:射者何以射,何以听,循声而发,发而不失正鹄者,其唯贤者乎!"此句本此。

③冠冕:指做官的人。

④博射:古代一种游戏性习射方式。《南史·柳恽传》:"恽尝与琅琊王瞻博射,嫌其皮阔,乃摘梅帖乌珠之上,发必命中,观者惊骇。"又《梁书·萧琛传》:"善弓马,遣人伏地持帖,奔马射之,十发十中,持帖者亦不惧。"王利器云:皮与帖俱谓射垛也。博射如博弈也。

⑤弱弓:弹射力差的软弓。准的:指射垛。即注④中的皮和帖。

⑥非直二句:葛洪《抱朴子自叙》:"昔在军旅,曾手射追骑,应弦而倒,杀二贼一马,遂得免焉。"

⑦三九:指三公九卿。《勉学》篇有"三九公宴,则假手赋诗"之句。

⑧縻(mí):分。《集韵·脂韵》:"縻,分也。"

⑨曹丕《典论自序》:"要狡兽,截轻禽。"此用其文。要,同"邀"。拦截。

【今译】

弓箭的锋利,可以威服天下,前代帝王以此观察人的德行,选择贤才,同时也是保全自身的紧要事情。江南地区称社会上的一般习射叫做兵射,仕宦人家的读书人大多不操习它。另有一种博射,用软弓长箭,射在箭垛上,讲究揖让进退,以此表达礼节。对于防御敌寇,却毫无用处。战乱之后,这种射法也不再出现了。河北地区的文人,大都懂得兵射,不但能像葛洪那样,用它来御敌防身,而且在三公九卿出席的宴会上,常靠它分到赏赐。虽然如此,遇到那些拦截轻捷的飞禽、狡猾的野兽的围猎活动,我还是不愿你们去参加的。

【原文】

卜筮者①圣人之业也;但近世无复佳师,多不能中。古者,卜以决疑②,今人生疑于卜;何者?,守道信谋,欲行一事,卜得恶卦,反令怵怵③,此之谓乎!且十中六七,以为上手④,粗知大意,又不委曲⑤。凡射奇偶,自然半收,何足赖也⑥。世传云:"解阴阳者,为鬼所嫉,坎壈贫穷,多不称泰。"吾观近古以来,尤精妙者,唯京房⑦、管辂⑧、郭璞耳⑨,皆无官位,多或罹灾,此言令人益信。倘值世网严密⑩,强负此名,便有讠圭误,亦祸源也。及星文风气,率不劳为之。吾尝学《六壬式》⑪,亦值世间好匠,聚得《龙首》《金匮》《玉轸变》《玉历》十许种书,讨求无验,寻亦悔罢。凡阴阳之术,与天地俱生,亦吉凶德刑⑫,不可不信;但去圣既远,世传术书,皆出流俗,言辞鄙浅,验少妄多。至如反支不行⑬,竟以遇害;归忌寄宿⑭,不免凶终;拘而多忌,亦无益也。

注释

①卜筮:古时预测吉凶,用龟甲称卜,用蓍草称筮,合称卜筮。
②此句出《左传·桓公十一年》:"卜以决疑,不卜何疑。"
③怵怵(chì—赤):忧惧不安的样子。
④上手:上等手艺。
⑤委曲:这里是详尽的意思。
⑥赖:依靠,凭借。
⑦京房:西汉人,字君明。善占卜,后被处死。事见《汉书·京房传》。
⑧管辂:三国时魏人,字公明。善占卜。事见《三国志·魏志·管辂传》。
⑨郭璞:晋朝人,字景纯。好经术,通阴阳历算、卜筮之术。后被王敦所杀。《晋书》有传。
⑩世网:比喻社会上法律礼教、伦理道德对人的束缚。
⑪《六壬式》:《隋书·经籍志》著录《六壬式经杂占》九卷,《六壬释兆》六卷。六壬,运用阴阳五行进行占卜凶吉的一种方法。
⑫德刑:恩泽与处罚。
⑬反支:古代术数星名之说,以反支日为禁忌之日。〔汉〕王符《潜夫论·爱日》:"孝明皇帝尝问今旦何得无上书者?左右对曰:'反支故。'"汪继培笺:"本传

注云：'凡反支日用月朔为正。戌、亥朔一日反支；申、酉朔二日反支……子、丑朔六日反支。见《阴阳书》也。"

⑭归忌：不宜同家的忌日。《后汉书·郭躬传》附陈伯敬："桓帝时，汝南有陈伯敬者，行必矩步，坐必端膝，呵叱狗马，终不言死，目有所见，不食其肉，行路闻凶，便解驾留止，还触归忌，则寄宿乡亭。"《注》："《阴阳书·历法》曰：归忌日，四孟在丑，四仲在寅，四季在子，其日不可远行归家及徙也。"

【今译】

　　卜筮，是圣人从事的职业，但近代没有好的巫师，所以卜筮的结果大多不能应验。古时候，用占卜来解决疑惑，现在的人却因为占卜而产生疑惑，这是什么原因呢？一个人恪守道义，相信自己的谋划，打算去干一件事，却卜得一个恶卦，反而使他忧惧不安，这就是所说的因占卜而产生疑惑的情况吧！况且今人十次占卜有六七次应验，就被看成占卜高手，那些对占卜术只是粗知大意，对情况又不详尽了解的人，对是或否两种结果进行占卜，自然也就只能有一半应验了。这种占卜术有什么值得信赖的呢？社会上流传说："懂得阴阳之术的人，会被鬼所妒嫉，其命运坎坷，穷困潦到，大多不得平安。"我看近古以来特别精通占卜术的人，只有京房、管辂、郭璞，他们都没有得到官位，多遭受了灾祸，这句话就使人更加相信了。如果碰到世网严密，勉强地背上善于占卜的名声，就会产生失误，这也是招来祸患的根源。至于观察天文气象以预测吉凶之事，你们一概不要去做。我曾经学习过《六壬式》，也遇到过社会上的好术士，搜集到《龙首》《金匮》《玉轮变》《玉历》等十来种书，对它们进行研究探讨却没有效验，随即就为此感到后悔。阴阳之术，与天地一齐产生，这也是上天对人间昭示吉凶、施加恩泽和惩罚的手段，不可不相信，但我们距离圣人的时代已经很远，社会上流传的有关阴阳术数的书，都出自平庸者之手，语言粗鄙肤浅，应验的少，虚妄的多。至于像反支日不宜出行，可有人照样遇害；归忌日需寄宿在外，可有人还是不免惨死；说明这类说法死板而多禁忌，也是没有什么益处的。

【原文】

　　算术亦是六艺要事①；自古儒士论天道，定律历者，皆学通之。然可以兼明，不可以专业。江南此学殊少，唯范阳祖暅精之②，位至南康太守③。河北多晓此术。

【注释】

①六艺：古代教育学生的六种科目。《周礼·地官司徒·保氏》谓指礼、乐、射、御、书、数。
②祖暅(xuǎn 选)即祖暅之。南朝梁人，字景烁。古代著名数学家祖冲之之子。精于天文历算。范阳：郡名，治所涿县（即今河北涿县）。
③南康：郡名，治所赣县（即今江西赣州）。

【今译】

算术也是六艺中很重要的一项。自古以来，学者们谈论天文，制定律历，都要懂得它。但是这门学问可以附带地掌握，不可以把它作为专业。江南地区懂得这门学问的人很少，只有范阳的祖暅精通它，祖暅这人官至南康太守。河北地区的人大多通晓这门学问。

【原文】

医方之事，取妙极难，不劝汝曹以自命也。微解药性，小小和合①，居家得以救急，亦为胜事，皇甫谧、殷仲堪则其人也②。

【注释】

①小小：稍稍。和合：调合，这里是配药方的意思。
②皇甫谧：魏晋间医学家，字士安，自号玄晏先生。著有医书《甲乙经》。另著有《帝王世纪》《高士传》《列女传》《玄晏春秋》等。殷仲堪：东晋人，曾任荆州刺史等职。颇通医学，《随书·经籍志》著录其《殷荆州要方》一卷，已佚。

【今译】

看病开药方的事，要想达到精妙的地步是很困难的，我不想劝你们以此作为追求目标。只要稍微懂一点药性，能配一点药方，家中能够以此救急，也就是一桩好事了，皇甫谧、殷仲堪就是这样的人。

【原文】

《礼》曰："君子无故不彻琴瑟①。"古来名士，多所爱好。洎于梁初,衣冠子孙,不知琴者,号有所阙;大同以末,斯风顿尽。然而此乐愔愔雅致②,有深味哉!今世曲解③,虽变于古,犹足以畅神情也。唯不可令有称誉,见役勋贵,处之下坐,以取残杯冷炙之辱④。戴安道犹遭之⑤,况尔曹乎!

【注释】

①《礼记·曲礼下》:"大夫无故不彻县,士无故不彻琴瑟。"彻,通"撤",撤除。
②愔愔(yīn 音):和悦安舒的样子。《左传·昭公十二年》:"祈招之愔愔,式招德音。"杜预注:"愔愔,安和貌。"
③曲解:古乐府一节称一解。因以此泛指乐曲。
④残杯冷炙:残羹冷饭的意思。
⑤戴安道:即戴逵,字安道,晋朝人。博学能文,善鼓琴。武陵王司马晞使人招之,戴对使者破琴;曰:"戴安道不为王门伶人。"事见《晋书·隐逸传》。

【今译】

《礼记》上说:"君子无故不把琴瑟撤除。"自古以来的名士,大多爱好它。到了梁朝初年,官宦人家的子孙,不懂得弹琴的,就被称为是一种缺憾。大同末年以后,这种风气就完全消失了。但是这种音乐和悦文雅,有很深的韵味。现在的乐曲,虽然与古代不同,但仍足以充分抒发感情。只是不可让自己因此而出名,以至被功臣权贵所役使,让你处于下座,遭受吃残羹冷饭的屈辱。连戴安道都受到这样的对待,何况你们呢!

【原文】

《家语》曰:"君子不博,为其兼行恶道故也①。"《论语》云:"不有博弈者乎?为之,犹贤乎已②。"然则圣人不用博弈为教;但以学者不可常精,有时疲倦,则傥为之,犹胜饱食昏睡,兀然端坐耳。至如吴太子以为无益,命韦昭论之③;王肃、葛洪、陶侃之徒,不许目观手执④,此并勤笃之志也。能尔为佳。古为大博则六箸,小博则二茕⑤,今无晓者。比世所行,一茕十二棋,数术浅短,不足可玩。围棋有手谈、坐隐之目⑥,颇为雅戏;但令人耽愦,废丧实多,不可常也。

注释

①见《孔子家语·五仪解》。博:博戏,又叫局戏,为古代一种游戏,六箸十二棋。恶道:不正之道。

②见《论语·阳货》。博:博戏,见上注。奕:围棋。犹贤乎已:贤,超过。已,止,什么都不干。

③见《三国志·吴志·韦曜传》。韦曜即韦昭,因避晋讳改之。王利器曰:韦昭《博弈论》见本传及《文选》卷五十二,略云:"今世之人,多不务经术,好玩博弈,废事弃业,忘寝与食,穷日尽明,继以脂烛。当其临局交争,雌雄未决,专精锐意,心劳体倦,人事旷而不修,宾旅阙而不接。至或赌及衣服,徙棋易行,廉耻之意弛,而忿戾之色发。然其所志,不出一枰之上,所务不过方罫之间,技非六艺,用非经国,求之于战阵,则非孙、吴之伦也,考之于道艺,则非孔氏之门也。"

④王肃:三国时魏人,字子雍,著名经学家。其反对博弈之事未详。葛洪:东晋道教理论家。见《文章》篇"或问扬雄"段注。葛洪《抱朴子》外篇《自叙》:"见人博戏,了不目眳,或强牵引观之,殊不入神,有若昼睡,是以至今不知棋局上有几道,樗蒲齿名。亦念此辈末技,乱意思而妨日月,在位有损政事,儒者则废讲诵,凡民则废稼穑,商人则失货财。至于胜负未分,交争都市,心热于中,颜愁于外,名之为乐,而实煎悴。丧廉耻之操,兴争竞之端,相去重货,密结怨隙。昔宋闵公、吴太子致碎首之祸,生叛乱之变,覆灭七国,几倾天朝,作戒百代,其鉴明矣。"陶侃:西晋人。陶在任荆州刺史时,见佐吏玩博戏、围棋,就将上述器具投之于江。事见《晋中兴书》。

⑤箸:博戏时所用竹棍。䂻(qióng 琼):博戏时所用骰子。

⑥手谈、坐隐:均为下围棋的别称。《世说新语·巧艺》:"王中郎以围棋是坐隐,支公以围棋为手谈。"

【今译】

《孔子家语》说:"君子不玩博戏,是因为博戏也会使人走入邪道。"《论语》说:"不是有玩博戏下围棋的游戏吗?玩玩这些,也比什么都不干好。"那么圣人是不用博戏、围棋作为施教手段的。只要读书人不时时专于此道,有时疲倦,偶而玩玩,比吃饱了饭整天昏睡,或呆呆地坐着要好。至于像吴太子认为下围棋无益,叫韦昭写文章论述它的害处;王肃、葛洪、陶侃不许眼观棋盘、手执棋子,这些都是对本职工作勤奋专心的表现。能够这样当然好。古时候玩大博用六根竹棍,小博用两个骰子,现在已经没有懂得这种玩法的人了。现在流行的玩法,是用一个骰子十二个棋子,术数浅短,不值得一玩。围棋有手谈、坐隐等名目,是一种颇为高雅的游戏,但使人沉溺其中,旷废丧失的事确实太多,不可经常下。

【原文】

投壶之礼①,近世愈精。古者,实以小豆,为其矢之跃也②。今则唯欲其骁③,益多益喜,乃有倚竿、带剑、狼壶、豹尾、龙首之名④。其尤妙者,有莲花骁⑤。汝南周瓉,弘正之子⑥,会稽贺徽,贺革之子⑦,并能一箭四十余骁。贺又尝为小障,置壶其外,隔障投之,无所失也。至邺以来,亦见广宁、兰陵诸王,有此校具,举国遂无投得一骁者。弹棋亦近世雅戏⑧,消愁释愤,时可为之。

注释

①投壶:古代宴会礼制。也是一种娱乐活动。宾主依次用矢投入壶口,以投中多少决胜负。
②《礼记·投壶》:"壶颈修七寸,腹修五寸,口径二寸半,容斗五升。壶中实小豆焉,为其矢之跃而出也。壶去席二矢半。矢以柘若棘,毋去其皮。"
③骁:把矢投入壶内,并使之又弹出壶外称骁。
④倚竿、带剑、狼壶、豹尾、龙首:都是骁的各种名目。司马光《投壶格》:"倚竿,箭斜倚壶口中。带剑,贯耳不至地者。狼壶,转旋口上而成倚竿者。龙尾,倚竿而箭羽正向己者。龙首,倚竿而箭首正向己者。"龙尾,即颜氏所谓豹尾。
⑤莲花骁:骁的名目之一。具体情况不详。
⑥《陈书·周弘正传》:"子瓉,官至吏部郎。"
⑦《南史·贺革传》:"子徽,美风仪,能谈吐,深为革爱。先革卒,革哭之,因遘疾而卒。"
⑧弹棋:古代博戏之一。《艺经》:"弹棋,二人对局,黑白棋各六枚,先列棋相当,下呼上击之。"

【今译】

投壶之礼,到近代更加精妙。古时候,在壶里装上小豆,这是怕箭弹出壶外。现在则只希望箭投进去又弹出来,弹出的次数越多就越让人高兴,于是就根据箭弹出的不同情况而有了倚竿、带剑、狼壶、豹尾、龙首等名目。其中最妙的,要数莲花骁。汝南的周瓉,是周弘正的儿子,会稽贺徽,是贺革的儿子,他俩都能用一支箭反弹出来四十余次。

贺徽又曾经做了一个小屏障,把壶放在屏障外面,隔着屏障投壶,没有投不中的。我到邺城以后,也看见广宁王、兰陵王等有这种小屏障,但全国却没有一人能把箭投进去又反弹出来的。弹棋也是近代的一种雅戏,不时可以玩玩,以消愁解闷。

终制第二十

【题解】

本篇可算作作者晚年的遗嘱。他陈述自己一生屡遭离乱,几死者数的坎坷遭遇及最终未能将父母的灵柩迁回故土安葬的负疚心情,认为自己如果不做官,或许不至遭受如此之多的忧患灾难,但又耽心如果辞官退隐,将使后辈儿孙"无复资荫"、"沉沦厮役",成为家族的耻辱,这种两难心理在本书《止足》篇及《观我生赋》(见本书附录《颜之推传》)中均有反映。作者对于自己的后事则力主从简。他于此并非仅限于泛泛而谈,而是作了许多具体的嘱咐,如:不许为自己招魂复魄,不许用随葬品,不许为自己树碑立传,不垒坟,不许用酒肉饼果做祭品,拒绝亲友的祭奠等等,并严正地告诫孩子们说:"汝曹若违吾心,有加先妣,则陷父不孝,在汝安乎?"说明他的态度是恳切而决绝的。这固然是追随母亲薄葬的榜样,怕自己的丧事被人大肆操办会遭来"不孝"的恶名,同时也是希望后辈儿孙不要在这方面耗费精力和物力,而要以"传业扬名为务"。作者身为封建社会的朝廷命官,对自身后事能抱此达观态度,是难能可贵的。

【原文】

死者,人之常分①,不可免也。吾年十九,值梁家丧乱,其间与白刃为伍者,亦常数辈②;幸承馀福,得至于今。古人云:"五十不为夭。"吾已六十馀,故心坦然,不以残年为念③。先有风气之疾④,常疑奄然⑤,聊书素怀,以为汝诫。

注释

①常分:定分。

②辈:次。王利器曰:"辈犹言人次。《史记·秦始皇本纪》:'高使人请子婴数辈。'用法与此相同。"

③残年:人将尽的岁月,指晚年。

④风气:病名。《史记·扁鹊仓公列传》:"所以知齐王太后病者,臣意诊其脉,切其太阴之口,湿然风气也。"

⑤奄然:奄忽。此指死亡。

【今译】

死亡,这是每个人的必然归宿,不可能幸免的。我十九岁的时候,碰上梁朝发生兵乱,这中间在刀光剑影中奔走,也有好几次。幸承祖上的余福,得存活到今天。古人说:"五十岁就不算夭折了。"我已经六十多岁,所以内心是坦然的,并不以残年为念。我早先患有风气的疾病,时常怀疑自己会突然死去,姑且在此写下我平素的怀抱,以此作为对你们的嘱告。

【原文】

先君先夫人皆未还建邺旧山①,旅葬江陵东郭②。承圣末,已启求扬都,欲营迁厝③。蒙诏赐银百两,已于扬州小郊北地烧砖④,便值本朝沦没⑤,流离如此,数十年间,绝于还望。今虽混一⑥,家道羲穷,何由办此奉营资费⑦?且扬都污毁,无复孑遗⑧,还被下湿⑨,未为得计。自咎自责,贯心刻髓。计吾兄弟,不当仕进;但以门衰,骨肉单弱,五服之内,傍无一人⑩,播越他乡⑪,无复资荫⑫;使汝等沉沦厮役⑬,以为先世之耻;故觍冒人间⑭,不敢坠失⑮。兼以北方政教严切,全无隐退者故也。

注释

①先君先夫人:指颜之推的亡父母。建邺:即建业。东晋及南朝宋齐梁陈的都城,在今江苏南京市。旧山:故乡。颜之推九世祖颜含随晋元帝东渡,故称建业为故乡。

②旅葬:指葬在外地而不曾归葬故乡。江陵:县名,在今湖北省。

③迁厝(cuò 措):迁葬。厝,灵柩暂置。

④扬州:即上文之都都,指建业。

⑤本朝:古人谓所服务的国家为本朝。之推早年仕梁,故称梁为本朝,以示不

忘故也。

⑥混一:统一。指隋于隋文帝开皇九年灭陈,统一中国。

⑦奉营:奉祀营迁。营,料理。

⑧扬都污毁,无复孑遗:指隋平陈后,下诏将原扬州城毁弃,而另置蒋州事。孑遗:剩余。《诗经·大雅·云汉》:"周馀黎民,靡有孑遗。"

⑨下湿:古人言江南地区地势低而潮湿,故称下湿。《史记·屈原贾生列传》中有"长沙卑湿"句,《史记·货殖列传》中有"江南卑湿"句。"卑湿"即下湿。

⑩五服:旧时丧服制度,以亲疏为差等,有斩衰、齐衰、大功、小功、缌麻五种名称,称五服。详见《风操》篇"礼间传云"一段注文。傍(bàng 棒):依托。

⑪播越:流离失所的意思。《后汉书·袁术传》:"天子播越。"李贤注:"播,迁也;越,逸也;言失所居。"

⑫资荫:依托庇护。

⑬厮役:奴仆。

⑭觍(tiǎn 舔)冒:惭愧冒味。

⑮坠失:废驰。《国语·周语上》:"庶人、工、商各守其业,以共其上,犹恐其有坠失也,故为车服、旗章以旌之。"此处坠失作辞官退隐解。

【今译】

我的去世的父母亲都没有回到建业故土,他们的灵柩旅葬于江陵的东郭。承圣末年,我已经向朝廷提出请求,想把父母的灵柩迁葬回故土。蒙朝廷下诏赏赐一百两银子,我已经在扬州郊区北地开始烧制墓砖,碰上梁朝的覆没,就这样流离失所,几十年间,断绝了返回故土的希望。现在国家虽然统一了,我们的家境却是一贫如洗,到哪里去筹措迁葬的经费呢?况且扬都已被毁弃,什么也没有留下,回到那潮湿低下的江南地区,也不是办法。我内心自罪自责,如利剑穿心,痛达骨髓。想来我们几兄弟,都不应该走仕途,只因为家族衰败,骨肉至亲都孤单弱小,五服之内的亲属;没有一人可以依托,加上流落到他乡,失去了门第的庇护。如果让你们陷于奴仆的地位,就会成为祖上的一种耻辱。所以我只能含羞忍耻于世间,不敢随便辞去官职。加上北方的政治教化十分严厉,完全没有退隐的人,这也是我至今仍居官位的一个原因。

【原文】

今年老疾侵,傥然奄忽①,岂求备礼乎②?一日放臂③,沐浴而已,不劳复魄④,殓以常衣⑤。先夫人弃背之时⑥,属世荒馑,家涂空迫⑦,兄弟幼弱,棺器率薄,藏内无砖⑧。吾当松棺二寸,衣帽已外,一不得自随,床上唯施七星板⑨;至如蜡弩牙、玉豚、锡人之属⑩,并须停省,粮罂明器⑪,故不得营,碑志旒旐⑫,弥在言外。载以鳖甲车⑬,衬土而下,平地无坟⑭;若惧拜扫不知兆域⑮,当筑一堵低墙于左右前后,随为私记耳⑯。灵筵勿设枕几⑰,朔望祥禫⑱,唯下白粥清水干枣,不得有酒肉饼果之祭。亲友来馈酹者⑲,一皆拒之。汝曹若违吾心,有加先妣⑳,则陷父不孝,在汝安乎?其内典功德㉑,随力所至,勿刻竭生资㉒,使冻馁也。四时祭祀,周、孔所教㉓,欲人勿死其亲㉔,不忘孝道也。求诸内典,则无益焉。杀生为之,翻增罪累。若报罔极之德㉕,霜露之悲㉖,有时斋供㉗,及七月半盂兰盆,望于汝也㉘。

注释

①傥然:倘若。奄忽:突然死去。
②备礼:谓礼仪周备。《诗经·小雅·鱼丽序》:"美万物盛多,能备礼也。"
③放臂:指死亡。
④复魄:古代丧礼,将刚死者之衣升屋,并呼其名,以此希望招回死者魂魄。《仪礼·士丧礼》:"复者一人。"郑玄注:"复者,有司招魂复魄也。"贾公彦疏:"出入之气谓之魂,耳目聪明谓之魄,死者魂神去离于魄,今欲招取魂来复归于魄,故云招魂复魄。"
⑤殓:替死者穿衣。
⑥弃背:指死亡。
⑦家涂:也作"家途"。指家庭境况。
⑧藏:寿藏,即坟墓。《后汉书·赵岐传》:"先自为寿藏。"注:"寿藏,谓冢圹也;称寿者,取其久远之意也,犹如寿宫、寿器之类。"
⑨床:物体的底部,如牙床、河床等。此处即指棺材的底部。七星板:古代棺木中所用垫尸之板。
⑩蜡弩牙、玉豚、锡人:均为陪葬之物。弩牙,弩机钩弦的部件,这里指弓弩。
⑪罂(yīng 婴):一种小口大腹的盛酒器。明器:即冥器。为随葬而制作的器物。
⑫碑志:刻在碑上的纪念文字。旒(liú 流)旐(zhào 照):铭旌,古人用以书德行。
⑬鳖甲车:灵车。因车盖似鳖甲而得名。《释名·释丧制》:"舆棺之车曰辁,……其盖曰柳,……亦曰鳖甲,似鳖甲然也。"

⑭平地无坟：古代埋葬死者，封土隆起的叫坟，平的叫墓。

⑮兆域：墓地四旁的界限。也用以通称坟墓。《周礼·春官·冢人》："掌公墓之地，辨其兆域而为之图。"孙诒让正义："辨其兆域者，谓墓地之四畔有营域埒埓也。"

⑯私记：指私家的记载。庾信《五张寺经藏碑》："秦景遥传，竺兰私记。"

⑰灵筵：供奉死者的几筵，又称灵床。

⑱朔望：朔日和望日，即旧历每月初一和十五日。祥禫：丧祭名。《礼记·杂记下》："期之丧，十一月而练、十三月而祥，十五月而禫。"祥分大祥小祥。大祥是父母丧后两周年的祭礼，小祥指父母丧后一周年的祭礼。禫是除丧服的祭祀。《仪礼·士虞礼》："中月而谭。"郑玄注："中，犹间也；禫，祭名也，与大祥间一月。自丧至此，凡二十七月。"

⑲啜（chuò 绰）：祭奠。酹（lèi 类）：以酒洒地表示祭奠。

⑳先妣：指颜之推已去世的母亲。

㉑内典：指佛经。功德：佛教语。指念佛、诵经、布施等事。

㉒刳（kū 枯）：挖，这里是耗费的意思。生资：生活资料。

㉓四时：指春、夏、秋、冬四季。周、孔：周公、孔子。

㉔勿死其亲：意思是不要亲人一死就忘掉他。

㉕罔极之德：《诗经·小雅·蓼莪》："欲报之德，昊天罔极。"《集传》："言父母之恩如天，欲报之以德，而其恩之大如天无穷，不知所以为报也。"

㉖霜露之悲：《礼记·祭义》："霜露既降，君子履之，必有悽怆之心，非其寒之谓也！"注："非其寒之谓，谓悽怆及怵惕，皆为感时念亲也。"

㉗斋供：供奉神佛用的食品。

㉘盂兰盆：梵语，意译为救倒悬。旧传目连从佛言，于农历七月十五日置百味五果，供养三宝，以解救其母于饿鬼道中所受倒悬之苦。见《盂兰盆经》。南朝梁以后，成为民间超度先人的节日。之推笃信佛教，故于盂兰斋供，谆谆嘱望后人。

【今译】

我现在年纪已老疾病缠身，倘若突然死去，是不是会要求你们对我礼仪周备呢？哪一天我死了，只要求为我沐浴遗体而已，不劳你们行复魄之礼，身上只须穿普通的衣服。你们的祖母去世的时候，正碰上闹饥荒，家庭境况空乏窘迫，我们几兄弟都还年幼单弱。因此，你们祖母的棺木就很简朴单薄，墓内连砖也没有一块。我也只应当备办二寸厚的松木棺材一口，除了衣服帽子以外，其它东西一概不要随身带去，棺材底部只须放一块七星板。至于像蜡弩牙、玉豚、锡人这类东西,都应该裁撤不用,粮罂明器,本来就不要去料理,更不用提碑志铭旌了。棺材用鳖甲车运载,墓底用土衬垫就可下葬,墓的上面是平地而不要垒坟。如果你们担心拜祭扫坟时不知道墓地的界限,就要在墓地的左右前后修筑一堵低墙,顺便在上面做一个标志。灵床上不要设置枕几,每逢朔日望日祥禫祭奠,只须用白粥清水干枣等物,不许用酒肉饼果作祭品。亲友们来奠祭的,要一概谢绝。你们如果违反了我的心愿,把我的丧礼规格置于你们祖母之上,那就是把我陷于不孝的境地,你们能够心安吗?至于念佛诵经等佛教功德,可量力而行,不要因此而耗尽资财,使你们遭受冻馁之苦。一年四季对先辈行祭祀之礼,这是周公、孔子所教于我们的,是希望人们不要忘记他们死去的亲人,不要忘记孝道。如果要到佛经中去寻找根据,就没有什么好处了。靠杀生来进行祭祀活动,反而会增加我们的罪过。如果你们要报达父母的恩德,抒发思念亲人的伤悲,那么除了有时候供奉斋品外,到每年七月半的盂兰节,我也是盼望能得到你们的斋供的。

【原文】

孔子之葬亲也,云:"古者,墓而不坟①。丘东西南北之人也②,不可以弗识也③。"于是封之崇四尺④。然则君子应世行道⑤,亦有不守坟墓之时,况为事际所逼也⑥!吾今羁旅,身若浮云,竟未知何乡是吾葬地;唯当气绝便埋之耳。汝曹宜以传业扬名为务,不可顾恋朽壤⑦,以取堙没也。

注释

①墓而不坟。见上段注⑭。
②东西南北之人:指到处漂泊,居无定所。
③识(zhì 智):标志,记号。
④封:积土为坟。崇:高。以上五句为《礼记·檀弓上》文。
⑤应世:应付世事。行道:实践自己的主张。
⑥事际:情势。《晋书·杨佺期传》:"欲因事际以逞其志。"
⑦朽壤:腐土,此指坟墓。

【今译】

孔子安葬父母亲,说:"古时候,只筑墓而不垒坟。我孔丘是东西南北飘泊不定之人，墓上不可以没有标志。"于是就垒了四尺高的坟。那么君子应付世事，实践自己的主张，也有不能守着坟墓的时候，何况是为情势所逼迫哩！我现在客居他乡，身子像浮云般飘泊不定，竟然不知道哪方乡土是我的埋葬之地，只应该断气后便就地埋葬。你们应该以传承家业播扬名声为己任，不可顾恋我葬身的墓地，以致埋没了自己。

【附录】

一、清文津阁四库全书本提要及辨证

《颜氏家训》二卷(江西巡抚采进本)

旧本题北齐黄门侍郎颜之推撰。考陆法言《切韵序》,作于隋仁寿中,所列同定八人,之推与焉,则实终于隋。旧本所题,盖据作书之时也。

余嘉锡《四库总目提要辨证》曰:"谨案:《北齐书·文苑传》有《之推传》云:'隋开皇中,太子召为学士,甚见礼重。寻以疾终。'《北史·文苑传》同。《陈书·文学·阮卓传》云:'至德元年,聘隋。隋主夙闻其名,遣河东薛道衡、琅玡颜之推等,与卓谈宴赋诗。'《南史·文学传》略同。然则之推终于隋,史传且有明文;不知《提要》何以舍正史不引,而必旁征《切韵》也。考《切韵序》末,虽提大隋仁寿元年,然其序云:'昔开皇初,有仪同刘臻等八人,同诣法言门宿。夜永酒阑,论及音韵,萧、颜多所决定(萧该、颜之推也),魏著作(著作郎魏渊)谓法言曰:"向来论难处悉尽,何不随口记之?"法言即烛下握笔,略记纲纪。十数年间,未遑修集。今返初服,私训诸弟子。凡有文藻,即须明声韵。屏居山野,交游阻绝,疑惑之所,质问无从。亡者则生死路殊,空怀可作之叹;存者则贵贱礼隔,以报绝交之旨。遂取诸家音韵,古今字书,以前所记者定之,为《切韵》五卷。'是则法言之书,虽作于仁寿元年,而其与之推等论韵,实在开皇之初。本传云:'开皇中,太子召为学士,寻以疾终。'法言亦有'亡者生死路殊'之语,盖之推即卒于开皇时。(钱大昕《疑年录》卷一云:"颜之推,六十馀,生梁中大通三年辛亥,卒隋开皇中。"自注云:"本传不书卒年,据《家训·序致》篇云:'年始九岁,便丁荼蓼。'以《梁书》颜协卒年证之,得其生年。又《终制》篇云:'吾已六十馀。'则其卒盖在开皇十一年以后矣。")《提要》乃云:'《切韵序》作于仁寿中,所列同定八人,之推与焉。'一若之推至仁寿时尚存者,亦误也。《切韵序》前所列八人姓名,有内史颜之推(《古逸丛书》本作'外史'),内史之官,本传不书。《史通·正史》篇云:'齐天保二年敕祕书监魏收勒成一史,成《魏书》百三十卷,世薄其书,号为秽史。至隋开皇,敕著作郎魏澹,与颜之推、辛德源,更撰《魏书》,矫正收失,总九十二篇。'此亦之推入隋后逸事之可见者。唐颜真卿撰《颜氏家庙碑》云:'北齐给事黄门侍郎、待诏文林馆、平原太守、隋东宫学士讳之推,字介,著《家训》廿篇,《冤魂志》三卷,《证俗音字》五卷,《文集》卅一卷,事具本传。'(据拓本,亦见《金石萃编》卷一百一。)又颜勤礼《神道碑》亦云:'祖讳之推,北齐给事黄门郎,隋东宫学士,《齐书》有传。'(此碑仅见于《集古录》,他家皆不著录,近时始复出土。)叙之推官职,皆与史合;《提要》谓:'旧本题北齐黄门侍郎,为据作书之时。'考《家训》屡叙齐亡时事,其《终制》篇云:'先君先夫人,皆未还建邺旧山;今虽混一,家道馨穷,何由办此奉营经费。'则《家训》实作于隋开皇九年平陈之后。《提要》以为作于北齐,盖未尝一检原书,姑以臆说耳。颜真卿所撰《殷夫人颜氏碑》云:'北齐黄门侍郎之推。'(据拓本,"齐"字"推"字泐,亦见《萃编》卷一百一)与《家训》署衔同。《家庙碑》虽书隋官,而下又云'黄门兄之推',仍举齐官为称;岂非以之推在齐颇久,且官位尊显耶?《新唐书·颜籀传》云:'祖之推,终隋黄门郎。'其以官黄门为隋时事固误,然亦可见从来举之推官爵必署黄门矣。《隶释》卷九《司隶校尉鲁峻碑跋》云:'汉人所书碑志,或以所重之官揭之。司隶权尊而职清,非列校可比;亦犹冯绲舍廷尉而用车骑也。'余谓唐人之以黄门称之推,亦从所重言之耳。卢文弨补《家训》赵曦明注《例言》曰:'黄门始仕萧梁,终于隋代,而此书向来惟题北齐,唐人修史,以之推入《北齐书·文苑传》中。其子思鲁既纂其父之集,则此书自必亦经整理,所题当本其父之志。'此言是也。然则此书之题北齐黄门侍郎,不关作书之时,亦明矣。"

陈振孙《书录解题》云:"古今家训,以此为祖,然李翱所称《太公家教》,虽属伪书,至杜预《家诫》之类,则在前久矣。特之推所撰,卷帙较多耳。"

余氏《辨证》曰:"案:李翱《文公集》卷六《答朱载言书》云:'其理往往有是者,而词意不能工者,有之矣,刘氏《人物志》、王氏《中说》、俗传《太公家教》是也。'并未尝指为齐之太公所作,更未信其真伪,《四库》既不著录,作《提要》者未见其书,何从知其为伪书耶?〔宋〕王明清《玉照新志》卷三云:'世传《太公家教》,其书极浅陋鄙俚,然见之〔唐〕李习之《文集》,至以《文中子》为一律,观其中犹引周、汉以来事,当是有唐村落间老校书为之。太公者,犹曾高祖之类,非谓渭滨之师臣明矣。'然则此所谓太公,并非吕望,宋人辨之甚明,《提要》不考,而以为伪书,误矣。考《八旗通志·阿什坦传》云:'阿什坦翻译《大学》《中庸》《孝经》及《通鉴总论》《太公家教》等书刊行之。当时翻译者,咸奉为准则,即仅通满文者,亦得藉为考古资。'是其书清初尚存,其后不知何时佚去。宣统间,敦煌石室千佛洞发现古写本书中,有《太公家教》一卷,上虞罗氏得之,影印入《鸣沙石室古佚书》中。其书开卷即云:'代(此句上缺五字),长值危时。望乡失土,波迸流离,只欲隐山居住,不能忍冻受饥,只欲扬名后代,复无晏婴之机,才轻德薄,不堪人师,徒消人食,浪费人衣,随缘信业,且逐时之随。辄以讨其坟典,简择《诗》《书》,依傍经史,约礼时宜,为书一卷,助幼儿童,用传于后,幸愿思之。'观其自序,真王明清所谓'村落间老校书也,何尝有伪托古人之意哉?王国维跋云:'原书有云:"太公未遇,钓渔水,(原注:"'水'上疑脱'渭'字。")相如未达,卖卜于市,□天(嘉锡案:"此字似脱上半,恐非'天'字。")居山,鲁连海水,孔鸣(原注:"'明'字之误。")盘桓,候时而起。"书中所用古人事止此,或后人取太公二字冠其书,未必如王仲言曾高祖之说也。'嘉锡案:古人摘字名篇,多取之第一句,否则亦当在首章之中。今王氏所引,在其书之后半,未必摘取以名其书。且其前尚有'唐、虞虽圣,不能化其明主;微子虽贤,不能谏其暗君;比干虽惠,('惠'字疑是'忠'字之误)不能自免其身"云云,亦是用古人事,不独太公数句也。名书之意,仍当以王明清说为是。要之,无论如何,绝非伪托为齐太公所撰,则可断言也。"

晁公武《读书志》云:"之推本梁人,所著凡二十篇,述立身治家之法,辨正时俗之谬,以训世人。"今观其书,大抵于世故人情,深明利害,而能文之以经训,故《唐志》《宋志》俱列之儒家。然其中《归心》等篇,深明因果,不出当时好佛之习;又兼论字画音训,并考正典故,品第文艺,曼衍旁涉,不专为一家之言,今特退之杂家,从其类焉。又是书《隋志》不著录,《唐志》《宋志》俱作七卷,今本止二卷,钱曾《读书敏求记》

载有宋钞淳熙七年嘉兴沈揆本七卷,以闽本、蜀本及天台谢氏所校五代和凝本参定,末附《考证》二十三条,别为一卷,且力斥流俗并为二卷之非。今沈本不可复见,无由知其分卷之旧,姑从明人刊本录之。然其文既无异同,则卷帙分合,亦为细故。惟《考证》一卷,佚之可惜耳。

二、颜之推传(《北齐书·文苑传》)

颜之推,字介,琅邪临沂人也。九世祖含,从晋元东度,官至侍中右光禄西平侯。父勰,梁湘东王绎镇西府咨议参军。世善《周官》《左氏》学。

之推早传家业。年十二,值绎自讲《庄》《老》,便预门徒;虚谈非其所好,还习《礼》《传》。博览群书,无不该洽;词情典丽,甚为西府所称。绎以为其国左常侍,加镇西墨曹参军。好饮酒,多任纵,不修边幅,时论以此少之。

绎遣世子方诸出镇郢州,以之推掌管记。值侯景陷郢州,频欲杀之,赖其行台郎中王则以获免,囚送建邺。景平,还江陵。时绎已自立,以之推为散骑侍郎,奏舍人事。后为周军所破,大将军李穆重之,荐往弘农,令掌其兄阳平公远书翰。值河水暴长,具船将妻子来奔,经砥柱之险,时人称其勇决。

显祖见而悦之,即除奉朝请,引于内馆中,侍从左右,颇被顾昐。天保末,从至天池,以为中书舍人,令中书郎段孝信将敕书出示之推;之推营外饮酒。孝信还,以状言,显祖乃曰:"且停。"由是遂寝。河清末,被举为赵州功曹参军,寻待诏文林馆,除司徒录事参军。之推聪颖机悟,博识有才辨,工尺牍,应对闲明,大为祖珽所重;令掌知馆事,判署文书,寻迁通直散骑常侍,俄领中书舍人。帝时有取索,恒令中使传旨。之推禀承宣告,馆中皆受进止;所进文章,皆是其封署,于进贤门奏之,待报方出。兼善于文字,监校缮写,处事勤敏,号为称职。帝甚加恩接,顾遇愈厚,为勋要者所嫉,常欲害之。崔季舒等将谏也,之推取急还宅,故不连署;及召集谏人,之推亦被唤入,勘无其名,方得免祸。寻除黄门侍郎。及周兵陷晋阳,帝轻骑还邺,窘急,计无所从,之推因宦者侍中邓长颙进奔陈之策,仍劝募吴士千馀人,以为左右,取青、徐路,共投陈国。帝甚纳之,以告丞相高阿那肱等;阿那肱不愿入陈,乃云:"吴士难信,不须募之。"劝帝送珍宝累重向青州,且守三齐之地,若不可保,徐浮海南度。虽不从之推计策,犹以为平原太守,令守河津。

齐亡,入周,大象末,为御史上士。

隋开皇中,太子召为学士,甚见礼重。寻以疾终。有文三十卷、《家训》二十篇,并行于世。

曾撰《观我生赋》,文字清远,其词曰:

仰浮清之藐藐,俯沈奥之茫茫,已生民而立教,乃司牧以分疆,内诸夏而外夷、狄,骤五帝而驰三王。大道寝而日隐,《小雅》摧以云亡,哀赵武之作孽,怪汉灵之不祥,庞头玩其金鼎,典午失其珠囊,瀍、涧鞠成沙漠,神华泯为龙荒,吾王所以东运,我祖于是南翔。去琅邪之迁越,宅金陵之旧章,作羽仪于新邑,树杞梓于水乡,传清白而勿替,守法度而不忘。逮微躬之九叶,颓世济之声芳。问我辰之安在,钟厌恶于有梁,养傅翼之飞兽,子贪心之野狼。初召祸于绝域,重发衅于萧墙,虽万里而作限,聊一苇而可航,指金阙以长铩,向王路而蹶张。勤王逾于十万,曾不解于揽吭,嗟将相之骨鲠,皆屈体于犬羊。武皇忽已厌世,白日黯而无光,既饗国而五十,何克终之弗康?嗣君听于巨猾,每凛然而负芒。自东晋之违难,寓礼乐于江、湘,迄此几于三百,左袵涘于四方,咏苦胡而永叹,吟微管而增伤。世祖赫其斯怒,奋大义于沮、漳。授犀函与鹤膝,建飞云及艅艎,北征兵于汉曲,南发饩于衡阳。

昔承华之宾帝,寔兄亡而弟及,逮皇孙之失宠,叹扶车之不立。间王道之多难,各私求于京邑,襄阳阻其铜符,长沙闭其玉粒,遽自战于其地,岂大勋之暇集。子既损而姪攻,昆亦围而叔袭;褚乘城而宵下,杜倒戈而夜入。行路弯弓而含笑,骨肉相诛而涕泣;周旦其犹病诸,孝武悔而焉及。

方幕府之事殷,谬见择于人群,未成冠而登仕,财解履以从军。非社稷之能卫,□□□□□□,仅书记于阶闼,罕羽翼于风云。

及荆王之定霸,始仇耻而图雪,舟师次乎武昌,抚军镇于夏汭。滥充选于多士,在参戎之盛列;惭四白之调护,厕六友之谈说;虽形就而心和,匪余怀之所说。

繄深宫之生贵,矧垂堂与倚衡,欲推心以厉物,树幼齿以先声;忾敷求之不器,乃画地而取名。仗御武于文吏,委军政于儒生,值白波之猝骇，逢赤舌之烧城，王凝坐而对寇，向栩拱以临兵。莫不变鹭而化鹄，皆自取首以破脑，将脾睨于渚宫，先凭陵于地道。懿永宁之龙蟠，奇护军之电扫，奔房快其馀毒，缧囚膏乎野草。幸先主之无劝，赖滕公之我保，剟鬼录于岱宗，招归魂于苍昊，荷性命之重赐，衔若人以终老。

贼弃甲而来复，肆觜距之鹏鸢，积假履而弑帝，凭衣雾以上天。用速灾于四月，奚闻道之十年！就狄俘于旧壤，陷戎俗于来旋。慨《黍离》于清庙，怆麦秀于空廛；藄鼓卧而不考，景钟毁而莫悬；野萧条以横骨，邑阒寂而无烟。畴百家之或在，覆五宗而剪焉；独昭君之哀奏，唯翁主之悲弦。经长干以掩抑，展白下以流连；深燕雀之馀思，感桑梓之遗虔，得此心于尼甫，信兹言乎仲宣。

遏西土之有众，资方叔以薄伐；抚鸣剑而雷咤，振雄旗而云窣；千里追其飞走，三载穷于巢窟；屠蚩尤于东郡，挂郅支于北阙。吊幽魂之冤枉，扫园陵之芜没；殷道是以再兴，夏祀于焉不忽。但遗恨于炎昆，火延宫而累月。

指余檋于两东，侍升坛之五让，钦汉官之复睹，赴楚民之有望。摄绛衣以奏言，忝黄散于官谤。或校石渠之文，时参柏梁之唱，顾甒瓯之不算，濯波涛而无量。属萧、湘之负罪，兼岷、峨之自王，伫既定以鸣鸢，修东都之大壮。惊北风之复起，惨南歌之不畅，守金城之汤池，转绛宫之玉帐，徒有道而师直，翻无名之不抗。民百万而囚虏，书千两而烟炀，溥天之下，斯文尽丧。怜婴孺之何辜，矜老疾之无状，夺诸怀而弃草，踣于涂而受掠。冤乘舆之残酷，轸人神之无状，载下车以黜丧，掩桐棺之藁葬。云无心以容与，风怀愤而慑恨；井伯饮牛于秦中，子卿牧羊于海上。留钊之妻，人衔其断绝；击磬之子，家缠其悲怆。

小臣耻其独死，实有愧于胡颜，牵痾痕而就路，策驽蹇以入关。下无景而属蹈，上有寻而亟搴，嗟飞蓬之日永，怅流梗之无还。

若乃五牛之旍，九龙之路，土圭测影，璿玑审度，或先圣之规模，乍前王之典故，与神鼎而偕没，切仙弓之永慕。

尔其十六国之风教，七十代之州壤，接耳目而不通，咏图书而可想。何黎氓之匪昔，徒山川之犹囊；每结思于江湖，将取弊于罗网。聆代竹之哀怨，听《出塞》之嘹朗，对皓月以增愁，临芳樽而无赏。

日太清之内衅，彼天齐而外侵，始蹙国于淮浒，遂压境于江浔，获仁厚之麟角，剋俊秀之南金，爰众旅而纳主，车五百以复临，返季子之观乐,释钟仪之鼓琴。窃闻风而清耳,倾见日之归心,试拂蓍以贞筮,遇交泰之吉林,譬欲秦而更楚,假南路于东寻,乘龙门之一曲,历砥柱之双岑,冰夷风薄而雷响,阳侯山载而谷沉,倅挈龟以凭濇,类斩蛟而赴深,昏扬舲于分陕,曙结缆于河阴,追风飚之逸气,从忠信以行吟。

遭厄命而事旋,旧国从于采苢;先废君而诛相,讫变朝而易市。遂留滞于漳滨,私自怜其何已。谢黄鹄之回集,愆翠凤之高峙。曾微令思之对,空窃彦先之仕,纂书盛化之旁,待诏崇文之里,珥貂蝉而就列,执麈盖以入齿,款一相之故人,贺万乘之知己,祇夜语之见忌,宁怀敁之足恃。谏谮言之矛戟,惕险情之山水,由重裘以胜寒,用去薪而沸止。

予武成之燕翼,遵春坊而原始;唯骄奢之是修,亦佞臣之云使。惜染丝之良质,惰琢玉之遗祉,用夷吾而治臻,昵狄牙而乱起。

诚急荒于度政,惋驱除之神速,肇平阳之烂鱼,次太原之破竹,是未改于弦望,遂□□□□。及都□而升降,怀坟墓之沦覆,迷识主而状人,竞已栖而择木,六马纷其颠沛,千官散于奔逐,无寒瓜以疗饥,靡秋萤而照宿,仇敌起于舟中,胡、越生于辇毂。壮安德之一战,邀文武之馀福,尸狼籍其如莽,血玄黄以成谷,天命纵不可再来,犹贤死庙而恸哭。

乃诏余以典郡,据要路而问津,斯呼航而济水,郊乡导于善邻,不羞寄公之礼,愿为式微之宾。忽成言而中悔,矫阴疏而阳亲,信诮谋于公主,竟受陷于奸臣。曩九围以制命,今八尺而由人;四七之期必尽,百六之数溘屯。

予一生而三化,备荼苦而蓼辛,鸟焚林而铩翮,鱼夺水而暴鳞,嗟宇宙之辽旷,愧无所而容身。夫有过而自讼,始发矇于天真,远绝圣而弃智,妄锁义以羁仁,举世溺而欲拯,王道郁以求申。既衔石以填海,终荷戟以入榛,亡寿陵之故步,临大行以逡巡。向使潜于草茅之下,甘为畎亩之人,无读书而学剑,莫抵掌以膏身,委明珠而乐贱,辞白璧以安贫,尧、舜不能荣其素朴,桀、纣无以污其清尘,此穷何由而至,兹辱安所自臻? 而今而后,不敢怨天而泣麟也。

之推在齐有二子:长曰思鲁,次曰愍楚,不忘本也。

之推集在,思鲁自为序录。

三、颜之推年谱

颜之推,字介,琅邪临沂(山东临沂市北五十里)人也(《北齐书》本传)。再追溯之,应是鲁人。《颜氏家训·诫兵》篇(以后简称《家训》):"颜氏之先,本乎邹鲁。"曹魏时,颜盛为青、徐二州刺史,始徙居琅邪郡临沂县(《金石萃编》卷一百一颜真卿《颜氏家庙碑》,参看钱大昕《潜研堂金石文跋尾》)。颜盛曾孙颜含,以孝友著称,于西晋末,随晋元帝渡江,官至侍中、右光禄大夫,封西平县侯,卒年九十三,谥曰靖。颜含有三子:髦、谦、约。髦子綝,綝子靖之,靖之子腾之,腾之子炳之,炳之子见远,见远子协。颜协即之推之父(《颜氏家庙碑》,参《晋书·孝友·颜含传》《北齐书·文苑·颜之推传》)。自颜含至颜之推共九世,故颜之推《观我生赋》谓"逮微躬之九叶"(《观我生赋》,见《北齐书》本传)。刘宋诗人颜延之祖约(《宋书·颜延之传》),乃之推七世祖颜髦之弟(按《北齐书·颜之推传》谓之推"九世祖含",是从本身数;《梁书·文学·颜协传》谓协"七代祖含",是离本身数。本文是用离本身数之法,故曰"之推七世祖颜髦"),所以颜延之与颜之推亦是同族。兹将颜氏世系列一简表如下:

```
             ┌ 髦—綝—靖之—腾之—炳之—见远—协 ┬ 之仪
             │                              ├ 之善
颜含 ────────┤                              └ 之推
             ├ 谦
             └ 约—显—延之
```

当西晋末东晋初,匈奴刘氏、羯族石氏起兵叛晋,中原云扰,北方世族纷纷渡江。颜之推《观我生赋》自注曰:"中原冠带随晋渡江者百家,故江东有百谱。"琅邪颜氏亦是所谓"百家"之一。颜氏渡江后,居于建康南之长干,所居巷名"颜家巷"(《观我生赋》自注)。颜含以下七世茔墓皆在建康附近幕府山西(《观我生赋》自注、《颜氏家庙碑》)。

张敦颐《六朝事迹类编》卷下《长干寺》条:"长干是秣陵县东里巷名。江东谓山陇之间曰'干'。建康南五里有山冈,其间平地,庶民杂居,有大长干、小长干、东长干,并是地名。"颜氏墓葬最近有一部分被发现。1958年,南京市文物保管委员会在南京挹江门外东北老虎山发掘晋墓四座,其中有墓志一方,刻"琅邪颜谦妇刘氏年卅四以晋永和元年七月廿日亡九月葬"二十四字;又有石印一方,上刻"零陵太守章"五字;又有铜印两方,六面刻字,所刻字中有"颜琳"、"颜文和"、"颜镇之"等。据上文所列颜氏世系,颜谦是颜含仲子,颜琳(字文和)是颜含长子颜髦之子,乃之推六世祖,而颜含季子颜约官至零陵太守(《晋书·颜含传》)。故此四座晋墓即之推祖茔(南京市文物保管委员会:《南京老虎山晋墓》,载《考古》1959 年第六期)。

颜含生平雅重行实,抑绝浮伪。或问江左群士优劣,含答曰:"周伯仁之正,邓伯道之清,卞望之之节,余则吾不知也。"含居官任职,简而有思,明而能断,以威御下(《晋书·颜含传》)。颜之推之高祖腾之"善草隶书,有风格"。曾祖炳之,亦"以能书称"(《颜氏家庙碑》)。之推祖见远,齐末在萧宝融荆州刺史府中为录事参军。后萧宝融即位为和帝,见远为治书侍御史,兼中丞,正色立朝,有当官之称。梁武帝篡立,和帝见害,见远乃不食,发愤数日而卒。梁武帝闻之曰:"我自应天从人,何预天下士大夫事,而颜见远乃至于此!"(《梁书·颜协传》《周书·颜之仪传》)见远子协,字子和,幼孤,养于舅氏,少以器局见称,博涉群书,工于草隶。感家门事义,不求显达,恒辞征辟,游于蕃府而已。为湘东王萧绎国常侍,萧绎镇荆州,协为记室,以才学见重。梁武帝大同五年(公元 539 年)卒,年四十二。萧绎为《怀旧诗》以伤之。颜协撰《晋仙传》五篇、《日月灾异图》两卷及《文集》二十卷(《梁书·颜协传》《周书·颜之仪传》)。《家训·文章》篇:"吾家世文章,甚为典正,不从流俗。梁孝元在蕃邸时,撰《西府新文纪》,无一篇见录者,亦以不偶于世,无郑、卫之音故也。有诗、赋、铭、诔、书、表、启、疏二十卷。吾兄弟始在草土,并未得编次,便遭火荡尽,竟不传于世,衔酷茹恨,彻于心髓。"按梁末文风,注重音节、对偶、典故、辞采,亦即《家训》所谓"今世相承,趋末弃本,率多浮艳"者,而颜协之文,独不从流俗,无郑、卫之音。此对于颜之推平生论文主张亦颇有影响。

梁武帝中大通三年辛亥(公元 531 年)。

  颜之推生于江陵(湖北江陵)。

    按《北齐书》及《北史》《颜之推传》均不载其卒年。《家训·

序致》篇:"年始九岁,便丁荼蓼。"殆指丧父而言。之推父协卒于梁武帝大同五年(公元 539 年),是年之推九岁,则应生于中大通三年(公元 531 年)。《家训·终制》篇又云:"吾年十九,值梁家丧乱。"之推如生于中大通三年,则年十九时乃太清三年(公元 549 年),即侯景陷台城之岁,所谓"值梁家丧乱",亦正相合。

《梁书·颜协传》:"释褐湘东王国常侍,又兼府记室;世祖出镇荆州,转正记室。"按湘东王于普通七年(公元 526 年)出为荆州刺史,大同五年(公元 539 年)入为护军将军,领石头戍事(《梁书·元帝纪》),在荆州凡十三年,而协即卒于大同五年,协盖自普通七年即随湘东王于荆州,以至于卒,之推亦当生于江陵。

之推有两兄:之仪、之善。

《梁书·颜协传》谓协"有二子:之仪、之推。"之仪名列于前,盖之推之兄。《周书·颜之仪传》:"开皇十一年冬卒,年六十九。"是年之推年六十一,则之仪长之推八岁,之推生时,之仪已九岁矣。《北史·文苑传》谓之仪为之推弟,误也。《颜氏家庙碑》:"黄门兄之仪",亦谓之仪为之推兄。王昶跋云:"之仪为之推弟,碑云黄门兄者,疑碑经重刻致误。"(《金石萃编》卷一百一)失考。《家训·叙致》篇:"每从两兄,晓夕温清。"则除之仪外,之推尚有一兄。卢文弨《颜氏家训》补注云:"《颜氏家庙碑》,有名之善者,云之推弟,隋叶县令,据此则之善亦是之推兄。"之善学业事功盖无足称述,故史传失载也。

大同三年丁巳(公元 537 年),之推七岁。

能诵《鲁灵光殿赋》(《家训·勉学》篇)。

《家训·叙致》篇:"吾家风教,素为整密。昔在龆龀,便蒙诱诲,每从两兄,晓夕温清,规行矩步,安辞定色,锵锵翼翼,若朝严君焉。赐以优言,问所好尚,励短引长,莫不恳笃。"此足见之推幼时所受之家庭教育。

大同五年己未(公元 539 年),之推九岁。

父协卒,年四十二(《梁书·颜协传》)。旅葬江陵东郭(《家训·终制》)。此后之推受其兄之仪之教养。

《家训·叙致》篇:"年始九岁,便丁荼蓼,家涂离散,百口索然。慈兄鞠养,苦辛备至,有仁无威,导示不切。虽读礼传,微爱属文,颇为凡人之所陶染,肆欲轻言,不修边幅。"

七月,湘东王萧绎由荆州刺史入为护军将军,领石头戍军事(《梁书·武帝纪、元帝纪》)。

大同六年庚申(公元540年),之推十岁。

十二月,湘东王萧绎出为江州刺史(《梁书·武帝纪》)。

大同八年壬戌(公元542年),之推十二岁。

之推随湘东王萧绎在江州(江州治寻阳,今江西九江),萧绎讲老、庄,之推亦预门徒,然非其所好,仍习礼传,博览群书。

《北齐书》本传:"世善《周官》《左氏》学,之推早传家业,年十二,值绎自讲庄、老,便预门徒,虚谈非其所好,还习礼传,博览群书,无不该洽。"按是年湘东王绎仍为江州刺史,之推盖以旧谊随王在江州也。之推不好老、庄虚谈,《家训·勉学》篇中亦言之,曰:"夫老、庄之书,盖全真养性,不肯以物累己也。故藏名柱史,终蹈流沙;匿迹漆园,卒辞楚相;此任纵之徒耳。何晏、王弼,祖述玄宗,递相夸尚,景附草靡,皆以农、黄之化,在乎己身,周、孔之业,弃之度外。而平叔以党曹爽被诛,触死权之网也;辅嗣以多笑人被疾,陷好胜之井也。(……)彼诸人者,并其领袖,玄宗所归,其余桎梏尘滓之中,颠仆名利之下者,岂可备言乎?直取其清谈雅论,剖玄析微,宾主往复,娱心悦耳,非济世成俗之要也。洎于梁世,兹风复阐,《庄》《老》《周易》,总谓三玄,武帝、简文,躬自讲论,周弘正奉赞大猷,化行都邑,学徒千余,实为盛美。元帝在江、荆间,复所爱习,召置学生,亲为教授,废寝忘食,以夜继朝。至乃倦剧愁愤,辄以讲自释。吾时颇预末筵,亲承音旨,性既顽鲁,亦所不好云。"

太清元年丁卯(公元547年),之推十七岁。

正月,江州刺史湘东王萧绎徙为镇西将军、荆州刺史(《梁书·武帝纪、元帝纪》)。二月,东魏侯景以河南十三州来降(《梁书·武帝纪》)。

太清二年戊辰(公元548年),之推十八岁。

十月,侯景自寿阳反,济江逼京师(《梁书·武帝纪》)。

太清三年己巳(公元549年),之推十九岁。

三月,侯景陷台城(《梁书·武帝纪》)。四月,湘东王萧绎称大都督中外诸军事、司徒,承制(《梁书·元帝纪》)。五月,武帝卒,太子纲立,是为简文帝(《梁书·武帝纪、简文帝纪》)。

《家训·终制》篇:"吾年十九,值梁家丧乱。"即指侯景攻陷台城之事。

之推为湘东王国右常侍,加镇西墨曹参军。

《北齐书》本传:"词情典丽,甚为西府所称,绎以为其国左常侍,加镇西墨曹参军,好饮酒,多任纵,不修边幅,时论以此少之。"据《观我生赋》自注:"时年十九,释褐湘东国右常侍,以军功加镇西墨曹参军。"知之推仕湘东王国在本年。惟自注云:"右常侍",与本传之"左常侍"不同,自注或较可据。《家训·叙致》篇又云:"年十八九,少知砥砺,习若自然,卒难洗荡。"

简文帝大宝元年庚午(公元550年),之推二十岁。

九月,湘东王萧绎以世子萧方诸为中抚军将军、郢州刺史(《梁书·元帝纪、贞慧世子方诸传》),之推为中抚军外兵参军,掌管记。

《北齐书》本传:"绎遣世子方诸出镇郢州,以之推掌管记。"《观我生赋》自注亦云:"时迁中抚军外兵参军,掌管记,与文珪、刘民英等与世子游处。"文珪、刘民英等无考。郢州治江夏,今湖北武汉市旧武昌县。之推随萧方诸至郢州,非其心之所愿。《观我生赋》云:"滥充选于多士,在参戎之盛列。惭四白之调护,厕六友之谈说。虽形就而心和,匪余怀之所说(同悦)。"盖萧方诸仅十五岁,幼稚无知,鲍泉为长史、郢州行事,亦极庸碌,故之推颇郁闷也。

大宝二年辛未(公元551年),之推二十一岁。

闰四月,侯景遣其将宋子仙、任约袭郢州,执刺史萧方诸。之推亦被俘,例当见杀,赖侯景行台郎中王则救护得免,囚送建康。

《北齐书》本传:"值侯景陷郢州,频欲杀之,赖其行台郎中王则以获免,囚送建业。"《观我生赋》亦云:"幸先主之无劝,赖腾公之我保。剟鬼录于岱宗,招归魂于苍昊。"自注:"之推执在景军,例当见杀,景行台郎中王则初无旧识,再三救护,获免,囚以还都。"又云:"时解衣讫而获全。"《观我生赋》又云:"就狄俘于旧壤,陷戎俗以来旋。慨'黍离'于清庙,怅'麦秀'于空廛。(……)经长干以掩抑,展白下以流连。深燕雀之余思,感桑梓之遗虔。"自注:"长干旧颜家巷。靖侯以下七世坟墓皆在白下。"颜氏自南渡后,即居建康,而之推生于江陵,出仕藩国,此时因被俘归京都,始得流连家巷,展敬先茔也。

八月,侯景废简文帝,立豫章王萧栋。十月,景杀简文帝,废萧栋,自称帝,国号汉(《梁书·简文帝纪、侯景传》)。元帝承圣元年壬申(公元552年),之推二十二岁。

三月,湘东王萧绎所遣将王僧辩等平侯景,传其首于江陵。

《梁书·观我生赋》自注:"既斩侯景,烹尸于建业市,百姓食之,至于肉尽龁骨。传首荆州,悬于都街。"又云:"侯景既平,我师采穭失火,烧宫殿荡尽。"按是时之推在建康,所言盖出于目击也。

侯景之乱,为江南人民一大灾难。侯景乃羯族人,而久居北镇,已同鲜卑,陷建康后,恣意肆虐,杀戮士民,掠夺财物,使江东富庶之区呈现"千里绝烟,人迹罕见"(《南史·侯景传》)之惨状。之推对于此事极为痛心。《观我生赋》云:"自东晋之违难,寓礼乐于江、湘,迄此几于三百,左衽浃于四方。咏苦胡而永叹,吟'微管'而增伤。"当侯景乱时,湘东王萧绎不急图救援,而以私怨与其侄河东王萧誉、岳阳王萧詧构兵相攻,之推对此事亦极愤慨。《观我生赋》云:"行路弯弓而含笑,骨肉相诛而涕泣。周旦其犹病诸,孝武悔而焉及。"

十一月,湘东王萧绎即位于江陵,是为元帝(《梁书·元帝纪》)。

之推自建康还江陵,为散骑侍郎,奏舍人事,奉命校书。

《北齐书》本传:"景平,还江陵,时绎已自立,以之推为散骑侍郎,奏舍人事。"《观我生赋》云:"钦汉官之复睹,赴楚民之有望。摄绛衣以奏言,忝黄散于官谤。或校石渠之文,时参柏梁之唱。"自注:"时为散骑侍郎,奏舍人事。"又云:"王司徒表送秘阁旧事八万卷,乃诏比校部分为正御、副御、重杂三本。左民尚书周弘正、黄门侍郎彭僧朗、直省学士王珪、戴陵校经部;左仆射王褒、吏部尚书宗怀、正员外郎颜之推、直学士刘仁英校史部;廷尉卿殷不害、御史中丞王孝纯、中书郎邓荩、金部郎中徐报校子部;右卫将军庾信、中书郎王固、晋安王文学宗菩业、直省学士周确校集部也。"王司徒即王僧辩。按承圣三年十一月西魏军即陷江陵,之推校书之业,盖在此两年中也。

之推兄之仪亦仕于梁元帝朝,尝献《荆州颂》。

《周书·颜之仪传》："博涉群书，好为词赋，尝献《神州颂》，辞致雅瞻。梁元帝手敕报曰：'枚乘二叶，俱得游梁；应贞两世，并称文学。我求才子，鲠慰良深。'"《神州颂》，《北史·颜之仪传》作《荆州颂》，梁元帝都江陵，应以《荆州颂》为合理。至于之仪仕元帝朝为何官，史传失载。

承圣三年甲戌（公元554年），之推二十四岁。

九月，西魏遣兵伐梁。十月，西魏兵至襄阳，雍州刺史萧詧率众会之。十一月，西魏兵陷江陵，元帝被执，旋遇害（《梁书·元帝纪》）。

《观我生赋》："守金城之汤池，转绛宫之玉帐。徒有道而师直，翻无名之不抗。民百万而囚虏，书千两而烟炀。溥天之下，斯文尽丧。"自注："北於（按"於"字疑"方"字之误）坟籍，少于江东三分之一。梁氏剥乱，散逸湮亡，惟孝元鸠合，通重十余万，史籍以来，未之有也。兵败悉焚之，海内无复书府。"之推等所校之书，至此荡然尽矣。牛弘所谓书之五厄也（《隋书·牛弘传》）。

江陵陷后，梁朝人士多被俘虏。之仪迁长安，之推被遣送至弘农（河南旧陕县）李远处掌书翰。

《北齐书》本传："后为周军所破，大将军李穆重之，荐往弘农，令掌其兄阳平公庆远书翰。"李穆时以太仆卿从征江陵，进位大将军（《周书》卷三十《李穆传》），穆兄远，封阳平郡公，都督义州弘农等二十一防诸军事，《周书》卷二十五有传。此云"庆远"，疑衍"庆"字。之推北行之时，盖颇艰苦。《观我生赋》："小臣耻其独死，实有愧于胡颜。牵痾疹而就路，策驽蹇以入关。"自注："时患脚气。"又云："官给疲驴瘦马。"之推兄之仪亦随例迁长安（《周书·之仪传》）。

十一月，王僧辩、陈霸先在建康奉晋安王萧方智承制（《梁书·敬帝纪》）。

敬帝绍泰元年乙亥（公元555年），之推二十五岁。

二月，晋安王萧方智即位，是为敬帝。三月，北齐遣其上党王高涣送贞阳侯萧渊明来主梁嗣。五月，王僧辩迎萧渊明，以敬帝为太子。九月，陈霸先杀王僧辩，废萧渊明，敬帝复位（《梁书·敬帝纪》）。

太平元年丙子即北齐文宣帝天保七年（公元556年），之推二十六岁。

之推奔北齐，文宣帝命其奉朝请，侍从左右。

《北齐书》本传:"值河水暴长,具船将妻子来奔,经砥柱之险,时人称其勇决。显祖见而悦之,即除奉朝请,引于内馆中,侍从左右,颇被顾眄。"按《观我生赋》自注:"齐遣上党王涣率兵数万纳梁贞阳侯明(按之推原文当作"贞阳侯渊明",唐人修《北齐书》,避唐高祖讳,删去"渊"字)为主,梁武聘使谢挺、徐陵始得还南。凡厥梁臣,皆以礼遣。之推闻梁人返国,故有奔齐之心,以丙子岁旦筮东行吉不,遇泰之坎,乃喜曰'天地交泰而更习坎,重险行而不失其信,此吉卦也,但恨小往大来耳,后遂吉也。'"据此,知之推奔齐在本年,其所以奔齐者,乃闻齐纳贞阳侯,放梁使归国,凡梁臣留齐者,均以礼遣,故欲由齐以归江南,《观我生赋》所谓"譬欲秦而更楚,假南路于东录。"故不惮冒砥柱之险,"水路七百里,一夜而至"(《观我生赋》自注)。乃是年至齐,次年陈霸先篡梁,终不得南归,是则非之推所能逆料矣。之推有《从周入齐夜度砥柱》诗云:"侠客重艰辛,夜出小平津。马色迷关吏,鸡鸣起戍人。露鲜华剑采,月照宝刀新。问我将何去,北海就孙宾。"

太平二年丁丑即北齐文宣帝天保八年(公元557年),之推二十七岁。

十月,陈霸先废敬帝自立,是为陈武帝(《陈书·武帝纪》)。

《观我生赋》:"遭厄命而事旋,旧国从于采芑。先废君而诛相,讫变朝而易市。遂留滞于漳滨,私自怜其何已。"自注:"至邺便值陈兴而梁灭,故不得还南。"之推北渡之后,不忘故国,触险奔齐,蓄志南归,至是绝望,遂留居北齐,又以"北方政教严切,全无隐退"(《家训·终制》篇),故不得已而出仕北齐,其遇亦可哀矣。

北齐文宣帝天保九年戊寅(公元558年),之推二十八岁。(自本年后,之推仕于北齐,故用北齐年号。)

文宣帝赴晋阳(山西太原市西);六月乙丑,自晋阳北巡;己巳,至祁连池;戊寅,还晋阳(《北齐书·文宣帝纪》)。之推从。

《北齐书》本传:"天保末,从至天池,以为中书舍人,令中书郎段孝信将敕书出示之推。之推营外饮酒,孝信还,以状言。显祖乃曰:'且停。'由是遂寝。"按所谓"天池"即《文宣纪》之"祁连池",盖胡人呼天为祁连,故知此事在本年。天池在今山西静乐县境,见《通鉴·陈纪》六太建八年胡注。《家训·勉学》篇:"吾尝从齐主幸并州,自井陉关入上艾县(山西平定县东南)东数十里,有猎间村,后百官受马粮,在晋阳东百余里亢仇城侧,并不识二所本是何地。博求古今,皆未能晓。及检《字林》《韵集》,乃知猎间是旧䥽馀聚(原注"䥽音猎也。")亢仇旧是馒舥亭(原注:"上音武安反,下音仇。),悉属上艾。时太原王劭欲撰乡邑记注,因此二名,闻之大喜。"盖即本年事。

天保十年己卯(公元559年),之推二十九岁。

十月,文宣帝卒,太子高殷立,是为废帝(《北齐书·文宣纪、废帝纪》)。

废帝乾明元年庚辰即孝昭帝皇建元年(公元560年),之推三十岁。

八月,常山王高演废高殷,自立,是为孝昭帝(《北齐书·孝昭纪》)。

《家训·叙致》篇:"三十已后,大过稀焉。每尝心共口敌,性与情竞,夜觉晓非,今悔昨失。自怜无教,以至于斯。"

孝昭帝皇建二年辛巳即武成帝太宁元年(公元561年),之推三十一岁。

十一月,孝昭帝卒。弟长广王高湛立,是为武成帝(《北齐书·武成纪》)。武成帝河清四年乙酉即后主天统元年(公元565年),之推三十五岁。

四月,武成帝禅位于太子高纬,是为后主(《北齐书·武成纪》)。

之推为赵州功曹参军,盖在是时。

《北齐书》本传:"河清末,被举为赵州功曹参军。"所谓"河清末"者,不知确在何年,大抵在河清三、四年中。北齐赵州治所在今河北旧隆平县。赵州所属柏人县(河北旧尧山县)城北有一小水,又有一孤山,土人不知其名,古书亦无载者。之推读柏人城西门《徐整碑》,考明水名"洦水",山名"巏䃕"。见《家训·勉学》篇及《书证》篇。

天统二年丙戌(公元566年),之推三十六岁。

后主颇好文艺,调之推至京都。

《北齐书·文苑传序》:"后主虽溺于群小,然颇好讽咏。(……)初因画屏风,敕通直郎兰陵萧放及晋陵王孝式录古名贤烈士及近代轻艳诸诗,以充图画,帝弥重之。后复追齐州录事参军萧悫、赵州功曹参军颜之推同入撰次。"之推调入京都在何年不可考,大约在后主即位初,姑系于此。与颜之推同时调至京都之萧悫,本是梁上黄侯萧晔之子，流落于北齐。萧悫工诗，有"芙蓉露下落，杨柳月中疏"之句，之推"爱其萧散，宛然在目"，曾记于《家训·文章》篇中。

武平三年壬辰（公元572年），之推四十二岁。

祖珽为左仆射，采纳之推建议，奏立文林馆，又奏撰《御览》。

《观我生赋》自注："齐武平中，署文林馆待诏者，仆射阳休之、祖孝徵以下三十余人，之推专掌其撰《修文殿御览》《续文章流别》等，皆诣进贤门奏之。"此只言武平中，未言在何年。《北齐书·后主纪》谓武平四年二月置文林馆，而《文苑传序》记其事甚详，则谓文林馆之立在武平三年，乃之推造意，而祖珽奏成之。《文苑传序》曰："后主虽溺于群小，然颇好讽咏。（……）后复追齐州录事参军萧悫、赵州功曹参军颜之推同入撰次，犹依霸朝，谓之馆客。放（按谓萧放）及之推意欲更广其事，又祖珽辅政，爱重之推，又托邓长颙渐说后主，属意斯文。三年，祖珽奏立文林馆，于是更召引文学士，谓之待诏文林馆焉。珽又奏撰《御览》，诏珽及特进魏收、太子太师徐之才、中书令崔劼、散骑常侍张雕（按即张雕虎，唐人修史避讳，或删去"虎"字，或易"虎"为"武"）、中书监阳休之监撰。"据《观我生赋》自注及《文苑传序》，皆立文林馆后始修《御览》，而《后主纪》谓武平三年二月敕撰《御览》，八月，《御览》成，则文林馆之立，亦应在三年二月，《后主纪》误书于四年二月也。又据《文苑传序》，魏收亦为文林馆监撰《御览》者之一，而魏收卒于武平三年（《北齐书·魏收传》），若武平四年始立文林馆，则魏收无由入文林馆矣。此亦文林馆之立应在武平三年之证。

之推除司徒录事参军，与李德林同主持文林馆事，并主编《御览》，寻迁通直散骑常侍，领中书舍人，再迁黄门侍郎。

《北齐书》本传："待诏文林馆，除司徒录事参军。之推聪颖机悟，博识有才辩，工尺牍，应对闲明，大为祖珽所重，令掌知馆事，判署文书，寻迁通直散骑常侍，俄领中书舍人。帝时有取索，恒令中使传旨，之推禀承宣告，馆中皆受进止，所进文章，皆是其封署，于进贤门奏之，待报方出。兼善于文字，监校缮写，处事勤敏，号为称职，帝甚加恩接，顾遇逾厚。"《北史·李德林传》："时齐帝留情文雅，召入文林馆，与黄门侍郎颜之推同判文林馆事。"按之推笃学洽闻，且精于文字音训，观《家训》中《书证》《音辞》诸篇可知，故主持文林馆撰书之事业最为适宜。据上引《李德林传》，之推判文林馆事时已为黄门侍郎，而《北齐书》本传则于崔季舒等被杀而之推免祸之后始书"寻除黄门侍郎"。考《观我生赋》："纂书盛化之旁，待诏崇文之里。"叙在文林馆撰书事，其下即云："珥貂蝉而就列，执麾盖以入齿。"自注："将以通直散骑常待迁黄门郎也。"与《李德林传》合，且出之推自言，应最可据。盖之推是时方蒙君、相之知，故升迁颇速，及祖珽被出，季舒潛死，之推免祸已幸，无由更得美迁，本传误也。文林馆主要事业即是编纂《御览》。先是武成帝曾命宋士素录古帝王言行要事三卷，名为《御览》，置于巾箱中。文林馆设立后，后主命编纂《御览》。当时阳休之等创意，取《华林遍略》等书为蓝本，编次成书，取名《玄洲苑御览》，后又改名《圣寿堂御览》，最后祖珽定名为《修文殿御览》(《太平御览》卷六百一引《三国典略》)。武平三年二月开始编纂，八月竣事，实际工作由之推主之。编成后，祖珽上表呈于后主曰："昔魏文帝命韦诞诸人撰著《皇览》，包括群言，区分义别，陛下听览余日，眷言缃素，究兰台之籍，穷策府之文，以为观书贵博，博而贵要，省日兼功，期于易简。前者修文殿令臣等讨寻旧典，撰录斯书。谨罄庸短，登即编次。放天地之数，为五十部；象乾坤之策，成三百六十卷。昔汉时诸儒，集论经传，奏之白虎阁，因名《白虎通》。窃缘斯义，仍曰《修文殿御览》。今缮写已毕，并目上呈。伏愿天鉴，赐垂裁览。"(《太平御览》卷六百一引《三国典略》)《修文殿御览》编成后，北齐后主命藏于史阁中。《隋书·经籍志》著录《圣寿堂御览》三百六十卷，不著撰人。《旧唐书·经籍志》《新唐书·艺文志》均著录《修文殿御览》三百六十卷，祖孝徵(祖珽之字)撰。宋太宗太平兴国中，诏李昉等编《太平御览》一千卷，即以《修文殿御览》《艺文类聚》《文思博要》等为蓝本(《玉海》卷五十四引《宋太宗实录》)。南宋以后，即不见有征引《修文殿御览》者，盖已亡佚矣。清光绪中，法国伯希和在我国敦煌石室中盗窃大量文物瑰宝，其中有唐人写本类书残卷，存二百五十九行。罗振玉影印于《鸣沙石室佚书》中，并审定为《修文殿御览》残卷。后洪业作《所谓修文殿御览者》一文，辨罗说之误。洪文载《燕京学报》第十二期。

《修文殿御览》是一种类书。南北朝末年,编纂类书之风气甚盛。梁安成王萧秀命刘峻编《类苑》一百二十卷,梁武帝曾命张率、刘杳编《寿光书苑》二百卷,后又命徐僧权等编《华林遍略》六百二十卷。东魏高澄执政时,江南贾客携《华林遍略》抄本至北方售卖。北齐沾受此种风气,故亦编《修文殿御览》也。颜之推等在文林馆所编之书,除《修文殿御览》之外,尚有《续文章流别》(《观我生赋》自注)、《文林馆诗府》(《隋书·经籍志》等)。

之推在文林馆中,常与祖珽等讨论文章,衡量人物。《家训·文章》篇:"邢子才、魏收俱有重名,时俗准的,以为师匠。邢赏服沈约而轻任昉,魏收爱慕任昉而毁沈约;每于谈宴,辞色以下。邺下纷纭,各有朋党。祖孝徵尝谓吾曰:'任、沈之是非,乃邢、魏之优劣也。'"又:"邢子才常曰:'沈侯文章,用事不使人觉,若胸臆语也。深以此服之。'祖孝徵亦谓吾曰:'沈诗云:崖倾护石髓。此岂似用事邪?'"《家训·文章》篇又载之推论王籍、萧悫诗句,与卢询祖、魏收、卢思道等意见不同,盖均在文林馆时事。

文林馆之设立,虽系文化事业,而实含有政治意义。东魏北齐朝廷中,汉族士大夫与鲜卑贵族相争甚烈(详拙著《东魏北齐政治上汉人与鲜卑之冲突》)。祖珽为相,汉人稍得志,颜之推鄙视教儿学鲜卑语以伏事公卿之士大夫,故亦欲扶持汉人势力,借文林馆以培养汉族人士。《北齐书·阳林之传》:"邓长颙、颜之推奏立文林馆,之推本意不欲令耆旧贵人居之,休之便相附会,与少年朝请参军之徒同入待诏。"所谓"耆旧贵人",殆指鲜卑贵族及其同党,而"少年朝请参军之徒"则汉人中少年有才而资望尚浅者。当时入文林馆待诏者,如王劭、魏澹、薛道衡、卢思道、封孝琰、杜台卿、崔季舒、刘逖、李德林、辛德源、陆开明等五十余人(皆见《北齐书·文苑传序》),皆汉族人士一时之选。因此,之推亦深招鲜卑贵族之嫉恨。《观我生赋》自注云:"时武职疾文人,之推蒙礼遇,每构创痏。"《北齐书》本传亦云:"为勋要者所嫉,常欲害之。"

武平四年癸巳(公元573年),之推四十三岁。

四、五月中,祖珽解仆射,出为北徐州刺史。

祖珽执政,有心为治。《北齐书·祖珽传》谓:"自和士开执事以来,政体隳坏,珽推崇高望,官人称职,内外称美,复欲增损政务,沙汰人物。(……)又欲黜诸阉竖及群小辈,推诚延士,为致治之方。"由是为后主亲幸穆提婆、韩凤等所嫉,解仆射,被出为北徐州刺史。珽之被出,《珽传》中未记年月,按《后主纪》,武平四年五月,以领军穆提婆为尚书左仆射,则珽之解仆射出为徐州,必在武平四年四五月间也。珽既出,韩凤等仍积憾于珽党,故是年十月有崔季舒等之祸。祖珽虽非端人,而颇有才学,故能汲引文士,励精图治。《观我生赋》云:"用夷吾而治臻,昵狄牙而乱起。"自注:"祖孝徵用事,则朝野翕然,政刑有纲纪矣。骆提婆等苦孝徵以法绳己,谮而出之,于是教令昏僻,至于灭亡。"(按骆提婆即穆提婆,本姓骆也。)虽有感知之意,固非尽阿好之言也。

十月,侍中崔季舒、张雕虎、散骑常侍刘逖、封孝琰、黄门侍郎裴泽、郭遵等六人以谏止后主赴晋阳被杀,之推几及于祸。

《北齐书·崔季舒传》:"珽被出,韩长鸾(即韩凤,凤字长鸾)以为珽党,亦欲出之。属东驾将适晋阳,季舒与张雕(即张雕虎,唐人避讳删"虎"字)议,以为寿春被围,大军出拒,信使往还,须禀节度,兼道路小人,或相惊恐,云大驾向并,畏避南寇,若不启谏,必动人情,遂与从驾文官,连名进谏。时贵臣赵彦深、唐邕、段孝言等初亦同心,临时疑贰,季舒与争未决。长鸾遂奏云:'汉儿文官,连名总署,声云谏止向并,其实未必不反,宜加诛戮。'帝即召已署表官人集含章殿,以季舒、张雕、刘逖、封孝琰、裴泽、郭遵等为首,并斩之殿廷。"《北齐书·之推传》:"崔季舒等之将谏也,之推取急还宅,故不连署。及召集谏人,之推亦被唤入,勘无其名,方得免祸。"《观我生赋》自注:"故侍中崔季舒等六人以谏诛,之推迩日临祸。"按崔季舒等之得祸,由于鲜卑之嫉汉人,武人之嫉文士。自祖珽为相,立文林馆,招文士数十人待诏修书,以培养汉族士大夫之势力。封孝琰尝谓祖珽曰:"公是衣冠宰相,异于余人。"近习闻之,大以为恨(《北齐书·封隆之传》)。可见当时汉族士大夫奉珽为魁首,与近习对抗。鲜卑贵族及武人皆不悦,故先谋出珽,而后借机害季舒等。被杀之六人中,崔季舒、张雕虎、刘逖、封孝琰,皆文林馆中人也。《北齐书·韩凤传》曰:"祖珽曾与凤于后主前论事,珽语凤云:'强弓长矟,无容相谢;军谋国算,何由得争?'凤答曰:'各出意见,岂在文武优劣?'"又曰:"凤于权要之中,尤嫉人士。(……)每朝士谘事,莫敢仰视,动致呵叱,辄詈云:'狗汉大不可耐,惟须杀却。'若见武职,虽厮养末品,亦容下之。"韩凤谮崔季舒等云:"汉儿文官连名署职。"皆可见当时权贵韩凤等之嫉视汉族士大夫。之推本南人,羁旅入齐,以文学显,为祖珽所重,则固韩凤等所深嫉者,得免于祸,亦云幸矣。

武平六年乙未(公元575年),之推四十五岁。

闰八月,以军国资用不足,税关市、舟车、山泽、盐铁、店肆,轻重各有差(《北齐书·后主纪》)。

《隋书·食货志》:"武平之后,权幸并进,赐与无限,加之旱蝗,国用转屈,乃料境内六等富人调令出钱,而给事黄门侍郎颜之推奏请立关市邸店之税,开府邓长颙赞成之,后主大悦。"据此则税关市邸店乃由于之推之建议。

隆化元年丙申(公元576年),之推四十六岁。

八月,后主赴晋阳。冬,周武帝伐齐,取晋州州(山西临汾)。十一月,后主至晋州,围城。十二月,周武帝来救晋州,齐师大败,后主弃军还晋阳,忧惧不知所出。留安德王高延宗守晋阳,轻骑还邺。周师寻入晋阳,后主欲禅位太子(《北齐书·后主纪》)。

幼主承光元年丁酉即周武帝建德六年(公元577年),之推四十七岁。

正月,太子高恒即皇帝位,尊后主为太上皇。之推与薛道衡等劝太上皇往河外募兵,更为经略,若不济,南投陈国,从之。太上皇自邺先趋济州,周师渐逼,幼主又自邺东走。太上皇携幼主走青州,为入陈之计,留高阿那肱守济州。高阿那肱召周军,约生致齐主,于是屡使人告言,贼军在远,已令人烧断桥路。太上皇遂停缓。周军奄至青州,太上皇为周将尉迟纲所获,并太后、幼主俱送长安(《北齐书·后主纪》)。

《北齐书》本传:"及周兵陷晋阳,帝轻骑还邺,窘急,计无所从。之推因宦者侍中邓长颙进奔陈之策,仍劝募吴士千余人以为左右,取青、徐路,共投陈国。帝甚纳之,以告丞相高阿那肱等。阿那肱不愿入陈,乃云:'吴士难信,不须募之。'劝帝送珍宝累重向青州,且守三齐之地。若不可保,徐浮海南度。虽不从之推计策,然犹以为平原太守(北齐平原郡治聊城,今山东聊城),令守河津。齐亡,入周。"《观我生赋》自注:"除之推为平原郡,据河津,以为奔陈之计。"又云:"约以邺下一战,不克,当与之推入陈。"又云:"丞相高阿那肱等不愿入南,又惧失齐主,则得罪于周朝,故疏间之推。所以齐主留之推守平原城而索船度向青州。阿那肱求自镇济州,乃启报应齐主云:'无贼,勿怱怱。'遂道周军追齐主而及之。"之推劝北齐后主奔陈,欲因以还江南,而终未能偿其所愿。《观我生赋》云:"予一生而三化,备荼苦而蓼辛。"自注:"在扬都值侯景杀简文而篡位,于江陵逢孝元复灭,至此而三为亡国之人。"

周武帝平齐之后,之推与阳休之、袁聿修、李祖钦、元修伯、司马幼之、崔达拏、源文宗、李若、李文贞、卢思道、李德林、陆乂、薛道衡、元行恭、辛德源、王劭、陆开明等共十八人,同征,随驾赴长安(《北齐书·阳休之传》)。卢思道、阳休之道中作《鸣蝉篇》(《隋书·卢思道传》),之推亦同作(见《初学记》卷三十)。

《家训·勉学》篇:"邺平之后,见徙入关。思鲁常谓吾曰:'朝无禄位,家无积财,当肆筋力,以申供养。每被课笃,勤劳经史,未知为子,可得安乎?'吾命之曰:'子当以养为心,父当以教为事,使汝弃学徇财,丰吾衣食,食之安得甘,衣之安得暖。若务先王之道,绍家世之业,藜羹蕴褐,吾自安之。'"

周武帝建德七年戊戌,即宣帝宣政元年(公元578年),之推四十八岁。

六月,武帝卒,太子宇文赟立,是为宣帝(《周书·宣帝纪》)。

宣政二年己亥,即静帝大象元年(公元579年),之推四十九岁。

二月,宣帝传位于太子宇文阐,自称天元皇帝。宇文阐立,是为静帝(《周书·宣帝纪》)。

大象二年庚子(公元580年),之推五十岁。

之推为御史上士。

《北齐书》本传:"大象末,为御史上士。"

隋文帝开皇元年辛丑(公元581年),之推五十一岁。

二月,杨坚废静帝而自立,是为隋文帝(《隋书·高祖纪》)。

之推子思鲁生子籀,即颜师古也。

开皇二年壬寅(公元582年),之推五十二岁。

之推上言,请依梁国旧事,考订雅乐,文帝不从。

《隋书·音乐志》:"开皇二年,齐黄门侍郎颜之推上言:'礼崩乐坏,其来自久,今太常雅乐,并用胡声,请冯(凭〈凭〉)梁国旧事,考寻古典。'高祖不从,曰:'梁乐亡国之音,奈何遣我用邪?'"

长安民掘得秦时铁称权,之推被敕写读之。

《家训·书证》篇:"《史记·始皇本纪》:'二十八年,丞相隗林、丞相王绾议于海上。'诸本皆作山林之'林'。开皇二年五月,长安民掘得秦时铁称权,旁有铜涂镌铭二所。(……)其书兼为古隶。余被敕写读之,与内史令李德林对,见此称权,今在官库。其'丞相状'字乃是状貌之'状',爿旁作犬,则知俗作'隗林',非也,当为'隗状'耳。"

是年二月,文帝立子杨勇为太子(《隋书·高祖纪》)。杨勇召之推为学士,盖在是年之后。

《北齐书》本传:"隋开皇中,太子召为学士,甚见礼重。"只言"开皇中",未言在何年,大约在本年之后。

之推等与陆法言论音韵,盖在本年前后。

陆法言《切韵序》:"昔开皇初,有仪同刘臻等八人同诣法言门宿,夜永酒阑,论及音韵。(……)因论南北是非,古今通塞,欲更捃选精切,除削疏缓,萧、颜多所决定。魏著作谓法言曰:'向来论难,疑处悉尽,何不随口记之。我辈数人,定则定矣。'法言即烛下握笔,略记纲纪。博问英辩,殆得精华。"所谓"刘臻等八人",指刘臻、颜之推、魏渊、卢思道、李若、萧该、辛德源、薛道衡(《广韵》卷首);所谓"萧、颜多所决定",即指萧该与颜之推。之推等与陆法言论韵事,《切韵序》谓在开皇初,未言何年,姑系于此。陆法言乃陆爽之子,陆爽字开明,北魏东平王陆俟玄孙,陆氏是步六孤氏所改(姚薇元《北朝胡姓考》第二(2)陆氏),故陆爽是鲜卑人而汉化者。爽在北齐为通直散骑侍郎,与之推同在文林馆待诏修书,齐亡,与之推同徙关中(《隋书·陆爽传》)。故之推于法言为丈人行。法言韵学亦受之推沾溉,《切韵》中即有用颜氏说者,王国维《观堂集林》八《六朝人韵书分部说》中曾言之。

之推在开皇初曾奉敕与魏澹、辛德源更撰《魏书》,未详何年,亦系于此。

《史通》卷十二《古今正史》篇:"齐天保二年,敕秘书监魏收博采旧闻,勒成一史。(……)于是大征百家谱状,斟酌以成《魏书》,

上自道武,下终孝靖,纪传与志,凡百三十卷。(……)世薄其书,号为秽史。至隋开皇初,敕著作郎魏澹与颜之推、辛德源更撰《魏书》,矫正收失。澹以西魏为真,东魏为伪,故文、恭列纪,孝靖称传,合纪、传、论、例总九十二篇。"之推与魏澹等同撰之《魏书》已佚。

开皇三年癸卯(公元583年),之推五十三岁。

之推奉命接待陈使阮卓。

《陈书·文学·阮卓传》:"至德元年(即隋开皇三年),入为德教殿学士,寻兼通直散骑常侍,副王话聘隋。隋主夙闻卓名,乃遣河东薛道衡、琅邪颜之推等与卓谈宴赋诗。"

开皇四年甲辰(公元584年),之推五十四岁。

二月,张宾奏上新历,文帝下诏颁行。其后争论历法,绵历十余年,之推亦曾参加讨论。

《家训·省事》篇:"前在修文令曹,有山东学士与关中太史竞历,凡十余人,纷纭累岁。内史牒付议官平之。吾执论曰:'大抵诸儒所争,四分并减分两家耳。历家之要,可以晷景测之。今验其分至,薄蚀则四分疏而减分密。疏者则称:政令有宽猛,运行致盈缩,非算之失也。密者则云:日月有迟速,以术求之,预知其度,无灾祥也。用疏则藏奸而不信,用密则任数而违经。且议官所知,不能精于讼者,以浅裁深,安有肯服?既非格令所司,幸勿当也。'举曹贵贱,咸以为然。有一礼官,耻为此让,苦欲留连,强加考核,机杼既薄,无以测量,还复采访讼人,窥望长短,朝夕聚议,寒暑烦劳,背春涉冬,竟无予夺,怨诮滋生,粮然而退,终为内史所迫,此好名之辱也。"据《隋书·律历志》,张宾等依何承天法造新历,开皇四年二月奏上,文帝下诏颁行。刘孝孙与冀州秀才刘焯并称其失,言学无师法,刻食不中,所驳凡有六条。于时新历初颁,张宾有宠于文帝,刘晖附会之,升为太史令,二人叶议,共短刘孝孙,言其非毁天历,率意迂怪,刘焯又妄相扶证,惑乱时人,孝孙、焯等竟以他事斥罢。后张宾死,孝孙又上书争论,为刘晖所诘,事寝不行。仍留孝孙直太史,累年不调,寓宿观台,乃抱其书,弟子舆櫬,来诣阙下,伏而恸哭,执法拘以奏之。文帝异焉,以问国子祭酒何妥。妥言其善,即日擢授大都督,遣与宾历比校短长。先是信都人张胄玄以算术直太史,久未知名,至是与孝孙共短宾历,异论锋起,久之不定。《家训》所谓"竞历"殆指此事。"关中太史"谓刘晖,"山东学士",指刘孝孙、刘焯、张胄玄等(刘孝孙,广平人;刘焯,信都昌亭人;张胄玄,勃海蓨人)。所谓"疏者",指张宾历;所谓"密者",指刘孝孙、张胄玄所主张之历法。张宾乃谄佞之道士,所制历法,实多缺点,惟张宾以符命之说得宠于隋文帝,故朝廷支持之;而刘孝孙、张胄玄之历法则更合科学。颜之推赞成刘孝孙、张胄玄,并谓"议官所知,不能精于讼者",说明刘晖历学不及孝孙、胄玄,可见其判断之正确。(《家训》赵曦明注"修文令曹"句,引《北齐书·之推传》河清末待诏文林馆,以为之推在北齐时事,甚误。盖北齐一代,既无竞历之事,且内史乃隋代官名也。)此次"竞历"之事,短期内并未能解决。至开皇十四年(公元594年),隋文帝问日食事,杨素等奏:太史推算日食二十五次,多不验,张胄玄所推算者,合如符契,孝孙所测,验亦过半。于是文帝引孝孙、胄玄等,亲自劳徕。孝孙因请先斩刘晖,乃可定历。文帝不悦,又罢之。俄而孝孙卒。杨素、牛弘伤惜之,又荐胄玄。文帝召见之,赏赐甚厚,令制新历。开皇十七年,胄玄历成,奏上之。上付杨素等校其短长。刘晖等虽仍执旧历迭相驳难,而群臣博议,咸以胄玄为密。于是文帝下诏褒扬张胄玄,颁行新历,罢免刘晖等,命胄玄为太史令(见《隋书·律历志》)。此次"竞历"之事,绵历十余年,之推所支持之"山东学士"等更合乎科学之新历卒取得胜利,此时之推盖已卒矣。

开皇九年己酉(公元589年),之推五十九岁。

正月,灭陈(《隋书·高祖纪》)。

《家训·风操》篇:"近在议曹,共平章百官秩禄。有一显贵,当世名臣,意嫌所议过厚。齐朝有一两士族文学之人,谓此贵曰:'今日天下大同,须为百代典式,岂得尚作关中旧意,明公定是陶朱公大儿耳!'彼此欢笑,不以为嫌。"文中言"今日天下大同",应是平陈以后事。

开皇十年庚戌(公元590年),之推六十岁。

之推卒年无可考,大约在开皇十余年中,年六十余。

《北齐书》本传:"隋开皇中,太子召为学士,甚见礼重,寻以疾终。"未言卒年。《家训·终制》篇："吾已六十余,故心坦然,不以残年为念。"则之推卒时六十余岁,约在开皇十余年中。

《家训·终制》篇乃之推晚年之遗嘱,回顾一生,极多感慨。开始即曰："死者,人之常分,不可免也。吾年十九,值梁家丧乱,其间与白刃为伍者亦常数辈,幸承余福,得至于今。"之推一生,遭逢乱离,备历屯蹇,几乎被杀者数次。而出处之际,尤多悔痛,故曰："吾兄弟不当仕进,但以门衰,骨肉单弱,五服之内,傍无一人,播越他乡,无复资荫,使汝等沈沦厮役,以为先世之耻,故靦冒人间,不敢坠失,兼以北方政教严切,全无隐退故也。"因此,之推自思,如为一贫苦之农民,躬耕畎亩,不读书策,无有声名,将不至于遭受如此多之忧患灾难,《观我生赋》曰:"向使潜于草茅之下,甘为畎亩之人,无读书而学剑,莫抵掌而膏身,委明珠而乐贱,辞白璧以安贫,尧舜不能荣其素朴,桀纣无以污其清尘,此穷何由而至? 兹辱安所自臻? 而今而后,不敢怨天而泣麟也。"

之推淹贯经史,博学多能,尤精于文字、声韵、训诂、校勘之学,评论事理,亦具通识。范文澜先生论颜之推曰:"他是当时南北两朝最通博最有思想的学者,经历南北两朝,深知南北政治、俗尚的弊病,洞悉南学北学的短长,当时所有大小知识,他几乎都钻研过,并且提出自己的见解。《颜氏家训》二十篇就是这些见解的记录。《颜氏家训》的佳处在于立论平实。平而不流于凡庸,实而多异于世俗,在南方浮华北方粗野的气氛中,《颜氏家训》保持平实的作风,自成一家言。"(《中国通史简编》修订本第二编 528 页)评价甚为精当。之推生平著述,有《文集》三十卷、《家训》二十篇(《北齐书》本传)、《训俗文字略》一卷、《集灵记》二十卷(《隋书·经籍志》)、《急就章注》一卷(《旧唐书·经籍志》)、《笔墨法》一卷(《新唐书·艺文志》)、《稽圣赋》三卷(《直斋书录解题》)、《证俗音字》五卷(《颜氏家庙碑》)、《还冤志》三卷(《崇文总目》《直斋书录解题》《文献通考》均作《还冤志》,《新唐书·艺文志》作《冤魂志》,《四库提要》谓其为传写之误)。
今惟《家训》及《还冤志》存,其余诸书均佚。
之推兄之仪自江陵入周后,历仕麟趾学士、司书上士、小宫尹,封平阳县男,迁上仪同大将军御正中大夫,进爵为公,出为西疆郡守。隋文帝即位,征还京师,进爵新野郡公。开皇五年,拜集州刺史。明年,受代,